中医

ZHONGYI NONGYE LILUN YU JISHU TIXI CHUTAN

# 中医农业
## 理论与技术体系初探

咸阳秦原中医农业研究院 组编

中国农业科学技术出版社

**图书在版编目(CIP)数据**

中医农业理论与技术体系初探 / 咸阳秦原中医农业研究院组编. --北京：中国农业科学技术出版社，2024.3

ISBN 978-7-5116-6724-3

Ⅰ.①中… Ⅱ.①咸… Ⅲ.①药用植物-栽培技术 Ⅳ.①S567

中国国家版本馆 CIP 数据核字(2024)第 052145 号

**责任编辑** 闫庆健
**责任校对** 马广洋
**责任印制** 姜义伟 王思文

**出 版 者** 中国农业科学技术出版社
北京市中关村南大街 12 号 邮编:100081
**电 话** (010) 82106632 (编辑室) (010) 82106624 (发行部)
(010) 82109709 (读者服务部)
**网 址** https://castp.caas.cn
**经 销 者** 各地新华书店
**印 刷 者** 北京富泰印刷有限责任公司
**开 本** 170 mm×240 mm 1/16
**印 张** 14.5
**字 数** 245 千字
**版 次** 2024 年 3 月第 1 版 2024 年 3 月第 1 次印刷
**定 价** 50.00 元

# 《中医农业理论与技术体系初探》编写委员会

主　编：高新彦

副主编：高　静　刘存寿

编　者：高新彦　高　静　刘存寿　郭俊炜
阮班录　郑真武　李撑娟

编　委：黄丽丽　杨冲锋　阮班录　郭俊炜
刘新志　高新彦　高　静　刘存寿
郑真武　曹　挥　王昌利　胡本祥
况国高　胡建宏　颜永刚　查养良
贾占通　贾玉恒　殷振江　李撑娟
吴婉莉　刘增用　王　洋

# 序　一

20 世纪开始的一场所谓“农业绿色革命”，实际上是某些西方发达国家将化学农业技术和产品输入发展中国家的一项商业活动。这次“绿色革命”由于在种植领域以及随后的养殖领域使用了大量的化学投入品，不但没有给农业系统增添绿色，相反却显著削弱了本该属于农业的绿色，造成了普遍的农业生态危机。因此，第一次农业绿色革命是不可持续的，我们需要一场真正的农业绿色革命，即农业生态革命。

在农业发展的进程中，科技始终是关键因素。然而，科技也是一把双刃剑，舞不好会伤了自己。因此，舞剑的人一定要既懂得剑术，更要懂得剑道。那么，农业科技的剑道是什么？是尊重自然、顺应自然、保护自然，因为农业从根本上来讲是扎根于自然的生态产业。农业科技在带来高效的同时，一定不能突破自然生态红线，要把握好人与农业的生态逻辑。因此，我们要构建高效生态农业科技体系，高效让农业飞得高，生态让农业飞得远。

化学农业科技这把双刃剑我们没有舞好，不仅造成了产地生态环境污染，而且难以让动、植物健康生长，最终导致了农产品质量安全水平低下。化解化学农业问题最有效的办法就是逐步替代化学投入品，即替代化学肥料、化学农药、化学除草剂、化学饲料添加剂和化学兽药以及其他激素和抗生素类的投入品，同时，还要做得与化学农业相比，既不增加成本，也不减少产量。

以中医农业生态科技为核心的现代生态农业科技，不仅跨入了上面的门槛，而且在大量的实践中表现出杰出的效果：由于维持了植物和动物的健康生长，农业很少发生病虫害，节约了大量用药费用，单位生产成本减少；同时，由于健康生长的动、植物带来了较高产量和质量的农产品，进一步减少了单位产量成本和单位产值成本，农业的盈利空间进一步加大。因此，中医农业生态方案不仅能有效破解化学农业带给我们的问题，还能让农业优质高产、节本增效，经济效益、社会效益和生态效益同步提升。

2016 年 10 月，本人与当时的中国农业科学院章力建副院长共同提出了“中医农业”理念（见中国农业科学院院网“专家观点”栏目《发展“中医农业”促进农业可持续发展的思考》）。随后，本人在《农民日报》等报纸和学术期刊以及网络平台上发表了大量文章，阐述了中医农业理论体系、科技体系和产业体系，构建了中医农业完整体系。接着，作为北京中农生态农业科技研究院院长，通过中国国际科技合作促进会和中关村绿谷生态农业产业联盟在国家团体标准官网上发布了本人主笔的中医农业系列标准，对中医农业的规范化发展起到了有力的推动作用。

中医农业在生产实践中主要体现在三个方面：一是以中药材为原料生产“两药”（农药和兽药），保护动、植物生长；二是用中药材和天然营养物质的组合搭配生产“两料”（肥料和饲料），促进动、植物生长；三是让中药材活体与其他生物群落之间产生相生相克（正负向化感效应）达到天、地、生（物）间的生态平衡，优化动、植物生长。因此，中医农业可以减少化学农药、化学肥料、化学饲料添加剂以及各种抗生素和激素的使用，实施农业病虫害绿色防控和农业生态化生产，有利于动、植物健康生长。

近年来，中医农业各种模式在生产实践中表现出了显著成效，普遍呈现出优质高产、生态安全、色香味全、功能性强、保鲜期长、抗逆性好并且生产成本有所降低（减少了病虫害发生率）等效果。同时，中医农业土壤生态修复剂能够修复各种问题性土壤和障碍性土壤，还能使土壤团粒结构、微生物群落和有机质含量得到明显地提升。

“走高效生态的新型农业现代化道路”是习近平总书记在《人民日报》上发表的文章，为我国农业在现代化道路上如何可持续发展指明了方向。中医农业是生态的，也是高效的，不同于传统生态农业的低效方式，可以为农业农村产业发展带来一系列新的价值增长点和巨大的盈利空间。

目前，中医农业积累了很多研究成果，虽然还有一些机理有待进一步研究，有些生态投入品和生态模式还需不断完善，但从实际效果来看，中医农业通过现代生态科技与传统农业精华的集成创新，能够有效破解化学农业的困境，必将成为中国特色生态农业的重要组成部分并在世界生态农业领域起到引领作用。

当前农业正处在从常规高耗石油化学农业向现代高效生态农业转变的关键时期。随着基本理念和时间空间、产业链条、技术创新等不同维度的不断融合交叉，生态农业形成了多种机制模式、理论方法，如韩国的亲环境农业、日本的自然农业、澳州的永续农业、欧美的有机农业以及我国的绿色农业和中医农业等。

从表面看生态农业有各种类型，但其基本理念是一致的，就是遵循人与农业的生态逻辑。例如，日本的自然农业与我国的中医农业有很多相似之处。首先，都是尊重自然、顺应自然、保护自然。其次，日本自然农业中的生态农法投入品“汉方营养液”与中医农业投入品“中药肥”都是从自然生长的中药材中提取，富含活性物质和一般耕地紧缺的中微量元素，是一种有机功能肥。有机功能肥可以让土壤恢复活性，蚯蚓等有益生物重新活跃，尤其是土著微生物迅速恢复，根系健康，营养吸收全面。特别是根系周围的菌丝体得到有效恢复后，可以帮助作物吸收土壤中的水分和营养物质，有利于农作物生长。与其相反，化学肥料会破坏作物的菌丝体，化学农药会进一步杀死菌丝体。有机功能肥能有效替代化学肥料，同时由于提升了植株的次生代谢，从而能够促进植株抗逆性和抗病虫害的能力，减少农药的使用，因此能显著减少农业生产成本，真正达到了节本增效，提质增产。日本在中国的几十个中药材生产基地按照自然农法生产出了高品质的中药材，这也是日本汉方在世界中草药市场上占据绝对优势的重要原因之一。展望未来，随着中医农业的实施，我国农业也必将迎来一个辉煌的时期。

自 2016 年中医农业理论提出以来，全国各省份都已建起了示范基地和生产基地，效果十分显著。与此同时，相关著作也相继出版，尽管存在很多不完善的问题，但在致力于中医农业的专家学者的共同努力下，这些问题将会得到不断解决。本书的出版，在中医农业著作的系统性方面是一个进步，全书从中医农业的主要内涵、基本特点以及古籍中有关中医农业的思想和方法追溯、中医农业的基本理念和基本原则、主要技术体系和种养殖方面的实践与应用等方面进行了论述，提出了一些新颖的观点。本书贵在集思广益，抛砖引玉，随着业界对中医农业的研究深入，也会在今后的再版中更加完善。

“治大国若烹小鲜，疗国疾宛行中医”，新时代需要新的思维，思维创新是一切创新的源泉。在中医农业创新思维的启发下，农业生态科技已呈现出勃勃生机，必将有力推动农业可持续发展。

中国农业科学院研究员、
北京中农生态农业科技研究院院长　朱立志
2023 年 12 月 17 日

# 序　　二

“中医农业”是近几年由我国农口专家提出的新概念，我是在反复研读陕西中医药大学知名教授高新彦等编写的《中医农业理论与技术体系初探》书稿之后才首次接触到这一知识板块，才晓得了所谓“中医农业是一个既古老又崭新的领域，是中国农耕文化和中医文化融合传承及创新发展的产物，是中国特色的生态农业。中医原理与中医思维及其有关技术方法的农业应用”之学术内涵。

说实话，在我刚接触到该知识板块时，总觉得“中医”和“农业”虽有交集，但却是有明显内涵界限的两个学科门类，那么“中医农业”的概念内涵，是“中医”（中医药学科门类）与“农业”（农业科学门类）两个学科门类的“叠加”？还是用“中医”内涵对“农业”予以定义？如果用“中医”定义“农业”，那么“中医农业”就应当是在中医药学的理论原则指导下的农业活动。因而总是纠结这个概念的内在逻辑关系，就成为我为这篇叙文久久难以成文的心结。当我再次将该书稿与中医药理论发生源头的《黄帝内经》相关知识联系在一起进行思考之后发现，在中华优秀传统文化背景下，中医药学知识体系中就蕴含着丰富的“农业知识”，而中华民族传统的大农业中也富含着中医药内容，“中医”与“农业”二者在中华传统文化大背景下必然紧密交集，互相融通，而且在文化上同宗、同源、同根。所以岐黄在建构中医药知识体系时，多维度地吸纳了先秦诸子百家之学中的农家学术立场，将农家学术内容中的知识精髓，深切地运用于中医药知识体系的建构之中。

农家是战国时期的重要学术流派之一，因其注重农业生产而得名。该学派认为农业是民众的衣食生存之本，应放在治国理政的首位。《孟子·滕文公上》就记载有农家代表人物许行的相关内容，提出社会贤达都应当“与民并耕而食，饔飧而治”，体现了农家学派的社会政治理想，《吕氏春秋》之《上农》《任地》《辩土》《审时》等篇，被认为是先秦农家学术思想的重要资料。《黄帝内经》在其建构中医药知识体系时，充分地运用了农家学术流派对秦汉时期记录和总结的农业生产内容和相关经验。如“东方青色……其味酸，其类草木，其畜鸡，其谷麦；南方赤色……其味苦，其类火，其畜羊，其谷黍；中央黄色……其味甘，其类土，其畜牛，其谷稷；西方白色……其味辛，其类金，其畜马，其谷稻；北方黑色……其味咸，其类水，其畜彘，其谷豆”（《素问·金匮真言论》）。此处原文所表达的五方、五季、五色、五味、五畜、五谷等知识，就是秦汉时期所重视的“农家学派”所传授的相关内容。

再如“夫一木之中，坚脆不同，坚者则刚，脆者易伤，况其材木之不同，皮之厚薄，汁之多少，而各异耶。夫木之蚤花（早开花。蚤，通‘早’。花，开花）先生叶者，遇春霜烈风，则花落而叶萎。久曝大旱，则脆木薄皮者，枝条汁少而叶萎。久阴淫雨，则薄皮多汁者，皮溃而漉（树皮溃烂，水液流渍。漉，汁液渗出）。卒（音义通‘猝’,）风暴起，则刚脆之木，枝折杌（wù，指没有枝条的树干。此指树木枝叶折损而成为光秃秃的树干）伤。秋霜疾风，则刚脆之木，根摇而叶落。凡此五者，各有所伤，况于人乎。黄帝曰：以人应木奈何？少俞答曰：木之所伤也，皆伤其枝，枝之刚脆而坚，未成伤也。人之有常病也，亦因其骨节皮肤腠理之不坚固者，邪之所舍也，故常为病也”（《灵枢·五变》）。此节经文应用“农家学派”的相关知识，阐述人类不同体质的特殊性，对某些致病因素的易感性和对某些疾病的易患性的医学问题，于是经文以木喻人，认为不同的树木对风雨旱霜等气候变化，可以产生不同的反应；即或同一树木的不同部位，也因质地的差异而对损伤因素也有难易之别。提示医学人在评价、分析人类对致病因素、病损程度、罹病性质而言，缘于体质的因素，即或同一个体，也有皮肤、肌腠、骨节等不同部位，所以对于外邪的侵袭，亦有不病、易病、少病，或病变性质不同之差别，提示人的体质不同，对致病因素的抵抗力、耐受力不同，不仅体现在外感病中，对内伤致病因素也不例外，故曰“人之有常病也，亦因其骨节、皮肤、腠理之不坚固者，邪之所舍也，故常为病也”。经过此番以木喻人的类比思维临证后之结论认为，人类体质差异在发病学中具有十分重要的作用。这就是最早将“农家”知识在人类体质理论建构中的应用实例。

人体一旦内脏受损而发病，就必须予以精准治疗，使其康复，于是《黄帝内经》提出了“毒药攻邪，五谷为养，五果为助，五畜为益，五菜为充，气味合而服之，以补精益气”（《素问·脏气法时论》）的调治思路。由于人体各个脏腑器官的形态、功能各异，所患病证必然有所不同，所以调治所用的药食品类之五色、四性、五味必然有所区别，其中“五谷：秔米甘，麻酸，大豆咸，麦苦，黄黍辛。五果：枣甘，李酸，栗咸，杏苦，桃辛。五畜：牛甘，犬酸，猪咸，羊苦，鸡辛。五菜：葵（冬葵，一年生或二年生草本植物，嫩叶可食）甘，韭酸，藿（豆叶）咸，薤（xiè 多年生草本植物，地下鳞茎可作蔬菜）苦，葱辛。五色：黄色宜甘，青色宜酸，黑色宜咸，赤色宜苦，白色宜辛，凡此五者，各有所宜。五宜：所言五色者，脾病者，宜食秔（jīng 粳）米饭、牛肉、枣、葵；心病者，宜食麦、羊肉、杏、薤；肾病者，宜食大豆黄卷（豆科植物大豆的种子发芽后晒干而成，药性甘、平；归脾、胃经。有清解表邪，分利湿热之功能）、猪肉、栗、藿；肝病者，宜食麻（即大麻，又称火麻，种子可食）、犬肉、李、韭；肺病者，宜食黄黍、鸡肉、桃、葱。五禁（禁忌）：肝病禁辛，心病禁咸，脾病禁酸，肾病禁甘，肺病禁苦。肝色青，宜食甘，秔米饭、牛肉、枣、葵皆甘；心色赤，宜食酸，犬肉、麻、李、韭皆酸；脾色黄，宜食咸，大豆、豕肉、栗、藿皆咸。肺色白，宜食苦，麦、羊肉、杏、薤皆苦。肾色黑，宜食辛，黄黍、鸡肉、桃、葱皆辛”（《灵枢·五味》）。此节原文分别论述了调治五脏疾病时的“五味所宜”和“五味所禁”。“五味所宜”所指有二：一是与五脏属性相同之味的农作物对相关内脏具有滋养之效，如脾色黄，黄色宜甘，故脾病宜食甘味的粳米饭、牛肉、红枣、冬葵；心色赤，赤色宜苦，故心病宜食苦味的麦、羊肉、杏、薤等。二是根据五脏的生理特性，依据“顺其性为补，逆其性为泻”的原理，应用农作物之味予以调理，如肝色青，宜食甘，即是顺肝气喜缓恶急的特性而以甘味补之。“五味所禁”，是指五脏有病，禁用与之相克之味的农作物，如“肝病禁辛”，是因为辛属金，能克肝木。又因筋为肝之体，“多食辛，则筋急而爪枯”（《素问·五藏生成》），所以“肝病禁辛”。如“心病禁咸”，是因为咸味属水，能制心火。心主血脉，而“多食咸，则脉凝泣而变色”（《素问·五藏生成》），所以“心病禁咸”等。

上述原文的核心观点认为，人体五脏与四时、五行、五味相应，农作物中的药物和五谷、五畜、五果、五菜等食物皆有五味之异，农作物中的药物之四性、五味用以祛邪治病，食材之四性、五味则是人体营养的重要源泉。故有“毒药攻邪，五谷为养，五果为助，五畜为益，五菜为充”（《素问・脏气法时论》）之论。农作物中的五谷粮食是人类所需营养的来源，五果作为食材之辅助品，五畜之肉是血肉有情之品，常被用来补益人体之精血，各种蔬菜之味是营养的必要补充。总之，农作物提供的各种食材之四性、五味都能充养助益人体，是维持人体健康不可或缺的重要物质，即或是人类日常生活，饮食五味只能调和，不能偏颇，才能使五脏的精气旺盛充沛，从而确保生命活动的正常进行。此即所谓“气味合而服之，以补精益气”之意。中医人在临证时，务必要熟悉五脏与四时、五行，以及农作物中各种食材之四性、五味的关系，掌握农作物中各种药材、食材之四性、五味及其治疗功效特点，再依据药材、食材之四性、五味之“所宜”“所禁”原则，结合四时五脏阴阳状态，予以药食调摄，养生治病。上述原文的内涵，就是将“农家”知识运用于调治脏腑疾病理论建构中的应用实例。

《黄帝内经》在建构五运六气知识体系时，更是全面而广泛地吸纳了秦汉时期“农家”的学术成就，使五运六气知识更为丰富，意义更加广泛。如“敷和之纪（木运平气的年份），木德周行，阳舒阴布，五化宣平，其气端（端，正也。气端，常态的气运变化），其性随，其用曲直，其化生荣，其类草木，其政（木运之气对万物发挥的作用）发散，其候温和，其令风……其谷麻（该年份五谷中的麻-火麻丰收），其果李（五果中的李子生长旺盛），其实核，其应春，其虫毛，其畜犬，其色苍”“升明之纪（火运平气的年份），正阳而治，德施周普，五化均衡，其气高，其性速，其用燔灼，其化蕃茂，其类火，其政明曜，其候炎暑，其令热……其谷麦，其果杏，其实络，其应夏，其虫羽，其畜马，其色赤”“备化之纪（土运平气的年份），气协天休，德流四政，五化齐修，其气平，其性顺，其用高下，其化丰满，其类土，其政安静，其候溽蒸，其令湿……其谷稷，其果枣，其实肉，其应长夏，其虫倮，其畜牛，其色黄”“审平之纪（金运平气的年份），收而不争，杀而无犯，五化宣明，其气洁，其性刚，其用散落，其化坚敛，其类金，其政劲肃，其候清切，其令燥……其谷稻，其果桃，其实壳，其应秋，其虫介，其畜鸡，其色白”“静顺之纪（水运平气的年份），藏而勿害，治而善下，五化咸整，其气明，其性下，其用沃衍，其化凝坚，其类水，其政流演，其候凝肃，其令寒……其谷豆，其果栗，其实濡，其应冬，其虫鳞，其畜彘，其色黑”

（《素问·气交变大论》）。原文认为，“敷和之纪”是木运平气之年，该年份的气运变化总体特征是“五化宣平”（即气运变化平稳，不会有强烈的灾害性气候），文中“其气端”至“其令风”句，是指五行中“木”的特性及其可能发生的气候、气象变化；“其谷麻”至“其色苍”则是对木运平气年份农事活动中与之属性相应的谷、果、畜、虫等生物品类生长状态的记载。其他“升明之纪”火运平气的年份、“备化之纪”土运平气的年份、“审平之纪”金运平气的年份、“静顺之纪”水运平气的年份情况类此。显然，此处五节经文就是利用“农家”学术内容为基本素材，阐述五运六气理论中五运（木、火、土、金、水）平气年份的气候特征及其对农作物中的五谷、五果，农业活动养殖业中的五畜（马、牛、羊、鸡/犬、豕）、五虫（毛、介、鳞、倮、羽五类动物）等生长、繁衍状态的记载。经文的基本意义在于，人类可以根据气候、气象变化的规律，预测相应年份农作物、饲养的动物繁衍、生存状态，从而运用五运六气理论指导农事活动，从而达到“五谷丰登，六畜兴旺”的繁荣农业景象。就是将“农家”知识运用于五运六气理论建构中的应用实例，在《黄帝内经》的10篇经文中有深度地展现，并将其纳入中医药知识体系之中论述的。

通过上述《黄帝内经》在建构中医药知识体系时，从生命科学知识内涵出发，强调人类生存对农业的依赖、农业活动提供产品对人类疾病的治疗与康养、中医五运六气理论蕴涵农业活动（种植、养殖）内容等中医经典相关内容的复习，应当得出在优秀的中华传统文化背景之下，“中医”与“农业”不仅仅同宗、同源、同根，而且相互间存在着密切交集，深度融通关系的认识，这也是我对高新彦等编写的《中医农业理论与技术体系初探》有了上述的重新评价、重新理解和重新认识。

作者对该书内容的架构和编撰下足了功夫、做足了功课。书中首先论证了“中医农业”概念的内涵及其学术特征，继则运用六节内容对该命题从秦汉魏唐、宋元明清，及至当下两千余年的历史沿革，通过19部农学典籍的内容介绍，较为系统地阐述了中国农业的发展简史，突出了该命题的深邃内涵；然后作者对该命题“基本观念”“基本原则”“技术体系”等内容做了深刻地阐述；该书最后几章是作者凭借其深邃而独特视角，提出了“中医理论的生态循环种养技术模式”“中医农业在养殖业中的应用经验”“中医农业发展策略及产业链构建”等前瞻性设想，该书的这些内容确能体现作者“把中医理、法、方、药合理应用于农业领域中，以中医整体观念和治未病理论为指导思想，以中药农业应用产品为手段，采用自然农法生产模式，结合现代科学技术、工业化生产的生产资料和现代化经营管理思想与方法，为农产品产地的水、土、气立体污染综合防控和改善产地环境，促进动、植物健康生长，保障农产品的有效供给和质量安全，从而形成一条我国乃至世界农业可持续发展新途径”的创新构想，这也是触发我由衷钦佩之情并为之叙的理由之所在。

陕西中医药大学　张登本

2023 年 12 月 10 日于古都咸阳

# 前　言

世界农业经历了自然农业和现代农业两个阶段，自然农业也称之为传统农业，现代农业也称之为石油农业或化学农业。

传统农业人们采用动物粪便、种植绿肥、休耕轮作、间作套种 、精耕细作等措施维持土壤肥力，充分利用土地，保障作物生长。我国传统农业具有很好的生态性，美国人富兰克林在《四千年农夫》一书中称其为“可持续农业的典范”。但传统农业生产力相对低下，长期以来作物产量一直维持在较低的水平。

以化学肥料、化学农药、化学除草剂和化学植物生长调节剂为代表的化学农业，具有少量、高效、方便的特征，使作物产量大幅度提高，我国小麦亩产从20世纪70年代至今的40年间提高了2.3倍，使我国以不到世界10%的耕地，养活了占世界22%的人口，创造了“世界农业奇迹”。但化学农业却引起了土壤退化、农业病虫害加重、环境污染等一系列问题，使农业发展难以持续。

如何弘扬传统农业的优势，克服化学农业的弊端，实现农业稳定、人与自然和谐健康发展，不仅关乎粮食安全，而且是关乎人类社会可持续发展的头等大事。因而，创新农业发展理念，构建现代生态绿色农业理论和技术体系，实行高产优质、资源循环，环境友好、生态平衡的生产模式，是农业发展的当务之急。因此，世界各国纷纷兴起了自然农法、有机农业、生态农业等各种新型农业模式，以期走出化学农业的困境。

我国是农耕文明古国，农耕历史源远流长。源于农耕文明的中医文化博大精深，是“天人合一”，“道法自然”中国古哲学思想的承载者。保护、传承和弘扬中医文化，把中医理论与现代农业紧密融合，吸收传统农业及中医之长，克服现代化学农业之短，开创农业生态绿色、自然高效、健康发展的新路径，不但对于保障农业高产优质、食品安全、资源持续利用等方面具有重要价值，而且对于自然和谐共生和传承中华文化将发挥积极作用。

党的二十大以来，我国两次召开全国生态文明大会，发出全面推进美丽中国建设的号召。中医农业是用传统中医整体观、系统观的哲学思想看待农业，用中医药材料、产品和辨证论治方法等解决农业问题。中医农业是中国特色的生态农业，是“药肥双减”的重要手段，是防除空气污染、水质污染、土壤污染、食品污染，实现健康中国、美丽中国的重要途径。

近十年来，我国不少农业科技工作者率先开展中医农业科学研究，成为中医农业的倡导者和先行者，提出了一系列有关中医农业的重要学术观点和理论，并在实践中取得了显著效果。

本书是基于陕西省咸阳市中医农业生产实践和发展的需要，在学习、总结和吸收先行者们观点和研究成果的基础上组织编写的，力求在厘清中医农业基本概念、基础理论的同时，构建和创新中医农业技术体系、模式及方法。

全书由咸阳秦原中医农业研究院组织和统筹编写。高新彦担任主编，高静、刘存寿担任副主编。第一章到第五章由高新彦编写，第六章由刘存寿编写，第七章、第八章由高静编写，第九章由阮班录、郭俊炜编写。刘存寿、阮班录、郭俊炜对全书进行了修改完善，郑真武、李撑娟参与部分编写工作。

本书中引用了中医农业先行者们大量的观点、研究成果和实践经验等资料，在此谨表谢意！

本书的编写得到了咸阳市科学技术局的高度重视和大力支持，局长杨冲锋多次对编写工作提出指导性意见，在此深表感谢！

鉴于中医农业是个新生事物，编写人员专业各异，对中医农业的理解、把握尚有不足，书中论述可能还有不妥甚至谬误之处，恳请专家、读者批评指正！

咸阳秦原中医农业研究院

2024 年 2 月

# 目　　录

# 第一章　中医农业概论

良好的生态环境是人类生存的基础。生态农业是在不造成自然生态环境破坏前提下的现代可持续发展农业生产模式，是农业未来发展的必然要求。中医农业是中医思想及中医药产品在农业生产中的应用，是具有中国特色的生态农业，是生态农业的中国方案。弘扬传统中医文化，古为今用，集成创新，将中医学的理、法、方、药等合理运用到农业生产过程中，构建高效生态农业技术体系，保障农业高质量发展与生态可持续和谐相统一，开创健康农业新途径，对全面推进美丽中国建设有着重要现实意义和历史意义。

## 第一节　农业及中医农业的概念

### 一、农业及大农业的概念

农业是支撑人类生存与发展的基石，是国民经济中一个重要产业部门。农，最早字形见于商代甲骨文。农的古字形状似一个人手持工具在山林草地耕作，本义指耕作，引申为农事、农业。农业是以土地资源为生产对象，通过培育动、植物产品从而生产食品及工业原料的产业。农业属于第一产业。利用土地资源进行种植生产的是种植业（作物栽培、果树栽培、蔬菜栽培等），也可称为狭义的农业；利用土地上水域空间进行水产养殖的是水产业，又叫渔业；利用土地资源培育采伐林木的是林业；利用土地资源培育或者直接利用草地发展畜牧的是畜牧业；对以上所述产品进行小规模加工或者制作的是副业。它们都是农业的有机组成部分，可以称为“大农业”，或广义的农业。对这些景观或者所在地域资源进行开发并展示的是观光农业，又称休闲农业，这是新时期随着人们的业余时间富余而产生的新型农业形式，也属于大农业的范畴。所以，农业也指农、林、牧、副、渔五业，即大农业。

## 二、中医及中医农业的概念

### （一）中医的概念

中医，指中国传统医学，它以中国古代朴素的唯物论和自发的辩证法思想为哲学基础，以天人合一的整体观念为指导思想，以联系的、发展的、全面的观点去认识自然、认识生命，是人类最早人体生理病理揭示、疾病诊治和预防及养生保健的科学。它是中国古代先民认知自然的智慧结晶，是中国古代先民长期同疾病作斗争的经验总结，是中华民族的优秀文化遗产。

中医起源于原始社会，到春秋战国时期中医理论已见雏形，两汉时期形成了中医四大经典著作，确立了中医学术体系。以《黄帝内经》为代表的医学著作和以《神农本草经》为代表的药学著作奠定了中医药基础，后经历代不断发展。中医理论不仅对汉字文化圈国家影响深远，如日本汉方医学、韩国韩医学、朝鲜高丽医学等都是以中医为基础发展而来，而且现在全球有近 200 个国家和地区在应用中医药；2018 年世界卫生组织将中医定为具有全球影响力的医学纲要。这是因为中医的哲学思想已经持续被现代医学、生物学乃至农业科学研究的新发现、新成果所证明。

中医的博大精深不仅体现在独特的理论体系和丰富多彩的诊治疾病及养生保健的方法上，而且充分体现在其可靠的临床效验上，对中华民族的生命健康和繁衍发挥了重要作用，对人类疾病的防治和健康事业作出了独特贡献。

### （二）中医农业的概念

中医农业是一个既古老又崭新的领域，是中国农耕文化和中医文化融合传承、创新发展的产物，是中国特色的生态农业。中医原理与中医思维及其有关技术方法的农业应用，简称“中医农业”，是把中医理（原理）、法（方法）、方（配方）、药（中草药）合理应用于农业领域中，以中医整体观念和治未病理论为指导思想，以中药及相关天然材料作为农业投入品，用现代科学技术强化农业生态学原理，结合现代科学技术、工业化生产的生产资料和现代化经营管理思想与方法，实现农产品的有效供给和质量安全与生态和谐相统一，开辟一条我国乃至世界农业可持续发展的新途径。

中医农业充分体现了人民至上，生命至上，以人为本，以农为本，以食为本的思想。中医农业技术涵盖农业规划布局与协调发展、动植物生产管理等方方面面，具体可以概括为六大技术体系：一是以健康理念为导向的生态农业布局；二是以生物多样性为目标的立体种植体系；三是以药食两用中药材为主的种养导向体系；四是以土壤健康及良种培育为基础的农业基本建设体系；五是以中草药产品为主的农业投入品体系；六是以预防为主，辨病与辨证相结合的动、植物疾病防治体系。中医农业使得中医在指导人类身心健康领域之外又增加了一个指导农业领域的方向，是中医与农业的跨界融合，优势互补，集成创新。

## 第二节　中国农耕文化与中医农业

### 一、中国农耕文明与华夏文明

中华文明根植于农耕文明。农耕文化源远流长，承载着华夏文明生生不息的血脉，彰显着中华民族的思想智慧和精神追求，它贯穿中国传统文化的始终。

距今约5 000年前，华夏民族的先民们就开始在黄河、长江流域从事农业生产。他们通过辛勤的劳动和积累经验，创造了灿烂的农耕文化。

农耕文化的不断发展，为华夏文明的形成提供了重要的物质基础和思想基础。农耕文化所倡导的勤劳、节俭、自立等精神，深刻地影响了华夏文明的价值观念和社会道德观。同时，农耕文化中的祭祀、歌谣、艺术等元素，也为华夏文明的发展提供了重要的精神滋养。华夏文明中有着许多与农业相关的信仰和仪式。比如祭祀神农、祈求雨神等，这些信仰和仪式体现了人们对农业生产的重视和敬畏，也促进了农耕文明的发展和传承。

农耕文明所创造的物质财富和农业知识，为华夏文明的繁荣提供了坚实的物质基础。同时，农耕文明也在不断地推动着社会变革和政治进步，为华夏文明的持续发展提供了强大的动力。华夏文明与农耕文化相互依存、相互促进、共同发展，是中华民族的文化瑰宝和精神财富。

## 二、农耕文明与中华哲学

《易经》与中国农耕文化的关系密切。《易经》被称为万经之源，这是因为《易经》的原理和思想包含了广泛的适用性和普世智慧。《易经》所阐述的阴阳、五行、天干地支等概念，为中医、天文、历法、占卜等领域提供了理论基础。同时，《易经》的哲学思想影响了众多文化领域，包括儒家、道家、墨家等在内的诸子百家，以及后代许多经典著作的创作。《易经》提倡的“天人合一”思想，强调人与自然的和谐统一，也深刻影响了中国古代的文学、艺术和社会制度。

《易经》中的哲学思想和原理，如阴阳、五行等，是中国先祖长期在农耕过程中积累的高度智慧化的经验总结，从而为中国的农耕文化提供了重要的理论基础和实践指导。

早在先秦时期，人们就认识到在一定的土壤气候条件下，有相应的植被和生物群落，而每种农业生物都有其所适宜的环境。“橘逾淮北而为枳。”但是，作物的水土适应性又是可以改变的。元代，政府在中原推广棉花和苎麻，有人以水土不宜为由加以反对。《农桑辑要》的作者著文予以驳斥，指出农业生物的特性是可变的，它与环境的关系也是可变的。正是在这种物性可变论的指引下，我国古代先民们不断培育新品种和引进新物种，不断为农业持续发展增添新的要素。

寰道，即循环论是中国农耕文明的一个重要哲学思想。作物强调轮作，土壤提倡轮耕，物质实行循环，这些都是循环论思想的体现。在古代农业当中是没有废物的，农业生产没有任何废物，人类和动物的任何废物均可回到自然当中加以循环。

美国著名农学家 F. H. King 20 世纪 20 年代到日本、朝鲜和中国考察，发现中国的土地耕种了 4 000 年，地力竟然没有被消耗殆尽，土地产出不仅没有下降，还养活了越来越多的人口，认为这是一个巨大的奇迹。他回国后写了《四千年农夫》一书，并在书中讲到：“人从土里出生，食物取之于土，排泄物还之于土，一生结束，又回到土地。一代又一代，周而复始。靠着这个自然循环，人类在这块土地上生活了五千年。人成为这个循环的一部分，他们的农业不是和土地对立的农业，而是和谐的农业。”

我国在战国时代已从休闲制过渡到连种制，比西方各国早约 1 000 年。中国的土地在不断提高利用率和生产率的同时，几千年来地力基本上没有衰竭，不少土地还越种越肥，这不能不说是世界农业史上的一个奇迹。

我国先民们通过用地与养地相结合的办法，采取多种方式和手段改良土壤，培肥地力。中国传统农学中最光辉的思想之一，是著名的宋代农学家陈旉提出的“地力常新壮”论。正是这种理论和实践，使一些原来贫瘠的土地改造成为良田，并在提高土地利用率和生产率的条件下保持地力长盛不衰，为农业持续发展奠定了坚实的基础。

中国哲学与中国农耕文化之间有着密切的关系。中国传统哲学思想中的“天人关系”理论就起源于农业生产实践。农耕文化为中国传统哲学提供了实践基础。中国传统农业自发源起就非常重视“人”与“天”“地”的关系，早在春秋战国时期便已形成了“天人合一”的传统农业哲学思想。

在农业生产中，人们通过耕种土地、养殖家禽等农业生产活动来维持生计和发展。这些生产活动不仅需要掌握一定的自然规律和生产技能，人们还需要了解自然规律，顺应天时地利，处理与自然的关系，以及思考如何克服自然灾害等问题，同时也要发挥人的主观能动性，以达到增产增收的目的。这些实践经验不仅为人们提供了物质上的支持，同时也为人们思考哲学问题提供了基础。

中国传统农业之所以能够实现几千年的持续发展，是由于古人在生产实践中摆正了三大关系：人与自然的关系、经济规律与生态规律的关系以及发挥主观能动性和尊重自然规律的关系。“人”既不是大自然（“天”与“地”）的奴隶，又不是大自然的主宰，而是“赞天地之化育”的参与者和调控者。这就是所谓“天人相参”。聚族而居、精耕细作的农业文明孕育了内敛式自给自足的生活方式、文化传统、农政思想、乡村管理制度等，与今天提倡的和谐、环保、低碳的理念不谋而合。

中国传统哲学中的五行学说也是农耕文化的产物。五行学说认为宇宙间的万事万物都是由金、木、水、火、土五种元素构成的，它们的盛衰变化影响着宇宙和自然的运行。这种五行学说对于中医、养生、历法等方面都有着深刻的影响，同时也为中国传统哲学思想提供了理论基础。农耕文化作为中国传统哲学思想的实践基础和理论来源，为传统哲学的传承和发展提供了重要的支撑和动力。

## 三、中国农耕文化与中医

农耕生活使得中华民族对自然界进行了深刻的观察和深入的理解，形成了系统论、循环论、复杂论的意识，不是简单独立地看某个物种，而是分析不同物种之间的复杂关系，从而形成阴阳五行互相转换、相生相克的哲学思想。五行以阴阳两性相克相生形成普遍联系的立体球状网络，互相制约，互相依存，并且衍生出了传统历法、二十四节气，总结四季更替、植物生长的规律，从而指导农业生产。

《黄帝内经》则运用了《易经》的阴阳五行学说理论，把人体看作一个小宇宙，把人体所处的自然环境、社会环境联系起来，对人体世界来进行研究和描述，从而揭示了人体世界的奥秘和规律，并以此为依据进行疾病的诊断和治疗，以及生命系统的保健和维护。

农耕文化具有地域多样性、民族的多元性、历史传承性和乡土民间性等特点。人们的行为、生活、思想、思维方式、心理活动都深受其影响。在中国地大物博的土壤上，滋养了多元文化的蓬勃发展，比如民俗文化、中医文化、物候与节气文化、节庆文化、生态文化、康养文化等。

民以食为天，足够的食物保证民生是自古立国之本。正是在这样的环境条件下，人们积累了大量的农事生产种植、养殖经验。不仅获得了生产的大丰收，解决了人们的温饱问题，并且创造了大量财富，这促使人们开始从如何吃得饱到如何吃的健康的思考，继而从农业的饮食文化延伸到了中医的健康文化。

中医药学的演化也是从历史悠久的农耕文化上发展而来，中草药的种植、采摘、收获、服用都和农业生产活动密切相关。中医教人们按照时令安排饮食起居，也是和农民按照节气安排农事的指导思想一致的。“药食同源”“一方水土养一方人”，更是将农产品与医药康养有机结合起来。

比如农业生产中的阴阳、天干、地支、四季、十二个月、二十四节气、七十二候，与风调雨顺、精耕细作、干旱洪涝、春生、夏长、长夏化、秋收、冬藏等常识，与《黄帝内经》中的“四气调神”“生气通天”“天元纪”“五运行”“六微旨”“气交变”“五常政”“至真要”“天元正纪”等专论和“四时之性”等论述相辅相成，为我们阐释了大自然的节律与人的生命运动的关系。

农耕文明所形成和遵循的重农、农本思想，是基于重视人的生命为基点的。农本思想，实质上就是人本思想的延伸和实践。而“万物悉备，莫贵于人”“人命至重，有贵千金”等观点正是《黄帝内经》和药王孙思邈所论述的，这是中医药学的基本出发点。

随着农事生产经验的积累，人们对食与药的认识逐渐清晰，药、食也开始分化。《黄帝内经·素问》说：“病有久新，方有大小，有毒无毒，固宜常制矣。大毒治病，十去其六；常毒治病，十去其七；小毒治病，十去其八；无毒治病，十去其九；肉谷果菜，食养尽之，无使过之，伤其正也。”正是基于人们对药食性、味的认识，中医药学中的中药理论和养生理论开始发展成为各自独立的理论体系。

中医和农耕，是在中华传统哲学指导下具有异曲同工之妙的文化融合。中医农业，亦是中华传统哲学的思想继承与实践，以中医整体观念和治未病理论为指导思想，以中药农业产品为手段，采用自然农法生产模式，结合现代科学技术、工业化生产的生产资料和现代化经营管理思想与方法，为农产品产地水、土、气立体污染综合防控和改善产地环境，促进动植物健康生长，保障农产品的有效供给和质量安全，为当下乃至后代创造一个可持续循环发展的农业生产环境。

## 四、中医农业对农耕文化的影响

中医农业是农耕文化的创新延续。农耕文化和中医文化是中华传统哲学的实践基础，前者养育了无数的华夏子孙，后者强健了中华儿女的体魄，它们都体现了中华传统哲学中“天人合一”“阴阳平衡”“以人为本”“道法自然”等基本思想。

中医和农业彼此联系，互为影响，互根互用。中医以人为本的思想，首先体现在对人的基本认识上。《黄帝内经》明确指出“人以天地之气生，四时之法成”“天地合气，命之曰人”，就是强调生存环境对人体健康的影响。中医农业强调大农业要符合大健康，即在农林牧副渔的生产格局和模式上，要符合人体健康的需要，包括食物的品种、树木的种类、水利状况、空气质量、甚至城乡人员分布等。

《黄帝内经》提出“毒药攻邪，五谷为养，五果为助，五畜为益，五菜为充，气味合而服之，以补精益气”。扶正祛邪是中医的基本思想和原理，中医运用毒药以毒攻毒，祛邪治病，同时又利用五谷、五果、五畜、五菜来调养五脏，促进人体健康。这种理念，对中医农业具有重要的指导意义，同时也是生物多样化的具体体现。中医强调五行五脏五大系统，认为偏嗜五味就会导致疾病，而全面均衡营养就会强壮五脏，促进健康。这在农业种、养殖体系中，具有重要的指导意义。这里的“五”泛指各种农作物和农产品，甚至毒药也有它抗病和祛邪的作用，也是大自然中不可缺少的。

更为可贵的是，“药食同源”，许多食物也具有药性，被称为“药用食物”或“药食两用之品”，它对于健康的促进具有重要意义。《神农本草经》中的“上品”药，“主养命以应天”，对提高人们免疫力、延年益寿、抗衰老具有重要作用。国家卫生健康委员会多次颁布的药用食物名单，也是体现了对药食两用之品的重视，中医农业在种养方面，应该尊崇和重视，加以推广和应用。

土壤是农业的基础。中医农业强调“土生万物”，土壤就像人体的脾胃，是人体健康的后天之本。所以，中医农业非常重视对土壤的培养和修复，强调利用中药肥等多种方法改良土壤，代替或减少化肥农药的使用。种子是农业的芯片，中医认为，种子是万物的先天之本，对于生命体的生长具有决定性的意义。所以，种子培育和改良始终是农业的重要内容。中医农业就是要建立以土壤科学配肥及良种培育为基础的农业基本建设体系。

中草药不仅护佑人体健康，而且对农业生产、土壤改良、动植物病虫害防治具有重要意义。中医农业不但要大力种植中草药，而且要应用以中草药产品为主的农业投入品，促使动、植物的健康生长，从而产生良好的农产品，进而促进人类的饮食安全和健康。

中医强调“预防第一”“上工不治已病治未病”，注重整体观念，辨证论治。中医农业就是要以预防为主，建立辨病与辨证相结合的动、植物疾病防治体系，运用望、闻、问、切等多种诊断方法，对农业及其农作物进行全面、准确、细致、及时的研判，从而采取相应对策，进行预防和诊治。按照中医的原则，“热者寒之，寒者热之”“实者泻之，虚者补之”“上者抑之，下者扶之”“急则治其标，缓则治其本”，并遵循“三因制宜”等原则，从而提高农产品的质量和数量，促使农业健康可持续发展，进而促进人类健康。

# 第三节　中医农业的提出与目的意义

## 一、中医农业的提出背景

我国是一个历史悠久的农业大国，创造了世界独有的农耕文明。精耕细作是中国传统农业的鲜明特点。农业工具材料从木器、石器到青铜器，再到铁器逐步演化；发明了犁、耙、耱等耕作用具，耒车等播种机械，镰、镢、钐等农作物收获器械，水车等灌溉机械，碾子、磨子、臼子等粮食加工器械；为了维持提升土壤肥力，人畜粪便、秸秆杂草以及草木灰、老烟囱、老炕土等经堆制加工后，作为肥料施入土壤，这些在世界最早的农学专著之一，贾思勰的《齐民要术》中有详尽记述，被美国人富兰克林在《四千年农夫》一书中称为“可持续农业的典范”。

1840 年，德国化学家李比希在英国有机化学年会上发表了《化学在农业和生理学上的应用》论文，提出了植物矿物质营养学说，为化肥工业发展和化学肥料在农业上应用提供了理论支撑，化学农业快速发展，化学肥料、化学农药、化学激素和化学除草剂等构成了现代化学农业体系。

无可争议，化学农业大幅度提高了单位面积作物产量，养活了日益增长的世界人口；大幅度降低农业劳动强度，把劳动力从农业中解放出来，从事工商业和科学事业，促进了人类社会发展。

随着化学农业时间延长，从发达国家到发展中国家无一例外地出现了土壤退化、农产品品质下降、农作物病虫害加重、生态环境恶化等问题。

1949 年以前，我国主要靠有机肥料生产粮食，化肥的年使用总量不到 300 万吨（实物量）。2017 年，我国粮食产量占世界的 16%，使用农药 180 万吨，占世界总使用量的三分之一，单位面积平均用量比世界平均用量高 3. 7 倍；使用化肥超过 5 000 万吨（纯养分量），占世界总使用量的 31%，单位面积施用量是世界平均的 3. 5 倍。

据国家国土资源部 2014 年公布的调查结果显示：耕地土壤点位重金属超标率达 19. 45%，全国总的调查点位超标率为 16. 1%；有 70%的江河水系受到污染；流经城市的河流 95%受到污染；污水灌溉农田面积已经超过 330 万公顷。

由于农药化肥的大量连续使用，不仅土壤、空气、水源都受到了严重的污染破坏，农产品的品质也大大降低，曾经特有的风味也消失了，营养价值也远远低于过去传统农业产出的农产品，人们摄入到体内的营养不能滋养机体和五脏六腑，而且部分农残物随着食品被人体吸收，严重威胁人体健康，导致多种疾病高发。

化学农业导致农业不可持续，严重危及人类社会可持续健康发展已是全人类的共识。因此，自20世纪30年代开始，化学农业起步早，也是化学农业问题出现早的西方学者提出了生态农业概念。随后日本的自然农法、德国和美国的有机农业、菲律宾的循环农业应运而生，人们以各自方式探索可持续高效农业之路。但截至目前，有机农业、自然农法等生态农业生产模式仍未广泛应用。究其原因，与我国传统农业一样，有机农业、自然农法的生态性好，但生产力低下。

## 二、中医农业的提出与发展现状

基于上述背景，结合中医文化，2016年10月，以中国农业科学院原副院长章力健和资源环境经济与政策创新团队首席科学家朱立志两位研究员为首席的“中医农业团队”首次创立了“中医原理技术方法农业应用（中医农业）理念”，并在中国农业科学院院网“专家观点”栏目发表《发展“中医农业”促进农业可持续发展的思考》一文。印遇龙院士等一大批先行者的加入，使中医农业如星星之火，迅速在国内展开。其中，北京中农生态农业科技研究院作为第一起草单位，由中国国际科技合作促进会和中关村绿谷生态农业创新联盟发布的中医农业系列标准为中医农业的发展起到了很好的推动作用。随后陕西咸阳、陕西汉中、云南镇沅、四川绵阳、山西平遥等城市纷纷建立试点单位，使得中医农业逐渐蓬勃发展。

咸阳市是我国中医药文化名城，也是我国农耕文明的发祥地之一。4 000多年前我国农业始祖后稷就在这里诞生，孕育了中国的农耕文明，有传统农业精耕细作、生态种植的良好基础，有一批中医药理论、文化的倡导者。2010年春，中医与中医农业学者郑真武先生经过6年多试验，完成了中药制剂替代化学药品防治大棚蔬菜霜霉病和灰霉病资料的收集和上报申请批号资质文件等全部文本，在此基础上发明了用于农作物防病治病的中药复方“辰奇素”，提出了用中药防控农作物病虫害的理念。后来随着全国中医农业的兴起，在咸阳市农机管理中心等部门的推动下，2017年就开始中医农业试点，培育了中医农业企业，组建了中医农业创新联合体，广泛开展了中医农业技术研发、推广应用、农产品销售渠道建设等工作。2020年的咸阳"十四五"科技发展计划将中医农业列入农业科技创新的内容，组建了近100人的中医农业科技特派员队伍，设立了中医农业科技专项等，全力推动中医农业发展。

## 三、中医农业的目的

### （一）有效恢复土壤活性，改善基础生态环境

土壤是一切生物赖以生存的家园。它是植物、动物、昆虫及微生物生活的场所和物质营养来源，也是人类生存和发展的基础，是最重要的农业生产资料。过去，在以高产为目的的现代农业的耕作体系下，由于大量使用农药、化肥，对土壤高强度使用与消耗，而不重视养地，造成土壤养分失调，有机质水平大大降低，土壤肥力下降等现象严重，使得农业生产更加依赖于化肥的追加以及大量水资源的消耗，农业持续生产力脆弱且提升难度大、成本高，并且随着越来越多的重金属进入农田，土壤污染越来越严重。《2019年全国耕地质量等级情况公报》显示，我国耕地土壤普遍存在瘠薄、沙化、渍潜、酸化、盐碱等问题，西北地区土壤次生盐渍化问题最为突出；华北和黄淮海地区耕层变浅更为明显；南方地区酸化加剧；西南地区最为突出的是耕地石漠化加重；东北黑土区土壤状况相对较好，但也面临侵蚀退化加剧，水土流失加重，黑土层变薄问题。从养分角度看，山西、内蒙古、河北交界处土壤中微量元素缺乏最严重。有统计数据显示，我国中微量元素缺乏累计面积是耕地总面积的3.61倍，相当于平均每块耕地缺少3.61种元素。山西、内蒙古、河北交界处，一块耕地甚至缺少10多种元素。

中医农业提出遵循传统农耕"种地养地"的原则，并且以提高土壤有机质和生物多样性为施肥与管理的首要目标。经过改良的土壤，水、肥、气、热得以协调和平衡供给，作物的健康生长就有了保证，农产品的安全也会得到一定程度的提高。有研究证明，一些功能性微生物菌肥，能有效促进作物根系发育，具有很好的改良土壤板结的作用。微生物繁殖过程中产生大量具有高活性的代谢产物，还能与土壤中残留的农

药及重金属产生螯合物，使其不被植物所吸收，有利于解决农产品重金属超标问题。

**（二）促进动植物健康生长，实现病虫害绿色防控**

随着大量化学农药、化肥、除草剂等的应用，使得农田生物多样性降低，生态系统脆弱，气候异常，抵御性差。各种病虫草害大面积发生的风险越来越高，越来越频繁。而且，病虫害抗药性快速上升，其抗性发展速度已超过了新药剂开发速度。

据统计，我国农作物病虫害年均发生面积 70 多亿亩次，年防治面积 90 多亿亩次，造成的农作物产量损失约合人民币 600 亿元。20 世纪 90 年代初，由于棉铃虫对菊酯类农药产生高水平抗药性，严重影响了棉花生产。由于大面积连续使用吡虫啉防治水稻褐飞虱，其抗性迅速上升，达到高抗至极高抗水平，2005 年褐飞虱大暴发，农户使用吡虫啉失效，导致水稻损失严重。2008 年上市的氯虫苯甲酰胺、氟苯虫酰胺，农户才使用 3 年就在蔬菜害虫小菜蛾上发现了严重抗药性。因此，施用中医农业投入品进行绿色防控，势在必行。

中医农业投入品由于自身来源于天然生物体，这些生物体经过千万年逐渐演化形成了自身防疫系统，成分复杂、性状多样，不容易产生抗药性，而且含有大量微量元素和天然生长调节活性分子，其制剂必然具有相应特性，如有助于提高动物的抗病能力，促进动植物生长，增加病虫害预防作用，还有杀虫谱广、药效时间长的特点。有研究证明，从多味中草药中萃取的生物制剂，不仅可以补充植物生长所需的营养成分和活性物质，而且可以为植物提供全程保健和病虫害有效防治，并逐步改善土质、水质和生态环境，已经在水稻、小麦、玉米、蔬菜、果树、茶树等生产中应用，取得了明显效果。近年来，养殖行业疫病频发，用药比例也是逐年上升，而采用复合中药生物饲料，既可解毒排毒，又可均衡营养喂料，效果十分明显。因此，中草药植保、动保产品可有效减少化学农药（兽药）的使用，为动、植物病虫害提供绿色防治。

**（三）保障农产品质量安全，满足人们健康生活的需求**

在我国人多地少的国情条件下，少用或不用化肥农药，以保证粮食、果蔬等农产品的产量、质量和健康安全，是一个任务艰巨的挑战。

中医农业采用的中医药农药均为自然产物，在环境中会自然代谢，参与能量和物质循环，不会发生农药富集，对环境、人畜比较安全。有实验证明，利用发酵提取技术，萃取中草药物质作为肥料元素，制成生物肥料，既能使玉米、大豆、水稻、小麦等显著增产，又可有效提高粮食品质。运用中医农业生产的农产品，具有高品质、原生态、色香味俱佳、保鲜期长等优势。

**（四）促进农业供给侧生态转型，增强农业可持续发展力**

农业是整个人类社会与自然界交换物质的“脐带”。当前，我国正处在加快供给侧结构性改革、向现代生态农业转变的关键时期，调整结构、转变方式、保障安全、降低成本、节约资源、优化环境的任务日益迫切，亟须运用“创新、协调、绿色、开放、共享”的发展理念，大力推进中医农业，破解困扰农业农村的难题和发展瓶颈。我们要改变目前西方工业文明所带来掠夺性的发展方式（以伤害自然为代价获取工业文明的发展），而中医农业作为具有中国特色的生态农业，正是在我国农业生产长期发展的基础上产生的综合多重技术手段的组合拳式的可持续发展的技术方案。

农业与中医药的结合，将形成一个完美的产业链条。不仅可以解决食品安全、产品质量的问题，更能助力乡村振兴，促使一、二、三产业的健康融合发展。

## 四、中医农业的意义

中医农业是环境污染、空气污染、水质污染、食品污染的解救良药，是大时代、大变革、大农业、大中医、大健康、大发展的充分体现，是亿万大众生存环境和生命食粮的根本依靠，是“健康中国、一乡一品、一县一特、一带一路”乃至全球一体化中的重要法宝。

**（一）解决化学农业发展瓶颈**

化学农业是以破坏环境、牺牲资源为代价的，是不可持续的。当前世界的矿产资源，即将在一百年内耗尽，届时人类用什么来继续保持农业生产，这是现在整个工业文明无法回答的命题。

“十二五”以来，我国粮食产量实现了十三连增，充分保障了我国的粮食安全。但是，由于对作物产量的过度追求、连续耕作、长期过量用肥、过度用药，导致我国农产品的品质下降、农药残留超标，也使土地生产力严重透支，生态环境遭受极大的破坏，生态系统几乎到了崩溃的临界点，严重危及农业的可持续发展。农业是国民经济的最重要组成部分，未来要实现经济社会的可持续发展，那么未来的农业就一定要走生态、可持续发展的循环农业之路。由于中医农业能有效降低化学投入品的使用量与使用率，极大地降低农药残留，且中医农业投入品具有环保、健康、绿色和可以持续使用等特点，所以中医农业可解决当前化学农业带来的发展瓶颈，改变破坏性和掠夺性的农业生产方式，使农业生产绿色、持续高效发展。可见，中医农业是未来生态农业发展的根本路径。

### （二）解决食品安全问题

随着人们对绿色健康和高品质生活的追求，“餐桌”上的安全成为人们越来越重视的问题。如何让人们“吃得健康”成为当下亟待解决的问题，也是农业供给侧结构性改革要研究解决的重要课题。

当前我国农产品的安全问题很突出，食物和肉制品甚至水产品等不同程度存在品质不高，产品的营养成分和功能缺陷，甚至受到污染，长期食用对人体健康不利，可能使人处于亚健康的状态，也易引发慢性病，像高血压、心脑血管等疾病问题。

《中华人民共和国食品安全法》提出，加快淘汰剧毒、高毒、高残留农药，推动替代产品的研发和运用，鼓励使用高效、低毒、低残留农药。而中医农业介入生产的是肥料饲料和农药兽药（两药两料），这对整个农业循环体系是健康的，它会逐渐减少或替代化学品和一些激素抗生素的应用，这是中医农业的主要价值体现。

从2015年开始，农业部组织开展“到2020年化肥使用量零增长行动”和“到2020年农药使用量零增长行动”，大力推进化肥和化学农药双减，加大生物农药和有机肥的推广应用。2022年11月，农业农村部又印发了《到2025年化肥减量化行动方案》和《到2025年化学农药减量化行动方案》，提出进一步减少化肥、化学农药施用总量。在化肥减量化行动方面，重点减少化肥用量，提高有机肥资源还田量、测土配方施肥覆盖率以及化肥利用率，即“一减三提”。在化学农药减量化行动方面，重在降低化学农药用量，提升病虫害绿色防控和统防统治覆盖率。这些措施使得人们的食品安全得到大大的保障。

### （三）促进中医药产业发展

近些年来，国家高度重视中医药事业发展，出台了一系列利好政策，如《关于加快中医药特色发展的若干政策措施》《“十四五”中医药发展规划》等系列行业相关政策，重点发展濒危药材人工繁育技术，优质中药材种子种苗技术，推进我国中药材规范化种植、养殖，鼓励中药材产业化、商品化和适度规模化发展。自2017年起，我国中药材市场持续向好发展。至2022年，我国中药材市场规模从661亿元增长至885亿元，年平均复合增长近6.04%。2022年中国中药材产量为521.0万吨，进口量为13.23万吨，出口量为13.5万吨，2022年中国中药材需求量为520.7万吨。

2023年2月，国务院办公厅印发《中医药振兴发展重大工程实施方案》，国家药监局此前也发布了《中药注册管理专门规定》等。行业政策的接连发布，点燃了市场对中医药行业发展的信心。

近年来，我国与共建“一带一路”国家在中医药领域开展务实合作，在贸易发展、标准制定、医疗和教育等合作方面取得了积极成效。截至目前，我国已建设了31个国家中医药服务出口基地，“十三五”期间中药类产品出口贸易总额达281.9亿美元；国家中医药管理局支持国内中医药机构在共建“一带一路”国家建设30个高质量中医药海外中心，在国内建设56个中医药国际合作基地，为共建“一带一路”国家民众提供优质中医药服务，并推动中医药类产品在更多国家注册。此外，我国与国际标准化组织制定了64项中医药国际标准。国家中医药管理局发布多语种版本新冠疫情中医药诊疗方案，向29个国家派出中医专家，“三药三方”等抗疫中药方剂被多个共建“一带一路”国家借鉴和使用。

国家协调统一中医药出口，不但增加了中医药的国家竞争能力，而且还可以避免同行之间的恶性竞争。中药和中医人才以及中医医疗机构输出海外一年能给我国带来千亿美元的外汇。

中药资源作为国家战略资源日趋成为共识。我国的中药工业产值规模已超过5 000亿元，且每年以20%以上的速度增长，大健康产业规模已超过1万亿元。中药工业是典型的资源依赖型产业，中医药的发展、大健康产业的迅速发展都离不开物质基础——中药资源，同时全球以天然药物资源为基础的医药产业也需要我国的药物资源。中药资源已成为我国在全球医药市场发展中独具特色的资源，其国家战略性资源特性逐渐显露。中医药资源的农业应用，也将进一步拓展中医药产业的发展空间。

### （四）助力乡村振兴

乡村振兴，首要的是产业振兴。中医农业及其产业发展，拓宽了乡村产业发展和农民增收致富的渠道，对助力乡村振兴，建设美丽乡村意义十分重大。

2023年2月，《中共中央国务院关于做好2023年全面推进乡村振兴重点工作的意见》发布，提出了“推动乡村产业高质量发展、拓宽农民增收致富渠道”的重要产业振兴内容。因地制宜地发展中医农业产业，形成中医农业产业链，生产出带有产地属性的，以功能性与保健养生为主要特征的功能性农产品、食材、食品、药材、药品，既是中国特色的“大农业、大健康”产业的重要组成部分，更是具有民族特色和乡域特色的地方产业，是乡村振兴战略的重要产业支点。

从农业来看，基于不同区域的资源禀赋条件和经济社会环境，在坚持粮食安全，保粮棉油糖肉产业安全基础上，发挥各地农业比较优势、发展中医农业特色产业，可以极大地满足城乡居民在吃饱、吃好的基础上，吃出多样化来的需求。从农村来看，中医农业是特色农业，是农耕文明的重要传承，也是乡村功能释放的重要表现。把传统的农业产业与工业结合的农产品加工业，与旅游文化产业结合的农业休闲产业以及与商业结合的新产业新业态结合共生发展，使农业由有边有形向无边无形延伸，从平面向立体拓展，将会极大地丰富乡村产业的内涵。从农民来看，发展特色农业对贫困地区来说，是脱贫的重要选择，对一般农区，就是就业致富的问题。事实上，相对于粮食等资源性农产品，中医农业的生产、加工与品牌营销往往是劳动密集、技术密集甚至是资本密集的产业，生产加工过程可以容纳更多的劳动力，营销环节可以使品牌增值，是农民脱贫增收的主渠道。从县域来看，产业兴县、产业富县需要二、三产业的发展。在农业大县，通过中医农业、特色农业的发展，一、二、三产业融合，对产品的加工转化、贮藏运输、市场格局都有新要求。特色产业对县域范围内产业布局、基础设施建设和公共服务事业的发展影响是巨大的。从人体保健来看，中医农业的不断发展，可以从源头上解决土壤污染问题、农作物化学农药残留问题和营养安全问题。当生态环境的改善、粮食作物的安全保障有中医农业的保驾护航，必然会大大改善人类的健康。

# 第四节　中医农业的基本特点

## 一、系统性

农业生态系统是农业生物和环境之间构成的循环体系，是一个开放系统，和外界有物质和能量的交换。农业生态系统以及生物体各部分的内在联系，是农业内部保持各组成部分之间相对稳定和谐的本质要求，系统内物质的消耗与补给的平衡，是保持农业生态平衡的重要条件。农业生产是在一个相互联系、相互促进、相互制约、关系密切的体系中进行的。常规农业生产往往只见“生产”，不见“生态”与“生活”，或者仅仅重视“高产、优质、高效”，而忽视了“生态”与“安全”。在中国农业现代化过程中，老旧工业化农业模式的高投入、高产出、高污染的直线生产模式，由于其快捷、高效而得到过青睐。前些年之所以要退耕还林、退耕还草、退耕还湖就是因为过去在布局上出现了重大失误。为了追求简单和机械操作，作物大面积连片单一种植，农业生态系统的生物多样性减少，导致了病虫草害频发和系统稳定性下降。为了补充系统物质能量消耗而过分依赖化学农药和化肥，则造成环境污染，系统功能降低或系统平衡破坏。为此，中医农业的一个重要任务就是重新认识农业的系统性，借鉴自然生态系统的运行模式，优化布局，合理调控农业生态系统各因子的水平，包括作物和微生物生长环境、类群数量因子，特别是系统物质能量输入——农业投入品应用方面，应“道法自然”，以保证系统的平衡稳定和高质量的产品输出，形成经济效益、社会效益和生态效益相统一，可持续发展的生态农业新模式。

正如中医理论中所说的，人体五脏六腑、四肢百骸都是相通的，人和大自然以及社会也是相通的。农业也是如此，温光水肥、耕作方式、产业政策等都是相互关联，互相影响的。牵一发而动全身，农业生产是一个大系统，小到一家一户规划生产，大到政策制定，都需要系统性规划，保证农业内部各个环节、各子系统的稳定性，实现农业生态系统平衡、稳定和可持续发展。

## 二、综合性

中医农业是一整套体系理论，是农业运作整个循环过程中的一种指导思想，是将中医学原理及相关产品应用到动植物生产管理各环节的农业综合学科。首先农业产业门类具有综合性和多样性。传统的广义的农业包括农、林、牧、副、渔五业，也谓之大农业。现代农业在初级生产基础上，外延至农产品的加工、营销物流、休闲观光等领域。生产过程具有综合性和连续性，从种、管、收到贮、加、销等，包含一系列综合的技术措施。生产管理技术具有综合性和系统性，如著名的“八字宪法”：土（深耕，改良土壤）、肥（增加肥料和合理施肥）、水（兴修水利和合理用水）、种（培育和推广良种）、密（合理密植）、保（防治病虫害）、工（工具改革）、管（田间管理），正是种植综合和系统技术的概括。此外，中医农业技术领域更具有综合性，也可谓多学科性，如生物细胞学、生物能量学、植物中药学、动物中医学等；生态种植、生态养殖、生态种业、生态保鲜、生态加工和生态物流；中（草）药生物植保产品、动保产品、生物肥料、生物饲料和生物保鲜产品的创新研发与生产制造；互联网+网络信息和电子商务的应用服务；现代企业经营管理人才和中医农业专业与职业农民的教育培养，等等。

从综合的观点出发，做好农业的产业布局，发展中医农业产业链，一、二、三产业融合发展，并涉及农业生态康养、教育体验、文化旅游、农业特色产品、神情愉悦等衍生产品，形成多方面、多层次的复合效应，通过综合的手段，达到综合的效果，推动现代农业全面“优质、高产、高效”可持续发展。

## 三、安全性

安全性是对农产品质量的基本要求，只有食用的农产品安全，人的健康才会有保证，从低级的无公害到高级的绿色、有机，随着人们观念和生活水平的提高，对食品的要求也不断提高。中医农业从健康的环境营造及动、植物健壮生长入手，减少化肥、化学农药和杜绝抗生素的应用，保障农产品的质量安全。同时，中医农业强调用中医的原理及中医药产品解决农业生产问题，强调民族传统文化的传承创新，将为在现代科学技术的基础上让“中国人的饭碗要牢牢端在自己人的手中”作出贡献。

### 四、根本性

中医学强调“治病求本”。目前，尽管人类的寿命在延长，但是，人类的疾病，尤其是癌症、心脑血管等疾病也处于上升趋势，老的传染病死灰复燃，新的传染病正在肆虐人类。农产品的质量低劣，其根源就是人和动植物的生态环境出现了根本性问题。中医农业就是从根本上解决人和动物的生存环境，优化动植物生长环境，营造有利于动植物健康生长的内在机制和外在因素，实现“人与自然和谐共生”的目标。凡事皆有本，凡事更有因果。生产环境健康、生产过程健康、产品健康都是中医农业追求的“本”，但其根本目标是通过过程之“本”，生产优质健康的农产品，最终实现人的健康，所以中医农业的本中之本，是人的健康，此即“以人为本!”

## 第五节　中医农业的兴起

在我国社会主义建设过程中，高度重视农业问题的毛泽东主席总结概括出农作物八项增产措施，即著名的“八字宪法”。

中华人民共和国成立 70 年来，我国农业走过了辉煌的发展历程，取得了举世瞩目的历史性成就，用不到世界 9%的耕地养活了世界 22%人口，且百姓餐桌越来越丰富。改革开放后，以家庭联产承包责任制为标志的农村改革全面铺开深化，为农业快速发展提供不竭动力。党的十八大以来，以习近平同志为核心的党中央坚持把解决好“三农”问题作为全党工作重中之重，坚持农业农村优先发展总方针，以实施乡村振兴战略为总抓手，深化农村土地制度改革，深入推进农村集体产权制度改革，不断完善农业支持保护制度，持续深化农业供给侧结构性改革，使农业生产跃上新台阶，为现代农业发展擘画新蓝图。以上这些发展成就均有中医农业思想的烙印。

自 2016 年“中医农业”概念被公开提出后，中医农业在全国得到了快速发展。虽然困难重重，但形势喜人。总体来看，已经形成了理论加快创新、体系不断完善、生产踊跃实践、社会高度关注的局面。

## 一、中医药农业产品团体标准发布

根据《国务院关于印发深化标准化工作改革方案的通知》（国发〔2015〕13号）和国家质量监督检验检疫总局、国家标准化管理委员会《关于培育和发展团体标准的指导意见》（国质检标联〔2016〕109号）的精神，《中关村绿谷生态农业产业联盟团体标准管理办法》（中绿农盟〔2016〕06号）的规定，北京中关村绿谷生态农业产业联盟于2020年发布了中医农业种植、养殖管理规范团体标准，标准共分为三部分：第一部分《种植管理规范 T/GVEAIA 015.1—2020》；第二部分《畜禽养殖管理规范 T/GVEAIA 015.2—2020》；第三部分《水产品养殖管理规范 T/GVEAIA 015.3—2020》。中国国际科技合作促进会2021年发布了《中医农业生态产业园建设技术规程 T/CI 016—2021》。这些标准的发布为中医农业的发展指明了方向，起到了很好的推动作用。

## 二、中医农业科学研究深入开展

中医农业理论与技术研发进展很快，全国不少地区成立了中医农业研究机构，如海南、成都、苏州、咸阳等中医农业研究院陆续成立。全国大专院校、科研单位中约有数十万科研人员在进行中医农业相关研发项目，取得了大量理论和技术成果。中医农业相关论坛和研讨会陆续举办，产生了非常好的效果。统计结果显示，有关中医农业的研究论文已有近万篇，涉及内容有“中草药应用于养殖”“植物源农药”“中药肥”“中草药饲料添加剂”“中兽药”等。中医农业理论研究取得了较大进展，国际中医农业联盟和世界中医药学会联合会中医与农业产业分会，分别出版发行了《中医农业理论初探与生产实践》和《中医农业技术成果与应用（第一集》。

## 三、中医农业投入品研发生产成效显著

在生物源农药研发的同时，科研院所的科研人员致力于中药复方药肥的开发，形成了一批中药复方制剂，这些中医农业系列投入品在生产中取得了良好效果。研究发现，经药用植物提取液复配剂处理后的农作物表达了3 000多个功能未知基因和多个功能未知化合物。这个发现为解释中医农业农产品高产优质，色香味俱全，具有功能性和保鲜期长等优势提供了

科学依据，也为进一步的机理研究打下了基础，是中医农业研究中的重要进展。

同时，中医农业投入品——土壤修复剂能使土壤团粒结构、微生物群落和有机质含量得到明显提升，能系统地改善土壤质量，保障植物健康生长。防控的植物（农作物）病害包括：棉花枯黄萎病、柑橘黄龙病、枣树枣疯病、猕猴桃溃疡病、香蕉巴拿马病、橡胶死皮病、烟草花叶病毒病以及马铃薯、花菜、油菜、西瓜病毒病等世界性植物（农作物）病害难题。

## 四、中医农业技术应用不断普及

生产实践中，各地实践总结出了许多中医农业的新技术与新方法。根据各地相关农业机构内部报道，目前全国约380万家农业经营主体，有三分之一左右在做中医农业相关工作（以中草药为原料的农业投入品），三分之一左右在创造条件做中医农业相关工作，基本上所有相关企业都有意愿做中医农业工作。应该说，这些工作都取得了一些显著效果，积累了大量经验和资料。

在天津、河北、山西、陕西、内蒙古、山东、江苏、江西等10多个省份相继建立了中医农业技术示范基地，在一些地区也相继召开了中医农业技术相关会议，这些工作在推进中医农业技术应用普及中起到了积极带动作用。不少地方已经形成具有地方特色的中医农业产品，构建了从产品生产、产品加工、产品销售的中医农业产业链。

## 五、中医农业产品初见成果

2019年8月18日，依据中医农业团体标准评定的中医农业产品正式参展长春农博会，实现了中医农业从研发到制定标准、产品加工、产品销售的产业链。中医农业团体标准是中国生态农业的支柱标准之一，是生态文明系列标准的重要组成部分。通过制定、实施中医农业系列标准，能有效整合生态产品产业链的资源，提高农产品准入门槛，有助于提升农业产业的核心竞争力，促进生态农业健康有序发展，有助于提高企业及其产品的公信力和美誉度，促使产品优化升级。

## 六、中医农业人才培养有序进行

目前，中医农业理论和技术体系已走进中共中央组织部大学生村官生态扶贫培训课程。2018 年全国两会期间代表们也及时地予以呼应，全国各地相关中医农业技术培训活动频频举办。陕西省咸阳市通过多渠道培训，培养了一批中医农业技术骨干，并在全市设立了中医农业特派员进行技术普及。有关机构正在积极创造条件，筹办和组建“中医农业学（协）会”，筹划编写中医农业的原理与应用等方面科普和培训资料，面向基层培育一大批能熟练掌握中医农业原理方法和生产技能的农技工作者及新型职业农民。部分省份也在着手调研，探讨在高校设立“中医农业”专、本科学历教育，为中医农业培养后备人才队伍的可能性。

## 七、中医农业助力乡村发展

中医农业产业发展规划要大力支持项目区，巩固做好拓展脱贫攻坚成果同乡村振兴有效衔接工作（特别是在国家乡村振兴重点帮扶县），让脱贫基础更加稳固、成效更可持续。

近年来，随着对农业可持续发展的不断探索和对食品安全的迫切需求，广大生产实践者们在中医农业领域做了大量的探索，积累了丰富的经验和研究成果，各地也建起了示范基地和生产基地，特别是国家乡村振兴重点帮扶县正在筹建一批“中医农业+文旅康养产业融合助力乡村振兴示范基地”，将为项目区的社会经济生态协调可持续发展作出贡献。

## 八、中医农业产生深远的国际影响

一些国际机构对中医农业纷纷予以关注。2018 年，“中医农业研发团队”代表团应邀赴罗马在世界中医药联合会大会上发言，并应邀访问了联合国粮食及农业组织（FAO）并与其四个部门洽谈合作。

联合国粮食及农业组织（FAO）前总干事 Grazianno 出席第 15 届世界中医药大会致辞并表示：中医农业最新理念将列入联合国粮食及农业组织（FAO）工作计划中。联合国粮食及农业组织（FAO）医药顾问、世界中医药学会联合会副主席何家琅教授表示：中医发源于中国古代农耕社会，中医和农业是中国最古老的两大行业，中医农业的传统和现代的跨界融合、创新发展举世无双，这将是中国对人类的重大贡献。世界中医药学会联合会副主席兼秘书长桑滨生表示：中医原理技术方法农业应用的提出使世人眼前一亮，中医和农业的跨界融合、优势互补、集成创新对两个领域的发展都有深远意义。

2019 年，中医农业首倡人章力建研究员应邀在上海出席联合国工业发展组织（UNDO）全球科技创新大会，并获“突出贡献奖”，在大会上作《中医农业助力绿色农业创新发展》专题报告。

国家最高科学技术奖获得者“杂交水稻之父”袁隆平院士曾表示：这个项目好，项目大，我可以当你们的顾问，我的 19 块基地都可以作试验田。国家最高科学技术奖获得者、中国科学院原副院长李振声院士表示：中国科学院的研究人员一直在搞相关研究，你们提的高，更加系统，比生态农业更有内涵。

# 第二章　中国古籍中的中医农业思想追溯

中医农业古老而新兴，中医与农业“医农同根”。几千年来，我国自然传统农业都是遵循自然发展规律进行生产的，我国农耕历史悠久，从古代的原始农业到自然传统农业的实践中，无不体现出中医的思想方法。中国古代先后出现的农业书籍共有500多种，流传至今的有300多种，其中有很多中草药在农业上应用的记载。尤其是《水经注》《齐民要术》《农桑辑要》《农政全书》《王桢农书》《授时通考》等农书，都有中医原理、方法及农业应用的记载。

## 第一节　春秋战国时期

### 一、《管子》

《管子》基本上是稷下道家推尊管仲之作的集结。内容博大精深，大约成书于春秋战国（前475—前221）至秦汉时期。

《管子·禁藏》提出：“顺天之时，约地之宜，忠人之和。故风雨时，五谷实，草木美多，六畜蕃息。国富兵强，民材而令行，内无烦扰之政，外无强敌之患也。”认为只要遵循天地之则，就可以实现农业生产的丰收、国家的繁荣昌盛。管子这种天地人三才思想和中医三才理论如出一辙。

《管子》提出：“秋者阴气始下，故万物收”，“不知四时，乃失治国之基。不知五谷之故，国家乃路”，认为“地生万财，以养万物”，“不务地利，则仓廪不盈”。认为对农人而言，对其所耕土地和四时气候变化了解与否，直接影响到最终劳动成果的获得。

## 二、《孟子》

《孟子》是由战国中期孟子及其弟子万章、公孙丑等著作的语录体典籍，后被南宋朱熹列入“四书”。

《孟子·梁惠王上》曰：“不违农时，谷不可胜食。”农时，是农民适应气候变化规律从事耕种、收获的季节，中国农民根据长期生产实践的经验，一向按照二十四节气安排生产，如清明播种、谷雨栽秧等。

《孟子》提出：“五亩之宅，树之以桑，五十者可以衣帛矣。鸡豚狗彘之畜，无失其时，七十者可以食肉矣。百亩之田，勿夺其时，八口之家可以无饥矣。”一再强调农业种养对于民生的重要性。

## 三、《后稷农书》

《后稷农书》是战国早期的书籍。后稷是尧舜时代的一位“农师”或“农官”，他在陕西关中地区指导农业生产取得很大成就，一生在农业生产和教民稼穑中积累了丰富的经验，总结为《后稷农书》。由于年代久远已经有一部分轶失，现存有《上农》《任地》《辨土》《审时》四篇，专门论述传统农学，保存在《吕氏春秋》一书中，构成了一部完整而系统的农学文献。

《后稷农书》中的《上农篇》，以农为上，所阐述的是重农思想和重农政策。只有人们在重农思想和重农政策的激励之下，专心致志地去搞好农业生产，才能使百姓安居乐业和国家富强；而《审时篇》则总结了重视天时和农时的重要，并提出：“夫稼，为之者人也，生之者地也，养之者天也”；《任地篇》提出：“凡耕之大方，力者欲柔，柔者欲力。息者欲劳，劳者欲息。棘者欲肥，肥者欲棘。急者欲缓，缓者欲急。湿者欲燥，燥者欲湿。五耕五耨，必审以尽。其深殖之度，阴土必得。大草不生，又无螟蜮。今兹美禾，来兹美麦。”强调了农业种植的过程离不开人工耕植、土壤的地力、对杂草的清理和对虫害的清除，充分体现了阴阳学说在农业上的应用。《任地篇》和《辨土篇》所总结的是合理利用土地，采用合适的耕作栽培技术的经验。《上农》等四篇所渗透的就是传统的生态农学思想，充分体现了天地人和谐与统一的精神。这显然与中医天地人三才理论精髓完全一致。

### 四、《吕氏春秋》

《吕氏春秋》是秦国丞相吕不韦组织属下门客们集体编纂的杂家著作，于公元前239年写成，共二十余万字。

《吕氏春秋》虽为杂家之作，但它也提出“土地所宜，五谷所殖，以教道民，以躬亲之。田事既饬，先定准直，农乃不惑。”强调了适宜的土地对于农业种植的重要性。

《吕氏春秋》更有《贵生》专篇，强调“所谓全生者，六欲皆得其宜也。”就是说，人们要保全生命，就要做到六欲（生欲、死欲、耳欲、目欲、口欲、鼻欲）全部皆得适宜。这其实是一个很重要的人生命题，人除了顽强生存和死于安乐的欲望外，耳目口鼻感觉器官之欲与一个人的健康生存、疾病与否息息相关。而耳闻声音，目视万物，口尝百味，鼻嗅气味，都与人的生存环境密不可分，也与农林牧副渔的大农业环境及其产品是分不开的。

## 第二节　两汉时期

### 一、《淮南子》

《淮南子》是一部集大成的杂家著作，作者是西汉淮南王刘安及其门客李尚、苏非等，成书于西汉初年。该书既保存了先秦时期光辉灿烂的文化，又开启了两汉以后的文化，不仅构筑了一个以道家思想为主体的哲学思想体系，又对治国之道做出了有益的探索，还对中国古代科技发展作出了重要贡献，具有很高的文学价值和学术价值。

《淮南子》指出：“食者，民之本也；民者，国之本也；国者，君之本也。”“为治之本，务在安民；安民之本，在于足用；足用之本，在于勿夺时。”“人之情，不能无衣食；衣食之道，必始于耕织。”反复强调“重农”的道理和农业对于民生的重要性。强调农业生产应以“地为准”，认为“土润溽著，大雨时行，利以杀草粪田畴，以肥土疆。”认为充分利用实际的土壤条件，才能“尽其地力，以多其积。”《淮南子》又提出：“夫移树者，失其阴阳之性，则莫不枯槁。”显然是把阴阳平衡的哲学理念应用于农耕之中。

## 二、《氾胜之书》

《氾胜之书》为西汉晚期的一部重要农学著作，是中国现存最早的一部农书，作者氾胜之为西汉后期杰出的农学家，曾经在今陕西关中地区指导农业生产，获得丰收。东汉经学家郑玄在为《周礼·地官·草人》作注时，就曾说过："土化之法，化之使美，若氾胜之术也。"唐代贾公彦在为《周礼》作疏时说："汉时农书有数家，氾胜之为上。"

《氾胜之书》总共有 3 696 个字，这部书可谓我国古代第一部作物栽培学。其中，既包括作物栽培通论的内容（如耕田、收种、溲种、区田等），又有作物栽培各论的内容（如禾、黍、麦、稻、稗、大豆、小豆、麻、瓜、瓠、芋、桑等作物的栽培）。该书记载黄河中游地区耕作原则、作物栽培技术和种子选育等农业生产知识，反映了当时劳动人民的伟大创造。

《氾胜之书》曰："凡耕之本，在于趣时，和土，务粪泽，早锄早获""种禾无期，因地为时"，强调顺应天时、土地地力及有机肥对于农业的重要性。

## 三、《神农本草经》

《神农本草经》是中医四大经典著作之一，是现存最早的中药学著作，于东汉时期集结整理成书。全书分三卷，载药 365 种，以植物药为主，其次为动物药和矿物药。全书将药物分为上、中、下三品，并提出药物四气五味、七情和合理论，成为中药理论精髓。

其云："上药一百二十种为君，主养命以应天，无毒，久服不伤人"，如人参、甘草、地黄、黄连、大枣等。"中药一百二十种为臣，主养性以应人，无毒有毒，斟酌其宜"，需判别药性来使用，如百合、当归、龙眼、麻黄、白芷、黄芩等。"下药一百二十五种为佐使，主治病以应地，多毒，不可久服"，如大黄、乌头、甘遂、巴豆等。

《神农本草经》中的上品之药多为药食两用之品，对于补养身体、延年益寿具有重要意义。其上品之药注重扶助正气，下品之药注重祛邪解毒，中品之药兼而有之，不仅对于人体疾病治疗与康复保健具有重要意义，而且对于农业种植、养殖业具有指导意义。

### 四、《夏小正》

《夏小正》的经文载于《大戴礼记》的《夏小正传》中。由“经”和“传”两部分组成，全文共四百多字。它用夏历的月份，分别记载着每个月的天文、气象、物候和农事。因此，人们认为它是融天文、气象、物候和农事于一炉的混和历。《夏小正》撰者无考。《中国天文学简史》中说：“这本书虽然为后人所作，但其中的天象和某些物候的记载可能反映了夏代的实际情况。”书中反映了当时农业生产的内容包括谷物、纤维植物、染料、园艺作物的种植，蚕桑、畜牧和渔猎；蚕桑和养马颇受重视。其中，马的阉割、染料的组配和园艺作物桃、杏等的栽培，均为首次见于记载。

### 五、《四民月令》

《四民月令》是中国古代按月份记述各行业周年行事的典籍，由东汉崔寔撰写。《隋书·经籍志》和《旧唐书·经籍志》均有记载。该书是模仿古代的月令形式编写而成的，主要叙述大地主的田庄从正月一直到十二月的农事安排，记载的重点是农业活动，对于各类的谷类、瓜菜、经济作物的种植时令和种植关系密切的农业活动都有详细的记载。另外，书中还记述了纺织、织染、酿造和制药等手工业、副业生产。

书中提出：“二月三月，可种稙禾；美田欲稠，薄田欲稀。”“正月可种春麦、豍豆，尽二月止。可种瓜、瓠、芥、葵、䪥、大小葱、蓼、苏、苜蓿子及杂蒜、芋，可别䪥、芥。粪田畴。”“自是月以终季夏，不可以伐竹木，必生蠹虫。”又曰：“正旦，各上椒酒于其家长，称觞举寿，欣欣如也。”如此农业之书已记载了人们在大年初一已将花椒酒隆重用于生活保健之中，强调了花椒这一药用植物对于人体的重要作用。

## 第三节　魏唐时期

### 一、《齐民要术》

《齐民要术》成书于北魏末年，是中国杰出农学家贾思勰所著的一部综合性农学著作。全书十卷，九十二篇，约十一万字。分别记载了我国古代关于谷物、蔬菜、果树、林木、特种作物的栽培方法及畜牧、酿造以及烹调等多方面的技术经验，概括地反映出我国古代农业科学等方面的光辉成就。该书是中国现存完整农书中最早的一部。

《齐民要术·种谷》篇曰："顺天时，量地利，则用力少而成功多。任情返道，劳而无获。入泉伐木，登山求鱼，手必虚；迎风散水，逆坂走丸，其势难。"强调农业生产只有在遵循自然规律的前提下才能获得发展；反之，违背自然规律，农业生产只会徒劳无获。

《齐民要术》强调要好好地观察大小山头、陡坡、绝壁、高平地、低下地，看土地适宜种什么。并再次强调"顺天时，量地利"等播种的适宜条件的重要性，"得时之和；适地之宜，田虽薄恶，收可亩十石"，"谷田必须岁易。飆子，则莠多而收薄矣。"且提出"土甚轻者，以牛羊践之。如此，则土强。此谓弱土而强之也。"提出了改善"弱土"使之增强的方法。"凡谷田，绿豆、小豆底为上；麻、黍、胡麻次之；芜菁、大豆为下。"强调了种植不同作物对于地力的不同影响。"凡五谷种子，浥郁则不生；生者，亦寻死。"则是强调了生长环境对于植物种植的影响。

## 二、《千金翼方》

《千金翼方》为唐代医学家孙思邈编撰。是其继《千金要方》之后又一名作，合称《千金方》。

孙思邈在《千金翼方》中记载了枸杞、百合等15种药物的种植，从择地、选土、翻土、挖坑、开垄、作畦、施肥、下种、灌溉、插枝、移栽、松土、锄草，直到采集、炮制、造作、贮藏及保管等一系列操作与工艺，都有简明的叙述。在将野生植物引种为家种药物方面，介绍了枸杞插枝和种子的培养经验，开创了药用植物栽培经验交流的风气。

## 三、《四时纂要》

《四时纂要》约成书于唐末或五代初。全书分为四季十二个月，列举农家应做事项的月令式农家杂录。其开篇就强调"夫有国者，莫不以农为本者；家者，莫不以食为本。"

农业生产是本书的主体，包括农、林、牧、副、渔，表现出以粮食、蔬菜生产为主的多种经营传统特色。在农业生产技术方面，记述较前代发展进步的有果树嫁接，苜蓿和麦的混种，茶苗和麻、黍的套种，种生姜、种葱以及兽医方剂等。还有种棉、种茶树、种薯蓣、种菌子和养蜂等内容则是中国最早的记载。

对各种植物淀粉的提制，从谷物扩展到藕、莲、芡、荸荠、薯蓣、葛、百合、茯苓、泽泻、蒺藜等，其中大多为药食两用之品。并记录了多种药用植物的栽培技术，成为现存农书的最早记载。

### 四、《司牧安骥集》

唐代的司马李石采集当时的重要兽医著作，编纂成《司牧安骥集》四卷。前三卷为医论，后一卷为药方，又名《安骥集药方》。

《安骥集药方》是我国现存最古的兽医学专著，也是自唐到明代约1 000年间兽医必读的教科书。书内共录药方144个，按功效分为15类，分类方法尚未达到五经分类的水平。该书对于我国兽医学的理论及诊疗技术有着比较全面的系统论述，并以阴阳五行作为说理基础，以类症鉴别作为诊断疾病的基础，八邪致病论是疾病发生的原因，脏腑学说是家畜生理病理学的基础。

### 五、《外台秘要方》

《外台秘要方》系唐代王焘撰成于天宝十一年（公元752年）。本书汇集了初唐及唐以前的医学著作，对其进行大量的整理，是由文献辑录而成的综合性医书。

卷四十载有“驴马诸疾三十一首”“牛狗疾方六首”，为治疗驴马牛狗等家畜提供了丰富的治病方药。如“又疗牛马六畜水谷疫病方。取酒和麝香少许和灌之。”“又疗牛吃苜蓿草，误吃地胆虫，肚胀欲死方。以研大麻子灌口瘥，吹生葱亦佳。”

## 第四节　宋元时期

### 一、《陈旉农书》

南宋时期的《陈旉农书》分上、中、下三卷。上卷共十四篇，以水稻栽培为中心；中卷二篇，以养牛和医治牛病为主；下卷五卷以栽桑养蚕为主要内容。

书中强调掌握天时地利对于农业生产的重要性，指出耕稼是“盗天地之时利”；提出“法可以为常，而幸不可以为常”的观点，认为法就是自然规律，幸是侥幸、偶然，不认识和掌握自然规律，“未有能得者”。且提出“地力常新壮”论，主张“若能时加新沃之土壤，以粪治之，则益精熟肥美，其力当常新壮矣。”

## 二、《农桑辑要》

《农桑辑要》是元代司农司官颁的大型农书，成书于1273年，是中国现存最早的官修农书。该书共七卷十门，分别为：典训、耕垦、播种、栽桑、养蚕、瓜菜、果实、竹木、药草、孳畜。

《农桑辑要》引用《韩式直说》：“秋耕之地，荒草自少，极省锄工。如牛力不及，不能尽秋耕者，除种粟地外，其余黍、豆等地，春耕亦可。大抵秋耕宜早，春耕宜迟。秋耕宜早者，乘天气未寒，将阳和之气，掩在地中，其苗易荣。过秋，天气寒冷，有霜时，必待日高，方可耕地；恐掩寒气在内，令地薄，不收子粒。”强调气候时令对于农耕的影响。

《农桑辑要》引《太平御览》：“蚕，阳者，火；火恶水，故食不饮。桑者，土之液，木生火。故蚕以三月，叶类会精，合相食。”说明不同动植物的性能特点。

书中指出种薯蓣的方法和注意事项，引《地利经》云：“忌人粪。如旱，放水浇；又不宜太湿。须是牛粪和土种，即易成。”引《务本新书》：“旱则浇之，亦不可太湿。颇忌大粪。”

书中引《志林》云：“竹有雌雄；雌者多笋，故种竹常择雌者。物不逃于阴阳，岂不信哉?”明确将阴阳理论用于植物的种植选择上，并认为“物不逃于阴阳”，这和《黄帝内经》所提出的“阴阳者，天地之道也，万物之纲纪，变化之父母，生杀之本始，神明之府也”的思想一脉相承。

## 三、《王祯农书》

《王祯农书》在中国农学史上占有极为重要的地位，它一向被认为是中国古代的四大农书之一，作者王祯继承了前人的农学研究成果，总结了元代及其以前农业生产的实践经验，全面系统地阐发了广义农业的内容和范围，开创了南北比较农业的新篇章。

《王祯农书》由《农桑通诀》《百谷谱》和《农器图谱》三个部分组成，全书十三万余字。《农桑通诀》为全书的总论，从整体上介绍了我国农业发展的历史和生产经验的总结，不仅系统论述了开垦、播种、施肥、收获、储藏的生产全过程，而且论述了家畜禽鱼、果木蚕桑等各种动植物的育养知识。《百谷谱》则是具体就各种谷物、蔬菜瓜果、棉花、茶叶等农作物的栽培技术进行了详细论说，并把各种作物分成了若干属类。《农器图谱》介绍了各种农业生产工具的原理、构造和使用方法。该书涉及各种粮食作物和经济作物的品种、起源和栽培技术，以及各种林木的种植、家畜的饲养、虫鱼的养殖等方面。全面反映了以黄河流域为中心的北方旱田和以长江流域为中心的南方水田的耕作技术和生产实践的真实样貌，书中绘制的《授时指掌活法图》《全国农业情况图》准确记录了当时全国农业的发展现状。可以说，《王祯农书》涵括了广义农业上的方方面面的内容，广泛涉猎农林牧副渔业多个层面，是一部内涵丰富、展示全面的农学全书，继承并且超越了以往的各种农书。

书中指出："田有良薄，土有肥硗，耕农之事，粪壤为急。粪壤者，所以变薄田为良田，化硗土为肥土也。""今采摭南北耘耨之法，备载于篇，庶善稼者相其土宜，择而用之，以尽锄治之功也。"可见其对土壤、肥料的重视。

## 四、《田家五行》

元末明初娄元礼编撰的《田家五行》是一部农业气象和占候方面的著作。

书中多以谚语形式记载气候变化对农作物的影响，体现了阴阳五行学说在农业上的应用，如"六月勿热，五谷勿结"，六月应有暑热，若勿热禾苗不长，五谷难结。"三伏无炎热，三冬无寒雪"，三伏中应有炎热，田必丰收，伏中无热主冬季无雪，田禾人口均不利。"雨打秋丁卯日雨"，主阴雨连旬，腐烂天稻。"处暑里雨田夫多米"，处暑中有雨，田必丰收。"秋甲子雨，禾头生耳"，秋甲子忌雨，雨则损田禾。"怕寒露一朝霜"，寒露忌见霜，主禾稻枯死，田必歉收。

# 第五节　明清时期

## 一、《农政全书》

为明代徐光启撰。全书六十卷，五十多万字。内容极其丰富，分农本、田制、农事（包括营治、开垦、授时、占候）、水利、农器、树艺（谷类及蔬果各论）、蚕桑、蚕桑广类（棉、麻、葛）、种植（竹木及药用植物）、牧养、制造、荒政等十二门。其中水利和荒政占篇幅较多，是明末的一部重要的农业科学巨著。

徐氏编撰《农政全书》的主导思想是“富国必以本业”，所以他把《农事》三卷放在全书之前。其中《经史典故》引经据典阐明农业为立国之本；《诸家杂论》则引诸子百家言证明古来以农为重；此外兼收冯应京《国朝重农考》，其意皆在“重农”。徐光启的“农本”思想，不但符合泱泱农业大国既往之历史，而且未必无补于今时。当前，农业问题和农民问题仍然是国家决策的重要内容。从这一点出发，徐光启的“农本”思想仍值得重视。

该书《凡例》言：“水利者，农之本也，无水则无田矣。”因地制宜兴修水利，并以此与屯垦储粮、安边保民、增强国力等措施紧密结合在一起，这是徐光启农政思想又一重要方面。

该书引陶弘景曰：“落葵，人家多种之，叶可食，甚滑。”并引李时珍曰：“落葵，三月种之，嫩苗可食。五月蔓延，其叶肥厚软滑，可作蔬，和肉食。”说明作者作为农业专家，对中医药学家陶弘景以及李时珍医药著作的学习和借用，也说明了农业与中医药的汇通关系。

书中又引《物类相感志》云：“桑树接杨梅，则不酸。树上生癞，以甘草钉钉之，则去。”说明果树嫁接以及病虫害的中药防治经验。

尤其是书中认为麦门冬、牛蒡子等多种药食两用之品有救荒、救饥的作用。麦门冬救饥：采根，换水，浸去邪味，淘洗净，蒸熟，去心食。牛蒡子救饥：采叶煠熟，水浸去邪气，淘洗净，油盐调食；及取根，洗净，煮熟食之，久食甚益人，身轻耐老。

## 二、《农说》

《农说》为明代马一龙所著，是以《内经》和《周易》中所阐述的哲理解释农学原理的著作。《农说》开篇也如一般农书一样，强调以农为本，要求司农之官教民务农。接着讲述农时与人力、土壤与施肥的关系，并以水稻为对象，论述种子、插秧、除草、灌溉、开花、结实各个环节的技术要求和原理。

书中将阴阳学说用以阐明农业生产有关问题，指出“日为阳，雨为阴；和畅为阳，沍结为阴；展伸为阳，敛诎为阴；动为阳，静为阴；浅为阳，深为阴；昼为阳，夜为阴。”认为“阳主发生，阴主敛息”“阳以阴化”“阴以阳变”，强调“察阴阳之故，参变记之机”，乃可以“知生物之功乎”。在没有现代科学知识的时代，将与农业生产有关的气温、日照、水分、湿度、通气等条件的变化，用阴阳对立、互相转化的观点加以解释，难免有其局限性，但也有一定合理成分。在中国农书中，《农说》是第一部系统阐述传统农学理论的著作。

《农说》认为，“物之生息，随气升降，然生物之功，全在于阳。”并提出“阴阳往复无停机”，强调阴阳循环以及阳气的重要性，同时又说明了阴气的重要性。“天地之间，阳常有余，阴常不足，故医家补阴之论，后世本之。”其中，“阳常有余，阴常不足”为金元四大医学家之一的养阴派朱丹溪的著名理论，马一龙对于中医著作的研究和在农业上的借鉴可见一斑。

## 三、《知本提纲》

《知本提纲》为陕西兴平人杨屾（1687—1784 年）所著。杨屾学识渊博，对天文、音律、医学和农学等都有深入研究。当时，陕西士大夫都尊崇他为陕中一代大儒。他认为：“经世大务，总不外教、养两端。而养先于教，尤以农桑为首务。”《知本提纲》共有十四章。其中《修业章》就是专讲农业的。他在农业上主张“耕桑树畜”四农必全的理论，显然是大农业思想的体现。

《修业·农则》包括前论、耕稼、桑蚕、树艺、畜牧及后论。前论和后论讲述农业的社会地位、功能等传统重农思想。其余部分应用“阴阳五行说”，论述生产原理和技术，阐明农道。他认为以“天、地、水、火、气为生人造物之材”，其基本原理是“天、火”属阳，“地、水”属阴，“气”连贯四者之中，使之达到和谐状态；这种运动施之于物则滋长茂盛，行之于事即臻完善程度；强调“损其（指五行）有余，益其不足”，以达到所谓“阴阳交济，五行合和”。其中耕稼篇为《农则》的主要部分，着重记述了集约利用土地、“一岁数收”的经验、“浅-深-浅”的土壤耕作方式和积肥方法、施肥“三宜”等。

# 第三章 中医农业的基本理念

中医农业是近些年提出的一个新概念，然其亦有古老的背景传承。中医“天人相应”的整体观与“道法自然”的农业观相结合，衍生出指导中医农业的基本理念，这就是：生命至重的“三本”观（以人为本、以农为本、以食为本）、顺天应时的天人相应观、对立统一的阴阳平衡观、生克制化的五行系统观等。在这些基本观念的指导下，使得中医农业能够良性发展，走得更稳更长久，更有益于人与自然、人与社会、人与万物的和谐共生。

## 第一节 生命至重的“三本”观

### 一、以人为本

中国自古就有以人为本的思想。《黄帝内经·素问·保命全形论》曰：“天复地载，万物悉备，莫贵于人。”《荀子·王制》也指出：“水火有气而无生，草木有生而无知，禽兽有知而无义，人有生有知亦有义，故最为天下贵也。”

孙思邈认为“二仪之内，阴阳之中，唯人最贵。”他在《千金要方序》中写道：“以为人命至重，有贵千金，一方济之德逾于此，故以为名也。”意思是说，人的生命比千金还宝贵，而一个好的药方可以使沉疴再起，使垂危者得救，然则方药亦很宝贵，故取名叫“千金方”。中医农业始终把人的健康放在首位。

### 二、以农为本

《淮南子》曰：“人之情，不能无衣食；衣食之道，必始于耕织。”又曰：“为治之本，务在安民；安民之本，在于足用；足用之本，在于勿夺时。”《农政全书》曰：“一夫不耕，天下受其饥；一妇不织，天下受其寒。”马一龙在《农说》中曰：“农为治本，食乃民天。”均在强调农业自古以来对于民生和国家管理都是重中之重。

### 三、以食为本

民以食为天。李时珍在《本草纲目》中说：“饮食者，人之命脉也。”《农政全书》说：“民可百年无货，不可一朝有饥，故食为至急也。”《淮南子》曰：“食者，民之本也；民者，国之本也；国者，君之本也。”

金元四大医家之一张子和在《儒门事亲》中指出：“养生当论食补，治病当论药攻。”唐代大医学家孙思邈曾言：“不知食宜者，不足以存生。”清代医学家黄宫绣亦指出：“食之入口，等于药之治病，同为一理。合则于人脏腑有益，而可祛病卫生；不合则于人脏腑有损，而即增病促死。”

早在《周礼》中，就将食医作为诸医之首。孙思邈在《千金要方·食治序论》中力倡“食能排邪而安脏腑”，强调“食疗不愈，然后命药”。世界卫生组织也把合理膳食放在健康四大基石的首位。人的营养大多来自于农产品，而农产品的质量恰是人体营养的基本保障，与人的健康息息相关。中医农业正是“以人为本”“以农为本”“以食为本”的“三本”理念的践行。

应该看到，不健康的农业模式，看似提高了作物产量，但是其手段和措施使得人体的生存环境和食品保障都被大大地破坏，这种本末倒置的做法无法长久支持人类的可持续化发展。而中医农业，也正是为农业的生态循环和人体健康保障探索一条新的路径。通过特定的理法方药，通过对农产品产地水、土、气立体污染综合防控和改善产地环境，促进动植物健康生长，保障农产品的有效供给和质量安全，从而改善人体健康水平，让人们能够有绿水青山可以欣赏，有安全美味的食物得以品用，生活在一个生物多样、丰富精彩的世界当中，在提高寿命的同时，获得较好的生活质量。

## 第二节 顺天应时的天人相应观

人是一个有机的整体，人和自然界是一个有机的整体，人和社会也具有统一性。中医学中“天人相应”观源于《黄帝内经》。《黄帝内经·灵枢·岁露》曰：“人与天地相参，与日月相应也。”《黄帝内经·灵枢·刺节真邪》曰：“与天地相应，与四时相符，人参天地。”《黄帝内经·素问·宝命全形论》曰：“人以天地之气生，四时之法成”，“天地合气，命之曰人”，强调人是由天地精华有机结合在一起的生命体。自然界有九十多种元素，而人体居然有六七十种。自然界的变化和人类的生命活动密切相关，人与自然是相互联系、相互依赖的和谐统一体，这是中医学理论体系整体观念的核心，也是我国哲学体系的根本。

在原始森林自然生态系统里，没有施肥，没有打药，没有管理，却生存着繁密茂盛的众多丰富生命。远古时代，整个大自然都是我们的粮仓，人与自然达到相对的平衡与和谐。现代农业随着科技水平的提升，与自然相统一的自然生态农业是“天人合一”的境界。《齐民要术》曰：“顺天时，量地利，则用力少而成功多。任情反道，劳而无获。”就提出人们可以创造条件，使农业生产满足人们的不时之需。又讲到人们在伐取非时之木时，可以“水沤一月，或火蝙取干，虫皆不生。”这样就可以通过一定的技术手段，做到尊重自然规律与发挥人的主观能动性的协调统一，并最终满足人们自身的需要。《管子》曰：“农夫不失其时，百工不失其功”就将能否有效掌握自然的农时规律，合理安排农业耕作看作是实际农业生产的必要前提。《农书·天时之宜》篇云：“万物因时受气，因气发生。时至气至，生理因之。”《氾胜之书》曰：“凡耕之本，在于趣时，和土，务粪泽。”则把顺天应时的基本观念作为耕种的指导思想。

人处于天地气交之中，人的健康和天地自然环境息息相关。习近平总书记在党的二十大报告中强调：“必须牢固树立和践行绿水青山就是金山银山的理念，站在人与自然和谐共生的高度谋划发展。”这是立足我国进入全面建设社会主义现代化国家，实现第二个百年奋斗目标的新发展阶段，对谋划经济社会发展提出的新要求。中国式现代化就是人与自然和谐共生的现代化。道法自然、尊重自然、顺应自然、保护自然、改造自然是全面建设社会主义现代化国家和发展中医农业的基本要求。

## 第三节　对立统一的阴阳平衡观

《黄帝内经·素问·阴阳应象大论》指出：“阴阳者，天地之道也，万物之纲纪，变化之父母，生杀之本始，神明之府也。”阴阳平衡观贯穿于中医学理论体系的各个层面，指导着整个中医学理论研究和医疗实践，既是中医学理论体系所必需的核心观念与基本指导思想，同时也是中医学与中国传统文化相互交融影响的纽带。

阴阳学说认为阴阳是天地万物的总纲，天在上，无形主动；地在下，有形主静。天阳地阴相交后万物产生。阴阳构成了一个整体，万物皆为同一整体。即《易经·辞系》：“一阴一阳之谓道。”但阳则为温煦作用的物质，而阴则是濡润作用的物质。因此水火为阴阳之征兆，所谓阳胜则热，阴胜则寒。《景岳全书·传忠录》：“设能明阴阳，则医理虽玄，思过半矣。”

中医理论认为，人是一个整体，由若干组织、器官所组成，各个组织、器官都有着各自不同的功能，各器官处于一种相互支持又相互制约的动态平衡之中，因此，我们当以联系的、发展的、全面的观点去认识自然和生命。阴阳平衡是生命活力的根本，是人体健康的基本标志。《黄帝内经·素问·调经论》提出：“阴阳匀平，以充其形，九候若一，命曰平人。”平人，即正常人，必然是阴阳平衡之人。阴阳失衡，也就意味着疾病的发生。阴阳平衡就是阴阳双方的消长转化保持协调，既不过亢也不偏衰，呈现着一种协调的状态。阴阳平衡则人健康、有神；阴阳失衡人就会患病、早衰，甚至死亡。

人体疾病千变万化，临床表现错综复杂，但万变不离其宗，无非阳盛阴胜或阳虚阴虚的不同，从阴阳着手，便能执简驭繁。阴阳学说用于指导疾病的治疗，其根本点就是首先把握阴阳失调的状况，用药物、针灸等治疗方法调整其阴阳的偏胜偏衰，实则泄之，虚则补之，以恢复阴阳的协调平衡。故《黄帝内经·素问·至真要大论》曰：“谨察阴阳所在而调之，以平为期。”因此，调整阴阳，补其不足，损其有余。恢复阴阳的协调平衡、促使阴平阳秘使其达到一种动态的平衡，是治疗疾病的根本原则。

阴阳学说认为世间万物皆分阴阳，种植作物的土壤环境可分阴阳，作物也可以分阴阳。《后稷农书》曰：“凡耕之大方，力者欲柔，柔者欲力；息者欲劳，劳者欲息；棘者欲肥，肥者欲棘；急者欲缓，缓者欲急；湿者欲燥，燥者欲湿。上田弃亩，下田弃甽。”

阴阳平衡观同样应用在农业的各个方面。《农政全书》曰：“凡耕，高下田，不问春秋，必须燥湿得所为佳。若水旱不调，宁燥不湿。”表明在农田耕作时，应把握墒情，适时耕作以保证耕作质量。《齐民要术》曰："凡栽一切树木，欲记其阴阳，不令转易。"《淮南子》中："夫移树者，失其阴阳之性，则莫不枯槁。"在移栽树木时，要观察其阴阳属性，它是喜光的还是喜阴的，它是耐热的，还是耐寒的，它是喜水的，还是耐旱的，这些阴阳属性决定了它移栽后是否能够存活。《齐民要术》中"种枣法：阴地种之，阳中则少实。"则表明土地的阴阳属性不同对作物产出的影响不同。《齐民要术》曰："宜高平之地，近山阜尤是所宜；下田得水，即死。黄白软土为良。"《农桑辑要校注》引《志林》云："竹有雌雄；雌者多笋，故种竹常择雌者。物不逃于阴阳，岂不信哉?"《齐民要术》："椒，此物性不耐寒；阳中之树，冬须草裹；不裹则死。"均在强调阴阳对于作物生长的重要性。

比如，植物生长环境属阴的有：寒冷带、阴坡、山阴、河阴、北方、水田等；植物生长环境属阳的有：温热带、阳坡、山阳、河阳、南方、旱地等。属阴性的植物有：梨、香蕉、西瓜、枇杷、苹果、草莓、白菜、菠菜、卷心菜等；属于阳性的植物有：橘、樱桃、栗子、柿子、桂圆、大枣、核桃、石榴、榴莲、荔枝、洋葱等。

又比如，利用植物的阴阳属性，可以使大蒜在阳光下长成蒜苗，在遮光条件下长成蒜黄。只能在强光下生长的植物为阳生植物，在弱光下才能生长良好的植物为阴生植物。如柠檬树为阳生植物，它需要在强光下生长，而柠檬树下长的菌菇就是阴生植物，它需要在弱光下才能生长良好。如夏至时节，天气闷热，空气对流旺盛，暴雨增多，喜阴的生物即开始出现，而喜阳的生物却开始衰退了。因此，作物的种植虽繁杂，但从阴阳着手，亦能化繁为简。

植物的病害有很多种，不管病因是什么，有多么难治，但其基本表现都可以看作是阴阳失调。健康植物体的阴阳是相对平衡的，如果阴盛，阳气就会受损；如果阳盛，阴液就会受损。所以说，阴胜则阳病，阳胜则阴病。阴阳蕴藏在植物体的每一个部分，植物体每一个部分的阴阳都必须保持平衡，一旦某一个部位的阴阳失调了，那个部位就会出现病害。如何减少植物病害？办法就是让植物体的阴阳达到平衡。只有阴阳平衡的植物，才能无病无灾，即使偶有病邪来袭，植株体内的正气也能很快将病邪赶走。所以，只有阴阳平衡的植株才能正常生长。

阴阳，既对立又统一，相互转化，此消彼长。阴阳平衡就是阴阳双方的消长转化保持协调，既不过胜也不偏衰。如对于作物而言，生长既不过旺，也不过衰，而处于一种平衡的健壮生长状态。农业生产中，根据环境条件和植物生长状况，或抑阴以举阳，或抑阳以举阴，抓住主要问题，解决主要矛盾，才能起到纲举目张、事半功倍的效果。

## 第四节　生克制化的五行系统观

五行学说是古代哲学思想，是以木、火、土、金、水五种物质特性及“相生”“相克”规律来认识、解释和探索世界规律的世界观和方法论。在古代世界观中形成了基于五行理论的整体思维模式，指导自然界五行分类。《黄帝内经》中就详细记载了五行与自然界的五季、五方、五气、五化、五色、五味、五音以及与人体的五脏、五腑、五官、五体、五华、五志、五液、五脉等之间的关系。各事物之间按照一定的规律相互资生、相互制约，以维持事物生化不息的动态平衡，一起构成生态系统的整体。

《河洛原理》中记载：“太极一气产阴阳，阴阳化合生五行，五行既萌，随含万物。”根据不同属性的门类来阐明相生相克的规律，进一步解释植物五体的阴阳，说明它们之间所存在的复杂关系。中药中的“十八反”和“十九畏”显然是五行相克的具体体现。在自然界中，五行生克制化规律也随处可见，研究他们之间的相生相克关系及其奥秘，对于发展农业生产，提高农作物的产量，从而获得丰收是很有意义的。

1. 动物和昆虫之间存在相生相克关系

比如，癞蛤蟆（蟾蜍）对人类有益，其多食夜间活动的小动物，如蜗牛、蛞蝓、蜚蠊、蚂蚁、蝗虫和蟋蟀；蜘蛛，是有益小动物，常结网于树间、檐下、屋角等处，犹如一张张天网，可粘住东飞西撞的苍蝇、牛虻、蚊子、金龟子、蝴蝶、蝗虫有害昆虫等。

2. 植物与动物之间存在相生相克关系

比如，《农桑辑要校注》引用《博闻录》：“杨柳根下，先种大蒜一枚，不生虫。”《博闻录》曰决明：“园圃四旁，宜多种；蛇不敢入。”等。

3. 植物之间存在相生相克关系

比如，马铃薯跟洋葱间作可以减轻马铃薯的晚疫病，韭菜和甘蓝间行种植，可使甘蓝的根腐病减轻，这是由于韭菜和洋葱能产生一种浓烈的特殊的辛辣味，能驱虫杀菌；大蒜和棉花、大白菜等间行种植，大蒜所挥发出来的大蒜素，既能杀菌，又能赶走害虫，所以大蒜和棉花、大白菜等植物能“相亲相爱”过一生。我国普遍运用的熟制种植（间作、套种、混种、复种）以及立体种养等都是利用各物种间的相生相克关系建立合理的群体结构，同时也有利用相生相克的原理有效控制病虫草害等。

当然，也有因为相克而不能混合种植在一起的蔬菜、瓜果等植物。例如：黄瓜和番茄，都会各自分泌出一种物质，两种物质相互敌对、压制对方，导致这两种蔬菜都生长受抑，致使结果少、崎形果多，植株早衰，产量低；番茄和马铃薯都容易发生枯萎病，只要有一种蔬菜发生，就会传播到另一种发生同样的病害，不仅影响产量，也影响质量；豌豆和大葱、大蒜种植在一起，对豌豆的生长极为不利，大葱和大蒜在生长中会散发出一种特殊物质，这种物质会让豌豆生长受到限制，导致豌豆开花少，结荚少；西兰花和生菜种植在一起，就像蔬菜重茬一样，会导致生菜发芽率低，生长受限，生长期还容易导致叶片变黄干枯、植株早衰等一些病虫害的发生；辣椒和豆角等豆类植物一起种植，辣椒易得炭疽病，导致茎秆发黑，最后腐烂干枯，且辣椒表面也会有斑点，质量和产量都会受到影响等。

4. 同一植物不同部位之间存在相生相克关系

国际中医农业联盟专家委员会副主任、锄禾网特聘专家王代春认为，植物的五体同样可分为五行，即茎秆为木，尖顶为火，叶片为土，花果为金，蒂根为水。按五行相生的规律，茎秆藏汁液可以济尖顶，这就是木生火；尖顶的阳热可以温育出叶片，这就是火生土；叶片透过运化功能产生精微可以促花成果，这就是土生金；花果之精下行有助于生根，这就是金生水；植物根所藏的精微之气，上布可以壮秆，这就是水生木。植物体各部分之间既有相互滋生的关系，也有相互制约的条件，并以此来维持机体的稳定和平衡。制约即为相克的关系。木克土，就是用茎秆的条达来疏泻叶片土的壅滞；土克水，就是用叶片所运化的糖黏汁液，来防根水的过度泛滥；水克火，就是用根水的滋润上行，来平和制约尖顶的狂躁；火克金，就是用尖顶的温煦（旺长）来促花果之气的宣发，制约花果的过度泽润光洁；金克木，就是用花果肃气的倾诉下降来抑制茎秆之气的生发。在观察植物病情时，叶色黄，多属寒症，水过之症，叶片寒湿；白色多属花果受寒，黑色多属根虚，青色多属秆茎虚，红色多属尖火过旺等。应用上可按植物五体与药性和五味的关系加以选择。如酸味入秆，苦味入尖，甘味入叶，辛味入花果，咸味入根等。

郑真武先生则认为，植物的五体五行属性为：根吸收肥水，属土；茎主生长，属木；叶主呼吸光合作用，属金；花主孕，属火；果主育，属水。按照五行划分进行施治，才能体现出中医辨治的特殊性，如防治苹果“食心虫”害的方法，就是按五行分类的指导而选药组方的。其害在果内，果属水主育，故用打胎之法，可有效地控制该虫害。

植物某一部位有病，既可因生克关系由另一部位传来，也可能通过生克关系传到另一部位。所以在治疗时除对本部位的病变进行处理外，还要考虑到其他部位，进行全面调治。如茎虚空，可以根据水生木，虚则补其母的道理，以水滋木的方法来治疗。又如茎秆烂，可根据木生火而被火泻，实则泻其子的道理，用清泻火的方法金水之物来治疗等。

# 第四章　中医农业的基本原则

中医农业以“生命三本观、天人相应观、阴阳平衡观、五行系统观”为指导，提出系统性、综合性、安全性、根本性的农业生产解决方案，力求从根源上解决问题，尽量不用或少用化肥和化学农药，生产优质、安全的农产品。应当遵循以下原则：扶正祛邪，健壮生长；三因制宜，灵活施策；标本兼治，预防为主；培育良种，抓住根本；万物皆药，为农所用。

## 第一节　扶正祛邪，强基健体

### 一、扶助正气，改善农作物的基础营养与生存环境

中医学理论中，扶正，即扶助正气，增强体质，提高机体的抗邪能力。扶正多用补虚方法，补养人体五脏的气血阴阳。包括用药、针灸、身体锻炼、精神调养、饮食调节等。正如《黄帝内经》所言“正气存内，邪不可干”“邪之所凑，其气必虚”。扶正使正气加强，有助于机体抗御和祛除病邪。

对于农业来说，扶正就是通过供给农作物或畜禽必须的基础营养和营造适宜的生长环境，满足动植物健康生长的需求，培育健壮体质，为高产优质打好基础。扶正主要体现在以下几个方面。

#### （一）重视土壤培肥，土地是农业之本

“土生万物”，在五行学说中，人体脾胃属于“土”，而脾胃居于人体上、中、下三焦之中焦，故中医学将脾胃视为“中土”，认为脾胃为人体的后天之本、气血生化的源泉。《黄帝内经·素问》甚至有“有胃气则生，无胃气则死”的论断。这说明作为个体生命而言，“中土”这个后天之本，是何等重要！中医名方中的理中汤、附子理中汤、四君子汤、六君子汤、归脾汤、补中益气汤、资生丸等都是补养、调养脾胃的。对于整个

大自然来说，土地就是脾胃，是人类的后天之本、生化之源。

实际上，土地是一个复杂的生态系统，它具有弥足珍贵的农业生产能力，其数量和质量决定着人类粮食数量和质量安全。土壤是土地的最重要组成部分，是农业生产最基本的资料，是陆地生态环境最重要的缓冲调控和净化系统，制约着人类生存的生态环境的质量。如果土壤系统遭到不可恢复的破坏，则有可能导致整个陆地生态体系灾难性的崩溃，这是人类社会不可承受的灾难。

近几十年来，全球人口增长，对食物的需求不断增加，土地承受了前所未有的压力，大部分能堪种植的土地都在“疲于奔命”，“休养生息”的机会越来越少，造成有些地方的土地多种元素的缺失或失衡，微生物系统逐渐枯竭，导致了土地自身功能的变化甚至退化。我们常感到吃的蔬菜水果没有小时候的味道了，这是因为土地已经不是过去的土地了。作为大自然的“脾胃”，土地这个“后天之本”，由于人类过度索取和开发，已经患上了“疾病”。

目前，人类社会产生的废弃物、污染物不可想象，其中很大一部分进入到土壤里面。土壤系统拥有分解净化这些废弃物、污染物并将其转化为土壤的生产能力，这是陆地土壤与陆地的植物-动物-微生物形成的一个自然生态循环系统所具备的功能。然而，由于几十年过度开发和不科学利用，土壤系统不仅农业生产能力和生态环境缓冲调控能力逐步退化，更严重的是，其正在逐步蜕变成一个面源污染源，进而加剧了水体污染和大气雾霾的大面积扩散。

除了过度开发、废弃物污染，还有化学农药和化肥的不合理使用，都使得土壤伤痕累累。化肥仅仅考虑到的是植物养分这一单一而片面的需求，它是为“植物所需要的养分”而设计的商品，但却忽视了90%以上有机物养分的还田，忽略了土壤及土壤中的微生态系统中的生命体是否只需要单质化学形式的物质投入与摄取。德国化学家李比希的“灰分”还原理论认为，人类在土地上种植作物并带走这些产物，地力必然会逐渐下降，而土壤所含的养分也会越来越少，要恢复地力，就必须归还从土壤中拿走的全部东西，不然就难以再获得过去那样多的产量，为了增加产量就要向土壤施加“灰分”。100 多年来，虽然化学农业达到了人类发展史上从未有过的高产，但是高产过后导致的生态整体系统的即将崩坏，为世界性的生态灾难埋下了隐患。当下，人们在强调保障 18 亿亩耕地数量红线的同时，比以往更加关注耕地的质量。因此，我国土壤亟须修复改良。

为了保持土地和土壤持续的生产能力，必须进行土壤改良与培肥。我国古代先民对“地久耕则衰”有很好的应对方法。《农桑通诀·垦耕篇》曰：“垦耕者，农功之第一义也。”把耕作作为农业生产的第一基础。《齐民要术·耕田》篇引魏文侯语“民春以力耕，夏以强耘，秋以收敛。”强调耕种的重要性。南宋《陈敷农书》记有：“凡田种三五年，其力已乏，斯语殆不然也，是未深思也。若能时加新沃之土壤，以粪治之，则益精熟肥美，其力常新壮矣，抑何敝何衰之有？”元代《王祯农书》更是强调了“田有良薄，土有肥硗，耕农之事，粪壤为急。粪壤者，所以变薄田为良田，化硗土为肥土也。”

我国先民将“种地养地”“以粪养地”“惜粪如金”“用粪如用药”用作农耕的指南，成为了解决那个时代地力衰竭的解药，保持了“地力常新壮”，以满足人口不断增长的需求，使得文明得以持久传承。提出“养分归还学说”的德国化学家李比希对于我国先民对农业的这种先进认知和独特的经营方法给予高度评价，他认为“中国农民的经验证实了他的学说的正确性”。

要针对不同的土壤问题，采用不同的培肥改良措施。如通过平衡施肥、多施有机肥和生物肥改善土壤肥力状况；通过深翻改土破除土壤板结，改善土通透性能；通过使用土壤调理剂修复低产土壤；通过添加螯合剂、植物生长调节剂、酸碱调节剂、表面活性剂、环糊精等能够有效提高植物对复合污染土壤的修复效果。目前国家正在进行的高标准农田建设，则是从土地规划，水、电、路等基础设施配套，土地平整、土壤培肥等方面对土地进行综合治理。

### （二）重视排灌控湿，水利是农业的命脉

水为万物之源，像阳光一样，水分也是所有生物都离不开的重要因素。《荒政要览》曰：“水利之在天下，犹人之血气然，一息之不通，则四体非复为有矣。”《农政全书》曰：“水利者，农之本也，无水则无田矣。”均强调水对于国家社会、农田农业、人体的重要性。

水对植物的影响主要包括空气湿度和土壤湿度。无论大旱还是大涝，都是不利于植物生长的。水对于植物的生长发育影响具有极其关键的作用，尤其是对某些作物关键生育期，如玉米开花期遇上连阴雨天气，就会不结实，或者籽粒稀少。而温室大棚蔬菜作物常因空气湿度过大而引起真

菌类病害频发。因此，要根据不同作物需水规律予以辅助环境改善。

不同作物在生长过程中需要的水分不同，根据作物对水分的需求规律，常分为以下几种类型：

1. 喜水耐涝型

喜水耐涝型作物喜淹水或应在沼泽低洼地生长，在根、茎、叶中均有发达的通气组织，如水稻。

2. 喜湿润型

喜湿润型作物在生长期间需水较多，喜土壤或空气湿度较高，如陆稻、蓖麻、黄麻、烟草、大麻、蚕豆、莜麦、马铃薯、油菜、胡麻及许多蔬菜。

3. 中间水分型

中间水分型作物既不耐旱也不耐涝，或前期较耐旱，中后期则需水较多。在干旱少雨的地方虽然也可生长，但产量不高、不稳，如小麦、玉米、棉花、大豆等。

4. 耐旱怕涝型

许多作物具有耐旱特性，如糜子、谷子、苜蓿、芸芥、扁豆、大麻子、黑麦、向日葵、芝麻、花生、黑豆、绿豆、蓖麻等。

5. 耐旱耐涝型

耐旱耐涝型作物既耐旱又耐涝，适应性很强，在水利条件较差的易旱地和低洼地都能有良好的生长，并可获得一定产量，如高粱、田菁、草木樨等。

### （三）重视调光控温，万物生长靠太阳

1. 光照

光照是动植物生长最重要的基础能量来源。《黄帝内经·素问·生气通天论》曰：“阳气者，若天与日，失其所，则折寿而不彰。”明代著名中医学家张景岳提出“天之大宝，只此一丸红日；人之大宝，只此一息真阳。”光是农业生态系统的能量来源，植物利用光能通过光合作用合成有机物。空气、水、土壤及其他物体吸收光能则转换为热能。光能促进组织器官的分化、制约着器官的生长和发育速度。同一种植物在阳光下能正常生长，而在无光下生长则产生叶黄、茎秆细弱、节间距离拉长、干物重下降等现象。这就是我们为什么要根据作物的喜光特性安排作物的种植位置与间作搭配了。另外，需要指出的一点是，即使是喜光植物，光照强度

过强的情况下也会受到伤害，如夏日露地番茄上的日灼果。但人们可以通过营造小气候环境来避免伤害。比如通过保留杂草，减少地面光照反射，降低了光照强度，成功减少了日灼果的产生。

光照对植物光合作用的影响与光的强度大小、光照时间长短和光的波长有关。植物光合作用吸收的光主要在红橙光与蓝紫光光谱范围内。光的日照长短对植物的开花有决定性作用，植物对日照长短、昼夜变化反应称为“光周期性”，分为四类：

（1）长日照作物。仅在长于临界光期范围内及连续光照下，才能迅速开花的植物，如冬小麦、大麦、油菜、甜菜、萝卜等。

（2）短日照植物。仅在短于临界光期范围内及连续光照下，才能迅速开花的植物，如菊花、水稻、玉米、麻、烟草等。

（3）中日照植物。要求昼夜长短比例接近相等的照射条件下才能开花的植物，如甘蔗。

（4）日中性植物。开花受日照长短影响较小，只要其他条件合适，在不同日照长度下都能开花的植物，如蒲公英、番茄、黄瓜、四季豆、旱稻等。

对于植物生产来讲，应该根据需要让其接受良好的光照，并通过合理密植、调整株型、补光、遮光等使光能得到合理利用，尽量促成较多的光合作用产物积累，以利高产优质。对于畜禽养殖来说，合适的光照是环境温度等重要的调控手段，同时也可以抑制某些有害生物泛滥等，生产中应注意调控到最适当范围，以利植株健壮生长。

2. 温度

适宜的温度是动、植物正常生命活动的必要因素，制约着其生长发育过程。地球表面温度包括气温、地温和水温，决定植物生长发育进程。从种子萌发、根系生长、养分吸收运转与有机物合成，无一不与温度有关。作物正常生长，不同生育期都必须满足一定的温度要求，整个生育期对温度积累（有效积温）也有要求。温度随海拔高度、四季变化及昼夜不同而发生改变。任何植物都有其能够生长的温度范围，高于这个范围会出现烫伤或萎蔫死亡，低于这个范围会出现冻伤甚至死亡。比如：一般落叶果树的生物学有效温度起点为6~10℃；多数植物在日平均气温高于10℃才开始生长，20~23℃最适宜生长，当温度高于28℃时生长就会明显减缓，高于35℃时生长趋于停止；苹果适宜生长在年平均气温7~13℃的地区，其最适宜的生长温度是20~25℃；番茄的适宜生长温度在23~27℃。不同的生育阶段对温度的要求有别，冬季气温低于-20℃时，苹果枝干就会出现受冻现象；花期气温低于0℃时，花器也会受冻。温度对于畜禽动物来说，和给人的感受一样，春秋温度适宜，而冬季太冷、夏季太热。

古代就重视保温对农业生产的作用，《农桑辑要》引用《士农必用》："治簇之方，惟在干暖，使内无寒湿。"《氾胜之书》："始种稻欲温，温者缺其塍，令水道相直；夏至后太热，令水道错。"

现代农业生产中，人们对于温度的调控有很多智慧，常见调节温度的措施有以下几种：

（1）耕作。垄作可使表层温度提高2~3℃。苗期中耕，可改善通气性，也可以提高地表温度。

（2）增施有机肥或深色肥料。有利于吸收太阳的辐射，提高地温。

（3）灌水与排水。夏季灌水，可降低土温；冬前灌水可减缓土温下降速度，起到稳温保温的作用；早春低温地排水，有利于地温的上升。

（4）覆盖与遮阳。用地膜覆盖地面，在早春、冬季可提高地温，夏季用秸秆、碎草覆盖地面可降低地温；遮阳网可以降低一定空间的气温。

（5）温室。利用温室、塑料大棚保温，可在冬季进行某些作物的生产。另外，可采用火炕、地热线等加温的方法提高苗床地温，促进生长。

**（四）重视气流营养，通风透气是生物呼吸的关键**

人活一口气，"有气则生，无气则死。"明代医学家李中梓说："气血俱要，而补气在补血之先，阴阳并需，而养阳在滋阴之上。"中医认为：气的升降出入，无器不有。中医的独参汤、补中益气汤都是补气名方，气不但要充足，而且要通畅，而气机通畅升降出入是万物生长及营养积累的关键所在。

地球大气是由一些永久气体、水汽、雾滴、冰晶、固体微粒（如尘埃）等组成。不含水汽和其他杂质的大气称为干洁大气。干洁大气主要由氮（$N_2$）、氧（$O_2$）、氩（Ar）、二氧化碳（$CO_2$）组成，这四种气体占对流层内空气容积的99.99%。

几种主要大气成分的生态作用如下：氧（$O_2$），主要来自植物光合作用，少部分来自于大气层的光解作用，即紫外线分解大气外层的水汽放出氧。氧气是生物呼吸的必需物质，参与氧化过程。二氧化碳（$CO_2$），主要来源于煤、化石燃料及生物的呼吸和微生物的分解作用，是植物光合作用的主要原料，浓度高低直接影响地表温度（温室效应）。氮（$N_2$），主要来自生物固氮、雷电、火山爆发、生物分解等自然途径及工业固氮，是构成生命物质（蛋白质）的最基本成分，增施氮素能促进植物的生长；但氮过多，大量氮沉积在陆地和水生生态系统中，散失到空气中，会造成全球变暖、增加大气污染、水体富营养化、生物多样性减少。臭氧（$O_3$），在高层大气中，$O_2$ 吸收了短于0.24微米的紫外线而分解成氧原子，氧原子很活泼与 $O_2$ 结合成 $O_3$。臭氧（$O_3$）主要分布在10~40千米的大气层中，对紫外线有强烈的吸收作用，使到达地球表面的紫外线含量大大减少，一方面可以使地球表面温度不致过高，另一方面也保护了地球表面的生物免遭强紫外线的杀伤。

植物的光合作用、呼吸作用及微生物活动和有机物的转化都是与环境的通风透气条件密切相关的。空气中二氧化碳、氧气和氮气是生态系统中所有生物有机体碳、氮、氧的来源（部分来自水），植物通过光合作用吸收二氧化碳，释放氧气，与大气互动。在封闭的环境下，植物是无法正常生长的。缺少二氧化碳，植物会因为缺少光合作用的原料而减产，而当光照或其他条件不足的情况下，适当补充二氧化碳也是提高作物产量的措施之一。我们生产中的有机物覆盖也是补充作物二氧化碳的一种方法，其原理是有机物逐渐分解释放二氧化碳，供作物光合作用利用。生产中把有机物的发酵过程放在田里进行的做法，是对资源充分利用的好办法。氧气几乎是所有生物呼吸作用中不可缺少的。缺少氧气，会抑制作物呼吸而影响作物生长，比如板结的土壤，相对缺少氧气，抑制根系的呼吸作用，根系和植株就会相对弱小。氮气则主要通过固氮微生物或是闪电、化学固氮等方法进入农业生态系统。

另外，当今工业废气排放造成的空气污染，也会妨碍植物正常新陈代谢活动。有些植物对某种空气污染成分非常敏感，当空气中含有该成分，就会影响其生长甚至死亡；而有些植物则是对某种污染气体成分有富集净化作用。比如对于二氧化硫的空气污染，苔藓是敏感植物，当大气中层二氧化硫浓度增加，苔藓植物的种类和生长量就会减少，直至消失；而一些菩提榕、小叶榕、竹节树则会对二氧化硫有很强的吸收作用。棕榈对烟尘、二氧化硫、氟化氢等多种有害气体有很强抗性及一定的吸收能力，适合在污染区大面积种植。鸡冠花对二氧化硫、氯化氢等有毒气体具有抗性。

## 二、祛除邪气，杀灭病虫草害

中医学理论中，祛邪，即是祛除病邪，减轻或消除邪气的毒害作用，使邪去正安，机体恢复健康状态。祛邪则用泻实方法，由于邪气不同，部位有异，其治法亦不一样。祛邪能排除病邪的侵害和干扰，有利于正气的保存和恢复，从而使人体健康长寿。病由邪生，祛邪治病，邪气去则元气自复。中医汗、吐、下、和、温、清、消、补八法中的汗、吐、下、清、消五法皆为祛邪之法。

### （一）祛病排毒

导致人体得病的因素称为病邪，即邪气。邪气可分为天邪、地邪、人邪。包括外来病邪，风寒暑湿燥火和疫疠之气；内生邪气，七情过极、饮食不当，还有病理产物痰饮瘀血以及外力损伤等。

植物体的病害多是由病原微生物引起的，杀灭、抑制这些有害微生物，才能防止侵染或减轻为害，故要杀菌祛病，也就是所谓的排毒。如：樟树因有特殊的香气，故名，并与楠、梓、桐合称为江南四大名木，其对氯气、二氧化硫等有害气体具有抗性，可以吸附空气中的微尘，能驱蚊蝇。樟叶可提制栲胶，在农业上可防治水稻螟虫。

山茶对氯气、二氧化硫等有害气体有明显的抗性。茶油被权威专家誉为“世界上最好的食用油”。茶花叶可做饮料，也可制成茶花酒，茶花煮糯米粥，有治痢功效。玉兰对二氧化硫、氯气和氟化氢等有毒气体抗性较强。

目前，菊科、唇形科、芸香科、樟科、伞形科等植物芳香精油具有抑菌活性得到了研究确认。青蒿对黑曲霉、刺孢属、青霉属具有良好的抑制作用；艾叶精油对灰霉菌、链格孢菌、辣椒疫霉、苹果腐烂病菌、棉花枯萎病菌和水稻枯纹病菌有一定抑菌活性；丁香广泛应用于抑菌杀虫、果蔬防腐和医学等方面，其提取物能抑制禾谷镰刀菌等真菌。狼毒在抑菌、消炎、抗病毒、杀螨虫、抗癌等方面生物活性良好，其提取物可以抑制人体金黄色葡萄球菌、黄瓜枯萎病菌、番茄晚疫病菌等；八角具有抗微生物、抗炎、杀虫、抗氧化和提高免疫反应等多种药效，其提取物对金黄色葡萄球菌、大肠杆菌 、枯草杆菌、黑曲霉、黄曲霉和橘青霉都具有较强的拮抗作用；肉桂、香茅、大蒜和互叶白千层精油均可以抑制竹林病原真菌的生长；佩兰精油及其主要成分百里香均具有一定的抗菌活性。

### （二）杀虫灭害

中医十分重视寄生虫对人体的伤害，常用使君子、苦楝皮、槟榔、南瓜子、鹤草芽、雷丸、鹤虱、榧子、芫荑、苦参、花椒等杀虫驱虫。其中一些药物同样可以用于植物虫害防治。仅古代农书《农桑辑要》与《农政全书》就有较为丰富的治虫之法。

《农桑通诀》曰："榆酱能助肺，杀诸虫下气。榆叶曝干，捣罗为末，盐水调匀，日中炙曝；天寒，于火上熬过，拌菜食之，味颇辛美。"

《农桑通诀·垦耕篇》曰："凡菜有虫，捣苦参根，并石灰水泼之，即死。"古时先民利用苦参和石灰水消灭菜中的虫子。

《农桑辑要》曰："木有蠹虫，以芫花纳孔中，或纳百部叶，虫立死。"

《农政全书》曰："治蠹虫法：正月间，削杉木作钉，塞其穴，则虫立死。"又曰："果树生小青虫，虰蜻肦挂树自无。"

《农政全书》玄扈先生曰："凡治树中蠹虫，以硫黄研极细末，和河泥少许，令稠遍塞蠹孔中。其孔多而细，即遍涂其枝干。虫即尽死矣。又法：用铁线作钩取之。又：用硫黄雄黄作烟熏之，即死。或用桐油纸油炮楼熏之，亦验。"治菜生虫：用泥矾煎汤，候冷，洒之，虫自死。治壁虱：用荞麦秆作荐可除。可蜈蚣萍晒干，烧烟熏之。辟蚁：凡器物，用肥皂汤洗抹布抹之，则蚁不敢上。辟蝇：腊月内，取楝树子，浓煎汁，澄清，泥封藏之；用时取出少许，先将抹布洗净，浸入楝汁内、扭干，抹宴用什物，则蝇自去。辟蚊蠹诸虫：用鳗鲡鱼干，于室中烧之，蚊虫皆化为水；若熏毛物，断蛀虫；若置其骨于衣箱中，则断蠹鱼；若熏尾宅，免竹木生蛀，又杀白蚁之类。

现代研究证实，印楝的种子、叶片、枝条和树皮等多个部位均含有印楝素。印楝素可防治白粉虱 、小菜蛾、蚜虫、叶螨等，常用于仓储原粮、茶树、柑橘树、高粱、十字花科蔬菜、果树、枸杞等的害虫防治。蛇床子（蛇床子素）、烟碱、藜芦（藜芦生物碱）均对虫害有显著防治作用。

在杀灭害虫，保护农作物方面，大自然也赐给我们很多"自然卫士"。如：螳螂是一种食肉性的昆虫，是保护绿色植物的天然"卫士"，能捕食苍蝇、蛾子、蝴蝶、蚱蜢等害虫，任何活泼的害虫在它两把大刀面前都无法逃脱。壁虎亦称"守宫"，中药名称"天龙"，善捕食蜘蛛、蚊、蝇等小动物，夜间沿壁活动和捕食，故名"壁虎"。蜥蜴栖息于干燥砂地路边草丛、山坡及平地、麦田，整天捕食蝼蛄、蝗虫、夜蛾、尺蠖等森林和农业害虫；据统计，一只蜥蜴在害虫繁殖期一个夏天能消灭6 000只金花虫和象鼻虫，此外蜥蜴还喜欢捕食苍蝇、蚊子、蟑螂等害虫，所以可称之为消灭四害的专家。蝙蝠因善于灵活飞翔，貌似家鼠又常在傍晚活动，以捕捉空中的蚊子、蛾子、甲虫等害虫为食，故有“飞鼠”或“夜燕”等雅号。青蛙为庄稼保产夺丰收作出了很大的贡献，被列为国家野生保护动物之一，它每年要捕食许多苍蝇、蝼蛄、金花虫、螟虫等农业害虫。林蛙以大量的对农业有害的各种昆虫如蝈蝈儿、蟋蟀、蝗虫等为食，有时也吃少量的蜘蛛等。螳螂、桑螵蛸捕食害虫，功劳卓越，被专门采集、饲养，需要的季节投放到害虫多的地方，以保护农作物。

### （三）灭除草害

杂草对农作物生长影响很大，因此灭除草害也很重要。《农桑通诀·锄治篇》引《左传》曰：“农夫之务去草也。”现在农田杂草的防除依赖化学除草剂的程度非常高，环境（土壤、水源等）被污染、生态被破坏、杂草产生抗药性等问题层出不穷。中医农业提倡采用综合农业技术措施，能最环保、廉价、高效地防除杂草，尽量减少化学品的使用，值得大力推广。

1. 深耕翻土除草

草害严重的农田，经深翻耕作，将大量种子埋入土层深处，可有效消灭许多种杂草，大大减轻杂草的危害；同时将大量杂草的根、茎等翻到地表，能干死、冻死大部分根、茎等，从而显著减轻杂草为害。马齿苋、苋菜、马唐、狗尾草、王不留行、播娘蒿、蒺藜、灰灰菜等杂草在0~3厘米的土中，只要温、湿度适宜就可出土为害，如将其翻入土层深处，就难以出苗和形成危害。芦苇、白茅莎草和刺儿菜等，深翻可破坏其根茎，不少还翻到地表，经过风吹日晒和人工耙耱、捡拾等，可大量减少杂草，明显降低为害。野燕麦种子只要深翻在土层15厘米以下，种子就难以萌芽，即使出土也生长不良；若其种子深翻在30厘米以下土层，基本上就不能发芽。大豆菟丝子在15~20厘米土层，基本不能出苗；如其在10~15厘米土层，出苗率也只有1%~3%，且出土后长势弱、扭曲，不久即死亡。

2. 良种精选除草

全世界有杂草5万多种，其中8 000多种可对农田造成为害。杂草种子千差万别，大小、重量也不同，可依其大小、轻重、有芒无芒、是否光滑、漂浮力等的不同，用手工、机械、风力、筛选、水选等方法除去杂草种子，大幅减轻杂草的传播和为害。通过过筛和风选，可大量去掉小麦中野燕麦的种子，阻止它的蔓延传播和为害。大豆种子中常夹杂有菟丝子种子，用过筛的办法，就可以将大豆中的菟丝子种子清除出来，其防除效果高达 80%~90%。大豆留种田若长有苘麻时，应在其种子未成熟前人工拔除，然后采收大豆，有显著防效。水稻秧田和本田，可根据水稻与稗草植物形态之不同，用人工方法尽早拔除稗草，防止其随割、打混入稻种中，其防效可达 75%~95%。

3. 轮作倒茬除草

科学的轮作倒茬，可使原来生境良好的优势杂草种群处于不利的环境条件下，从而减少或杜绝为害。有试验表明野燕麦严重的小麦田连作 3 年，第 4 年又种小麦的，每平方米有野燕麦 104 株，而第 4 年改种马铃薯的田，每平方米仅有野燕麦 7 株，防效达 93. 3%。小麦-玉米轮作改为小麦-水稻轮作，能基本防除野燕麦。野燕麦种子深埋在 10~20 厘米的稻田土中，37 天就腐烂，全部失去发芽能力。稻麦两熟种植模式时，碱茅、硬草、棒头草等发生严重，个别田块每平方米有上述杂草 1 000 株以上，通过改种棉花、玉米、蔬菜等旱作物，杂草数量可大为减少，有的几乎绝迹。花生、大豆、棉花、果树和林木育苗地等旱作地，若改种水稻，对狗尾草、牛筋草、马唐、蓼藜、野苋等可达到 90%以上防除效果。

4. 高温堆肥除草

有机肥来源十分广泛，如秸秆、落叶、干草和青草、绿肥、垃圾等里面夹混有大量的杂草种子，若不经高温堆腐就施于农田，将人为扩散传播杂草，有可能导致农田杂草的严重为害。高温堆肥方法是：选一平坦地，夯实地面后（也可挖坑或沟），先铺一层厚 10~15 厘米的秸秆或泥炭，接着将切碎的秸秆等铺 20~30 厘米厚并浇上适量水，撒上 1%~2%石灰，再盖厚 10 厘米的猪、牛、马粪等，如此逐层堆成高 1. 5~2 米的堆，最后用厚塑料薄膜或泥密封住整个堆；一般情况下，堆中温度 3~5 天就可上升到 40~50℃，最高可达 60~70℃；夏季经 1~2 个月，冬季经 2~3 个月，可完全杀死有机堆肥中杂草及其种子，同时也能杀死其中绝大部分作物病源。

5. 田面覆盖除草

果园、稀植作物的行间，利用碎有机物铺盖地面，可以有效抑制和防除杂草的生长。近年来，常在果树树行铺设防草地布的方法抑防杂草。另外，利用农作物高度和密度的荫蔽作用，也能实现“以苗欺草”“以高控草”和“以密灭草”等目的。80%~90%的杂草比玉米、甘蔗、高粱、果树等低矮，如在玉米田先用40%乙莠水悬浮乳剂除草，一段时间后玉米就长到一定高度和封行度了，就可明显抑制杂草的生长。夏播棉密度提高到8 000~10 000株/亩（1亩≈667米$^2$，全书同），前期人工除草1~2次或使用除草剂1次，一段时间后棉花即可达相当高度和密封度，对杂草的防控效果可达90%以上。大豆播种密度提高到12 000~13 000株/亩，前期施用1次45%豆草畏乳油除草1次，当大豆长到一定高度后，除草效果可达95%以上，并可增产20%~30%。柑橘、桃、梨等果园适当提高早期栽培密度，使密度达到固定密度的1~2倍，可尽快使果园得到覆盖，控、防草效果可达80%~90%，并能提高前期产量，不过封行后要逐渐将多余树移栽它地或间伐掉。

6. 迟播诱发除草

有计划地推迟作物的播种期，使杂草提前出土，除草后再播种，有良好的除草效果。花生、棉花等旱作物，在播种或移栽前10~15天翻耙地，待杂草出土后再翻耕播种，可消灭40%~60%的杂草。一季晚稻和双季晚稻秧田，栽插或播种前25~30天每隔10~15天翻耙1次，共翻耙两次，可除去60%~80%的稗草等其他水田杂草。为防野燕麦等杂草，可灵活推迟播种时间，待诱发其大量出土后再用钉齿耙浅耕浅耙或用拖拉机带动圆盘耙除草，当年除草效果可达85%，连续用此法4年，野燕麦可基本消除。

7. 控管水源除草

野燕麦、稗草、泽泻、慈菇等杂草主要是随流水、洪水传播的，科学地管控好水源，就可起到防控杂草的作用。农田漫灌和串灌，是造成一些杂草和病虫传播蔓延的主要原因。在灌溉口装上过滤网并及时清除堵塞物，有很好的防控杂草作用。水稻秧田播种前保持田间水深10~20厘米，待稻种萌芽后排干田水，齐苗后再灌水10~15厘米深，可淹死大部分杂草。

8. 植物相克除草

植物相克除草是利用不同植物之间相克的特性，以某种作物灭除相应的杂草。比如向日葵能有效地抑制曼陀罗花、马齿苋等野生杂草的生长。

高粱能抑制大须芒草、柳枝稷、垂穗草等野生杂草的生长。在农作物地里或苗园里套种芒麻，可以消灭小竹；在竹林边种芒麻，可制止竹鞭蔓延。

## 第二节　三因制宜，灵活施策

中医强调因时、因地、因人制宜，即三因制宜。中医农业也强调三因制宜，即因时制宜、因地制宜和因物制宜，要根据具体情况采取相应的对策。

### 一、因时制宜

中医学常常根据不同季节的气候特点制定治疗用药的原则，这种原则叫因时制宜。因一年四季，气候有寒热温凉之不同，对人体生理活动及病理变化产生的影响也不同，所以治疗疾病时，会根据不同季节和气候特点来指导治疗用药。如夏季气候温热，人体腠理开泄，故不宜过用辛温发散药，避免开泄太过，耗伤阴气；冬季气候寒凉，人体腠理致密，当慎用寒凉，以防伤阳；暑季多雨，气候潮湿，故病多夹湿，治宜加入化湿、渗湿之品。

精确的时间单位与循环的时间系统，是农业文明的准则。《易经·乾·象传》曰："大明终始，六位时成，时乘六龙以御天。"《易经·乾文言》曰："与四时合其序。"《易经·损·象传》曰："与时偕行。"《易经·艮·象传》曰："时止则止，时行则行，动静不失其时，其道光明。"《黄帝内经·灵枢·卫气行》曰："失时反候者，百病不治。"《尚书·大禹谟》曰："时乃天道。"一个"时"字，是《易经》《黄帝内经》的基础，是部部经典的基础，是诸子百家的基础。

《农书·天时之宜》曰："万物因时受气，因气发生。时至气至，生理因之。"强调"时"是万物的基础。《农桑通诀》曰："授时之说，始于《尧典》。"农时，即农民根据季节气候变化规律从事耕种与收获，可见农时之说在我国由来已久，足以见先民智慧。《齐民要术》曰："顺天时，量地利，则用力少而成功多。任情反道，劳而无获。入泉伐木，登山求鱼，手必虚；迎风散水，逆坂走丸，其势难。"又曰："春生、夏长、秋收、冬藏，四时不可易也。"《孟子》曰："不违农时，谷不可胜食。"《管子》曰："不知四时，乃失治国之基。不知五谷之故，国家乃路"。我国先民一直把遵循农时的农业当作治国之本。在农事中，农时是重中之重。《齐民要术》引用《春秋传》曰："天气下降，地气上腾；天地同和，草木萌动。此阳气蒸达，可耕之候也。"《氾胜之书》曰："凡耕之本，在于趣时，和土，务粪泽。"把顺应天时作为农耕的第一要务。

二十四节气是中国独有的一种历法，起源于黄河流域，始于春秋，确立于秦汉，是我国先民们在历史上的一项伟大创举。其完整的文献记载，出自《淮南子·天文训》，以北斗星的斗柄所指一定节气时岁，同月亮、太阳、二十八宿标示的度数相配合，组成了一个古代完整的、科学的历法和天象体系。它是我国古代劳动人民在长期的生产实践中，通过对天象、气象、物象以及农事活动现象等进行长期反复地观察、探索总结的劳动成果。如清明下种、谷雨栽秧等。大自然中的生物都是按照一定的季节时令生长发育的，如植物的发芽、生长、开花、结果和凋谢，动物的冬眠、复苏、始鸣、繁殖和迁徙等现象，这些都与气候变化息息相关。一年中气候冷热的变化，对于农业生产有着很大的关系。我国广大农民群众春播、夏管、秋收、冬藏，也都是按照二十四节气来安排的。有利用二十四节气种菜的口诀：立春种香葱，雨水种生菜，惊蛰种辣椒，春分种油菜，清明种豌豆，谷雨种山药，立夏种芹菜，小满种大葱，芒种种茄子，夏至种香菜，小暑种花菜，大暑种青椒，处暑种秋葱，立秋种萝卜，白露秋分种油菜。

与二十四节气同样有重要意义的还有二十四番花信风。有歌诀：正月梅花凌寒开，二月杏花满枝来。三月桃花映绿水，四月蔷薇满篱台。五月石榴红似火，六月荷花洒池台。七月凤仙展奇葩，八月桂花遍地开。九月菊花竞怒放，十月芙蓉携光彩。冬月水仙凌波绽，腊月蜡梅报春来。

在作物具体的种植中，亦要掌握其时间。如《齐民要术》曰："胡麻宜白地种。二三月为上时，四月上旬为中时，五月上旬为下时。"《本草纲目》曰："落葵，三月种之，嫩苗可食。五月蔓延，其叶肥厚软滑，可作蔬，和肉食。"

## 二、因地制宜

中医是根据不同地区的地理特点考虑治疗用药原则，这种原则叫因地制宜。不同地区的地理环境、气候特点、生活习惯等各不相同，因而人的生理活动和病理变化特点也不尽一致，所以治疗用药应有所差别。如西北地高气寒，病多燥寒，治宜辛润，寒凉之剂必须慎用；东南地低气温多雨，病多温热或湿热，治宜清化，而温热及助湿之剂必须慎用。如同一风寒表证，治宜辛温发汗以解表，而西北地区多用麻黄、桂枝、细辛，东南地区多用荆芥、苏叶、淡豆豉、生姜，湿重地区多用羌活、防风、佩兰等。此外，某些地区还有地方病，如地方性甲状腺肿大、大骨节病等，在治疗疾病时也应因地制宜。

中医农业也重视地域及土壤对作物的影响，同样强调因地制宜。《齐民要术》认为，同一作物在不同地区生长情况各异，是因为“土地之异也”。冯应京曰：“按天地气候，南北不同也。广东、福建，则冬天木不凋，而其气常燠。如北之宣大，则九月服纩，而天雪矣。乃草木蔬谷，自闽而浙，自浙而淮，则二候每差一旬。至于徐鲁之间，则五月萌芽方苗。是则此图，当以活法参之，盖不可胶议以求效也。”所以，我们要根据不同地点的不同情况来对待作物。如《管子》曰：“五沃之土，其木宜杏。”崔寔《四民月令》曰：“二月三月，可种稙禾；美田欲稠，薄田欲稀。”《齐民要术》曰：“四月时雨降，可种大小豆。美田欲稀，薄田欲稠。”

土壤的瘠薄与肥沃是作物布局经常遇到的问题，不同作物对土壤养分的适应能力有显著差别。《齐民要术》种旱稻法曰：“旱稻用下田，白土胜黑土。”“凡种下田，不问秋夏，候水尽、地白背时，速耕，耙耢，频烦令熟。”《齐民要术》种梁秫法曰：“种秫欲薄地而稀，一亩用子三升半。”玄扈先生曰：“北方地不宜麦禾者，乃种此，尤宜下地。”《农政全书》曰：“凡耕田，必须水田种稻，方准作数”“旱田通水灌溉者，即古人井田之制”“凡实地种水田，须多开沟浍”“地土，高下燥湿不同，而同于生物。生物之性虽同，而所生之物则有宜有不宜焉。”《吕氏春秋》曰：“土地所宜，五谷所殖，以教道民，以躬亲之。田事既饬，先定准直，农乃不惑。”均强调了土壤的性质对于农作物的影响。如胡荽即芫荽，俗称“香菜”，适于栽种在熟软的好地，黑软青沙良地，需三遍熟耕。

1. 根据作物对土壤肥瘦适应性的不同进行分类

（1）喜肥型。这类作物根系强大，需肥多；或要求土壤耕层厚、供肥能力强。如小麦、玉米、棉花、杂交稻、蔬菜等。

（2）中间型。这些作物需肥幅度较宽，适应性较广。在瘠薄土壤中能生长，在肥沃土壤中生长更好。如籼型水稻、谷子等。

（3）耐瘠型。这类作物能在瘠薄地上生长。一是具有固氮能力的豆科作物，如绿豆、豌豆及豆科绿肥（苜蓿、紫云英等）；二是根系强大、吸肥能力强的作物，如高粱、向日葵、荞麦、黑麦等；三是需肥较少的作物，如谷、糜、大麦、燕麦、胡麻等。

2. 根据土壤质地进行分类

（1）适沙土型。沙土质地疏松，总孔隙度虽小，但非毛管孔隙大，持水量小，蒸发量大，升温、降温较快，昼夜温差大。蓄水保肥性差，肥力较低。凡是块茎、块根类作物均适宜在沙性土壤上种植，如花生、甘薯、马铃薯等。另外，西瓜、苜蓿、沙打旺、红豆草、草木樨、桃、葡萄、大枣、大豆等对沙土地较适应。

（2）适黏土型。黏土保肥保水能力强，但通透性不良，耕作难度大。适宜种植水稻，小麦、玉米、高粱、大豆、豌豆、蚕豆也适宜在偏黏性的土壤上生长。

（3）适壤土型。多数农作物都适宜在壤土上种植，如棉花、小麦、玉米、谷子、大豆、亚麻、烟草、萝卜等。

3. 根据土壤酸碱度和含盐量的不同进行分类

（1）宜酸性土壤作物。在 pH 值 5.5~6 的酸性土壤中，适宜的作物有：黑麦、荞麦、燕麦、马铃薯、甘蔗、小花生、油菜、烟草、芝麻、绿豆、豇豆、木薯、羽扇豆、茶树、紫芸英等。

（2）宜中性土壤作物。在 pH 值 6.2~6.9 的中性土壤一般各种作物皆宜。

（3）宜碱性土壤作物。在 pH 值>7.5 的土壤中适宜生长的作物有：苜蓿、棉花、甜菜、苕子、草木樨、枸杞、高粱。

（4）耐强盐渍化土壤作物。如向日葵、蓖麻、高粱、苜蓿、草木樨、紫穗槐、苕子等。

（5）耐中等盐渍化土壤作物。如水稻、棉花、黑麦、油菜、黑豆等。

（6）不耐盐渍化土壤作物。如糜、谷、小麦、大麦、甘薯、马铃薯、燕麦、蚕豆等。

4. 地貌的差别对作物布局的影响

（1）地热对作物布局的影响。集中表现在作物分布的垂直地带性上。随着地势的升高，温度下降、降水增多。气候的变化势必对作物种植类型产生影响。

（2）地形对作物布局的影响。地形主要是指地表形状及其所处位置。地形的变化影响光、温、水的分布。不同海拔高度具有不同的光照，海拔高光照强，海拔低光照弱。不同地形具有不同的温度，一般北坡低、南坡高。地形也影响降水量和水分的分布，一般南坡潮湿，有利于生物的生存，北坡干燥，环境恶劣。因此，阴坡与阳坡对作物布局影响很大，山的阳面和阴面植物景观明显不同就是例证。故在作物配置时，阳坡应多种喜光耐旱的糜、甘薯、扁豆等作物；阴坡应多种耐阴喜湿润的马铃薯、黑麦、荞麦、莜麦、油菜等作物。

## 三、因物制宜

万物各有其特性。中医认为，顺其性为补，逆其性为泻。在中医理论中，根据患者的年龄、性别、体质、生活习惯等的不同特点来确定治疗用药原则，这种原则叫因人制宜。如年龄不同，生理状况及气血盈亏亦不同，治疗用药应有差别。老年人生机渐减，气血亏虚，故病多虚或虚实夹杂，治宜偏于补益，实证时攻之宜慎；小儿生机旺盛，气血未充，脏腑娇嫩，易虚易实，病情变化较快，故治疗时忌峻攻、峻补，用量宜轻。

男女性别不同，其生理特点各异，尤其是妇女有经、带、胎、产等生理特点，治疗用药应考虑随证施治。人有先天禀赋及后天调养不同，形体有强弱、胖瘦不同，以及寒热阴阳偏盛之别，所以治疗用药当加以区别。阳热体质或平素偏食辛辣者，用药宜偏凉，慎用温热；阳虚体质或嗜食生冷者，用药宜偏温，慎用苦寒；另外，亦当注意肥人多痰、瘦人多火及素有慢性疾患、职业病等不同情况，在治疗时均应根据各自情况予以考虑。

同理，中医农业要因动植物的种类和品种不同而制宜，即考虑每种动植物的生理、生态特性。如不同农作物对土壤的适应性，对水、光、热等的要求，以及在轮作中前后作物搭配，茬口衔接紧密，既有利于充分利用土地、自然降水和光、热等自然资源，又有利于合理使用机具、肥料、农药、灌溉用水以及资金等社会资源，还能错开农忙季节，均衡投放劳畜力，做到不误农时和精细耕作。不同畜禽的生活习性、繁育特点、饲养方法各异，应充分考虑不同种类品种、年龄周期、体质状况等，精准施策，以避免盲目决策及措施不能切合具体情况的发生。

植物各有其特性。如茭白是一种喜近水而生的植物，喜近水就是茭白的特性之一。《农桑辑要校注》引用《四时类要》："二月，种百合，此物尤宜鸡粪。”宜鸡粪就是百合的特性之一。

牲畜各有其特性。《齐民要术》曰：“服牛乘马，量其力能；寒、温、饮、饲，适其天性；如不肥充、蕃息者，未之有也。”又曰：“牧羊，必须大老子，心性宛顺者。起居以时，调其宜适。”在牛马羊的养殖中，也需要注意其寒温饮饲的不同特性，才能将其养好。

昆虫也各有其特性。如蚂蟥中药名称“水蛭”。主要吸食水中浮游生物、微小昆虫、软体动物的幼虫及泥面腐殖质等，能活血化瘀。蛤蚧以昆虫为食，有时也捕食壁虎等小动物。近年来，我国医药工作者已经成功掌握了蛤蚧的人工饲养方法，能多情能壮阳。小牛虻的雌虻虫专吸食牛等牲畜血液，故名“牛虻”。雄虻虫不会吸血，只吸食植物汁液，喜阳光，在白昼活动，平时居于草丛及树林之中。雌虻虫对人畜危害很大，但只有雌虻虫可入药，能逐瘀通经。

在作物种植中常见因作物制宜的应用。有利用作物特性选择其更适合的种植地，如适应茶树“喜酸、耐阴、怕旱、怕寒”的生态特性，需要选择远离主干道、生态环境优良、水源充足、空气清新、无污染且背风向阳半山坡；土壤 pH 值 4. 5~5. 5，疏松、肥沃、富含有机质，植被丰富且水土保持良好的坡地。还有利用其用养关系、种收时间等习性，相互衔接，实行作物的轮作换茬等。

## 第三节　标本兼治，预防为主

### 一、把握轻重缓急——标本缓急论

本与标，具有多种含义，且有相对的特性。在中医思想理论中，如以正邪而言，则正气是本，邪气是标；以病因和症状论，则病因为本，症状为标；其他如旧病、原发病为本，新病、继发病为标等亦同此义。疾病的发生、发展是通过临床症状显示出来的，但这些症状只是疾病的现象，不是疾病的本质。因此，只有充分地收集疾病的各方面信息，并在中医学理论指导下进行综合分析，才能准确地判断其标本状况，找出疾病的根本原因，并针对其“本”确立相应的治疗方法。

当标本并重或者标本均不太急时，应标本兼治。如素体气虚又患外感，治宜益气解表。益气为治本，解表是治标；又如表证未解，里证又现，治宜表里双解。即“急则治其标，缓则治其本。常常标本同治，务求抓住根本”。

在中医农业中，则土壤为本，植物为标；植物地下根为本，地上茎叶为标；土壤质量、肥料、温度、湿度、通气等土壤和环境健康条件及植物自身抗病能力为本，病害虫为标。从培肥入手，做好土壤修复改良，再从育苗、种子、植保管理技术方面，做到“无病、无虫施药”的预防病虫发生，到见病虫的“治病驱虫”，有别于化学农药的一味“杀虫治病”方法。

中医农业的技术产品运用，是基于中草药配伍原理生产的农药兽药、饲料肥料以及天然调理剂。目前，一些产品已应用于水果、茶叶、水稻、瓜果和蔬菜等种植业以及羊、牛、猪、鸡、鱼等养殖业。如以中草药为原料生产的植物保护液，既可以提供作物营养，又可以防控病虫害。其有效成分来源于生物体，可以使作物恢复到健康生长状态，减少有害生物对作物的侵害，可以提高作物的抗病力和调节作物健康生长，能增强作物的抗逆性，达到优质、高产的目的，连续使用不会产生抗性，不会破坏生态环境。

化学农业比较关注杀虫。然而，昆虫具有相当强大的环境适应力，很容易对化学农药产生抗药性。以棉铃虫和红蜘蛛为例，农药杀死这一代以后，下一代虫子的抗药性可能更强，就需要用更高毒性和更大剂量的农药，这会导致恶性循环。但是，中医基于治未病原理和辨证论治的思想，从预防开始，从源头上消除了害虫生存的环境，标本兼治。有了这个前提，就会减少或杜绝病虫害发生，化学农药的使用量就会降低或根本用不到。因此，“中医农业”是通过全局性、系统性、综合性的诊断找到病根，从思维到行为再到结果的全面性诊治，而不是头痛医头、脚痛医脚的片面性诊治。

## 二、坚持预防为主——上医治未病

中医历来十分重视疾病的预防，明确地提出了“治未病”的思想。《素问·四气调神论》中曰：“圣人不治已病治未病，不治已乱治未乱……夫病已成而后药之，乱已成而后治之，譬犹渴而穿井，斗而铸锥，不亦晚乎。”强调“防患于未然”的原则。所谓治未病，包括未病先防、既病防变和病后防复。

未病先防是指在疾病发生之前，充分调动人体的主观能动性，增强体质，养护正气，提高机体的抗病能力，同时主动地适应客观环境，避免病邪侵袭，做好各种预防工作，以防止疾病的发生。既病防变是指疾病已经发生，应早期诊断、早期治疗，以防止疾病的发展和转变。病后防复是指疾病经治疗后，病邪基本消除，正气尚未复原，处于初愈的康复阶段，此时应谨防疾病反复。

在中医农业病虫害防治中，不仅要解决已经发生的问题，更要用提前预防的思想，把可能性的问题提前解决。如《农桑辑要》引《博闻录》曰："杨柳根下，先种大蒜一枚，不生虫。"《齐民要术》曰："茱萸，勿使烟熏！烟熏，则苦而不香也。"《农桑辑要校注》引《博闻录》曰："决明，园圃四旁，宜多种；蛇不敢入。"

在中医农业生产中，要坚持预防为主，根据天气等自然因子的变化规律、病虫害的发生发展规律，做好提前预测预报，提前采取防控措施，防患于未然。如菠菜枯萎病一般在成株期发生较为严重，主要侵害叶片，被害叶面初现淡绿色小点，后扩大为淡黄色、边缘分界不明显的不规则大斑，叶背病斑上则生灰白色至淡紫色绒状霉层。严重时病斑布满叶片，终致叶片枯黄，不能食用。病菌还可系统侵染，系统侵染的病株易呈萎缩状。预防这个病害主要应抓好以下几个方面的措施：一是与葱蒜类、禾本科作物实行3~5年轮作，避免连作；二是施用沤制的堆肥或充分腐熟的有机肥，可搭配中药微生物菌剂共同使用，防治土壤板结，提高寄主抗病力；三是可适时喷施中药生物菌剂使植株早生快发；适当浇水，勿使田土过干或过湿，雨后注意清沟排渍降湿；在菠菜生长阶段适时喷施中药肥100倍液，使植物茎秆粗壮、叶片肥大，提高菠菜抗病力，减少农药化肥用量，降低残留，提高菠菜天然品味；四是若发现病株及时拔除，并根据植保要求喷施化学农药等针对性药剂进行防治，7~10天1次；并配合喷施中药生物肥100倍液增强药效，提高药剂有效成分利用率，巩固防治效果；五是采用高畦或起垄栽培，雨后及时排水，严禁大水漫灌。

## 第四节　培育良种，抓住根本

### 一、培育良种

在人体生命与健康中，中医学非常重视先天父母的禀赋与遗传基因的主导作用。中医学认为肾主生殖，肾的精气旺盛与否，直接决定着后代的生命力强弱与健康水平以及疾病与否。种子是农业的芯片，培育良种在农业生产中有着举足轻重的作用。种子优质，则为农业生产打下了坚实的基础。

《齐民要术》记录了我们祖先年年选种，经常换种，避免种子混杂的优良传统。且对种子在农业生产中的重要性，对种子的优选，包括选种的具体标准，选种的操作以及选后的保存、防虫和收藏的办法，都作了简明扼要的介绍。如记录种枣时，则“常选好味者，留栽之。”篇中记录了在播种前，用动物骨汤和上兽粪来处理种子的“粪种”办法，《齐民要术》引用《周官》曰：“相地所宜，而粪种之。”实际上是在种子的外面，附加了一层合乎理想的微生物培养基，使种子新出的幼根，获得旺盛的生长机会，效果是肯定的。如“粟、黍、穄、粱、秫，常岁岁别收，选好穗纯色者，劁才雕反刈，高悬之。至春，治取别种，以拟明年种子。耧耩稀种，一斗可种一亩；量家田所须种子多少，而种之。”“凡五谷种子，浥郁则不生；生者，亦寻死。”《齐民要术》种梁秫法曰：“种秫欲薄地而稀，一亩用子三升半。”“收子者，一薅即留之。”如何鉴定韭菜的种子，“须臾”即生芽者才是好种子。

在过去的农事生产中，也有一些通过应用优选良种解决重大病虫害问题的经典案例。如 1845 年，马铃薯晚疫病在爱尔兰大暴发，造成马铃薯绝收，这导致了四分之一的爱尔兰人被饿死。马铃薯晚疫病的发生和湿度有关，人们发现，茎秆匍匐的马铃薯易感病，选择茎秆直立的马铃薯品种，同时做好农田排水，起垄栽培对预防马铃薯晚疫病有效，而其中与马铃薯品种的选择有很大关系。

现代农业中，良种的选育方法包括杂交育种、自然选种和基因工程育种等，其中杂交育种目前应用最多、最广。另外，果树、蔬菜等无病毒苗木的培育和应用，也是优良品种（苗木）培育的重要方法。

## 二、抓住根本

中医认为，肾为人体的先天之本，而脾胃为后天之本。对农业生产而言，按照中医辨证思想，从作物遗传特性上看，优良品种具有优良生产习性，所以良种是作物之根本。从生长环境上看，影响植物生长的因子包括光、热、水、气、肥和生产工具，它们同等重要，缺一不可，只是在不同时空条件下，其中一种或几种表现为主要因素，则其为影响植物生长的关键因子；从植物器官构成看，植物的根、茎、叶、花、果、实各具功能，不可代替，其中根除了固定植物外，是吸收养分和水分，支持植物各器官形成，通过光合作用合成有机物，所以根是植物各器官中最重要的“根本”，正所谓根深才能叶茂；从生产目的上看，农业的优质、高产、高效、健康，这才是根本之根本。所以，一切生产措施的设计实施，都应针对性解决各类根本问题，以实现根本之根本的目标。

## 第五节　万物皆药，为农所用

### 一、万物皆药，各有其性

中国医学的重要思想是“万物皆是药”，万物皆可拿来为人体所用。孙思邈在《千金翼方》中说：“天下物类皆是灵药，万物之中无一物而非药者，斯乃大医也。”《黄帝内经·素问·脏气法时论》曰：“毒药攻邪，五谷为养，五果为助，五畜为益，五菜为充。气味合而服之，以补精益气。此五者，有辛、酸、甘、苦、咸，各有所利，或散、或收、或缓、或急、或坚、或软，四时五脏，病随五味所宜也。”此所谓“嗜欲不同，各有所通”“顺其性为补，逆其性为泄。”《黄帝内经·灵枢·五味》中也有进一步的详细说明：“脾病者，宜食秫米饭牛肉枣葵；心病者，宜食麦羊肉杏薤；肾病者，宜食大豆黄卷猪肉栗藿；肝病者，宜食麻犬肉李韭；肺病者，宜食黄黍鸡肉桃葱。”

在各种农产品中，每种都有各自的性能特点及其功用。常见农作物、蔬菜及药用功效如下：

稻：我国是世界上栽培水稻最早的国家，3 000 年前殷商甲骨文中就有稻字。稻不仅可作为粮食还可作药用，药用米如黑米、紫米、红米等。早在公元前 145 年，黑米就被汉武帝作为皇宫上等贡品。黑米含有丰富的微量元素，硒的含量为常规稻的数倍。

小麦：是我国北方人民的主食，自古就是滋养人体的重要食物。《别录》曰：“除热，止燥渴，利小便，养肝气，止漏血，唾血。”《本草拾遗》曰：“小麦面，补虚，实人肤体，厚肠胃，强气力。”《医林纂要》曰：“除烦，止血，利小便，润肺燥。”《本草再新》把小麦的功能归纳为四种：养心、益肾、和血、健脾。

燕麦：我国主要的杂粮作物之一，在《本草纲目》中被称为雀麦。燕麦营养价值很高，脂肪含量是大米的4倍，人体所需的8种氨基酸、维生素E的含量也高于大米和白面。性味甘、温，具有补益脾胃、滑肠催产、止虚汗和止血的功效，是预防动脉硬化、高血压、冠心病的理想食物，对糖尿病、脂肪肝、便秘、浮肿等有辅助疗效。

绿豆：《齐民要术》中就有绿豆栽培经验的记载。绿豆中蛋白质含量比鸡肉还多，其中氨基酸构成比例较好，李时珍盛赞其为“菜中佳品”“济世良谷”。绿豆有良好的清热利尿解毒的作用，民间流传有“夏天一碗绿豆汤，解毒去暑赛仙方”的俗语。

黄豆：“豆中之王”，有良好的健脾益气的作用，营养价值很高，含蛋白质40%左右，享有“植物肉”的美誉。黄豆含有非常丰富的卵磷脂、维生素A、维生素B、维生素E、烟酸、胆碱以及钙、磷、铁等矿物质。黄豆中的皂苷可与人体内的脂肪结合，从而延缓机体老化，磷脂可除掉附在血管壁上的胆固醇，维持血管弹性，并能防止肝脏内积存过多的脂肪。黄豆中还含有一种叫抑胰酶的物质，对糖尿病有一定疗效。

薏苡：栽培历史悠久，西汉王充《论衡》中就有“禹母吞薏苡而生禹，故夏姓田姒”的记载。《本草纲目》记载，薏米“健脾益胃，补肺清热，祛风胜湿，养颜驻容，轻身延年”。近年被越来越多的人选作主粮，因其营养价值在禾本科植物中占第一位，被誉为“世界禾本科植物之王”。

荞麦：主要的粮食作物之一，已知最早的荞麦实物出土于陕西咸阳杨家湾四号前汉墓中。陕西咸阳马泉和甘肃武威磨嘴子也分别出土过前汉和后汉时的荞麦实物。荞麦含有丰富的烟酸，对血管系统有保护作用，可以增强血管壁的弹性、韧度和致密性；荞麦中含大量的黄酮类化合物——芦丁，能促进细胞增生和防止血细胞的凝集，还有降血脂、扩张冠状动脉、增强冠状动脉血流量等作用。荞麦食品还是一种理想的降糖能源物质，这与其所含的铬元素有关。荞麦茎叶柔嫩，是品质优良的牲畜饲料和绿肥作物。《本草纲目》记载“荞麦降气宽肠，磨积滞，消热肿风痛，除白浊白带，脾积泄泻。”

粟：古称禾、谷或谷子，其子实称小米。《诗经》中出现了与粟有关的字；战国时，菽、粟并称，居五谷、九谷之首。粟在春秋战国时期就是首要的粮食作物。小米具有养肾气、除胃热、止消渴（糖尿病）、利小便等功效。小米粥有“代参汤”的美称。

玉米：世界上公认的粮食作物中的“高产之王”“饲料之王”和“综合利用之王”。性平味甘，有开胃、健脾、除湿、利尿等功效。

芝麻：自古以来就被称为延年益寿的高级食品，《神农本草经》中记载，芝麻“补五脏，益气力，长肌肉，填髓脑，久服轻身不老”。《本草纲目》称“服黑芝麻百日能除一切痼疾，一年身面光泽不饥，二年白发返黑，三年齿落更出”。

花生：有“长寿果”之称。《本草纲目》说其有“悦脾和胃，润肺化痰，滋养调气”等功效。民谚说：“常吃花生能养生，吃了花生不想荤”，足见其营养价值之高。

苜蓿：《汉书·西域传》记载：“汉使来采苜蓿归，天子益种离宫别馆旁”。苜蓿味苦、性平，有健脾益胃、利大小便、下膀胱结石、舒经活络的功效。阿拉伯语称苜蓿为所有食物之父，秧草是民间自然野生膳菜，无虫害。对防治冠心病有功效。秧草也是糖尿病、心脏病患者的佳蔬。《四时类要》曰：“苜蓿，若不作畦种，即和麦种之不妨。”《农桑辑要校注》曰：“凡苜蓿，春食作干菜，至益人。”

薤白：有“菜中灵芝”的美誉 。薤白性味辛苦，具理气、宽胸、通阳、散结的功效。可治疗胸痹心痛、脘腹痞痛等。薤白的鳞茎作药用，也可作蔬菜食用。薤白一般成片生长，形成优势小群，耐旱、耐瘠、耐低温、适应性很强，是一种易种好管的粗放型经济作物。

白菜：白菜是一种古老的蔬菜，古称“菘”，但在古代称“菘”的蔬菜还有芜菁、油菜和萝卜，到了北魏《齐民要术》才把它们一一分开。白菜中因含有丰富的维生素 C 和纤维素，可治疗牙龈出血，防止坏血病的发生。白菜含有微量元素硒，《名医别录》曰：“白菜能通利胃肠，除胸中烦，解酒毒。”

韭：传说韭因种一次能生长久故谓之“久”菜。《诗经》中就记载了韭，晋代《风土记》曰：“正元日俗人拜寿，上五辛盘。五辛者，以发五脏之气也”。《本草拾遗》曰：“韭温中下气，补虚，调和脏腑，令人能食，益阳，止泄血脓。在菜中，此物最温而益人，宜常食之。”

竹笋：早在《诗经》中就有“其蔬伊何？唯笋即蒲”的诗句，苏东坡亦赋诗“无竹（笋）令人肥，无肉令人瘦；不肥又不瘦，竹笋加猪肉”。

荠菜：早在《诗经·尔雅》中就有记载，“荠味甘，人取其叶作菹及羹亦佳”。我国江南一带至今流传“到了三月三，荠菜可以当灵丹”。

莴苣：宋代陶谷的《清异录》记载，“莴国使者来汉，隋人求得菜种，酬之甚厚，故名千金菜，今莴笋也”。莴苣中含有天然叶酸，孕妇多食对胎儿神经系统发育起到良好作用。莴苣含钾量很高，对高血压、肿胀、心脏病患者有一定的食疗作用。

黄瓜：生黄瓜含有丰富的钾盐，对患者有心脏病、水肿病的人来说，多吃黄瓜大有裨益。

苦瓜：“苦味能清热”“苦味能健胃”，苦夏要吃“苦”。《随息居饮食谱》记载，苦瓜“青则苦寒涤热，明目清心，熟则养血滋肝，润脾补肾”。苦瓜有明显的降糖作用。

银杏：是中国独有的古老名贵的树种瑰宝，具有 1.5 亿年的基因特征，是与恐龙同时代的地球统治者，被称为地球“活化石”和植物界的“熊猫”。《本草纲目》记载银杏“熟食温肺益气，定喘嗽，宿小便，止白虫；生食降痰，消毒杀虫”。

即使害虫也有一定的益处，我们要避其害，而用其益。如蚂蟥又名“水蛭”，主要吸食水中浮游生物、微小昆虫、软体动物的幼虫及泥面腐殖质等，用于人体，可活血化瘀，治疗脑梗等病。蝎子中药名称“全蝎”，虽毒却善祛风通络，止痛。

## 二、应用中药，种植中药

中草药不仅对人体疾病防治、促进健康具有重要意义，而且在农业生产运用中也具有重要意义。种植和应用中药，是中医农业的特点之一，是开发中医农业应用品的基础，在促进动植物的健康生长中发挥着重要作用。

### （一）中草药的特点和优势

1. 自然性

中草药来源于自然，保持着各种成分的自然状态和生物活性。采用中草药可以激发调动生物体内抗病因子，提高抗病和免疫功能。

2. 多功能性

中草药成分较为复杂，表现出多种作用，而且复合方剂中的多味药在一起会进一步得到拓展，表现出多方面的综合作用。

3. 无残留毒性

中草药是具有特殊功效天然元素的物质，人和动植物体内有其分解代谢的酶，故能正常吸收、分解、排泄。中草药还能通过组方佐使的相杀、相畏作用而祛毒。此外，中草药还能清除生物体内的有害物质，可利用络合、改性等形式使有害物质变为无害物质并排出体外。

4. 无抗药性

中草药治病主要是通过调节阴阳、扶正祛邪、恢复平衡、提高免疫力，所以几乎不存在抗药性。换句话说，中草药注重调动机体一切抗病因素，全方位对病害进行灭杀，使病害无力适应变异，故不会产生抗药性。

5. 双向调节性

是指一味药在机体不同功能状态时能对其不平衡的病理产生不同的作用，从而调节和恢复机体的阴阳平衡，起到双向调节的作用。例如，在亢进时可调节降至正常态，又可在抑制时增进其功能至正常态。

6. 灵活多样性

主要体现在一方治多病和一病用多法两方面。

7. 适应原样性

是指使动物在恶劣环境中不断增强适应能力，提高缓和应激综合征等能力。

8. 经济实用性

普通的中草药及其下脚料、制药的剩余部分都是农业药肥制剂的主要成分，并且制作过程不需要复杂的设备与工艺和较多的人力的消耗，使得成本投入大幅度减少。

9. 制剂多型性

中医药制的丸、散、膏、丹、汤、酊等，都可以复制到农业生产种植技术之中，起到多源性的杀虫防病作用。

### （二）中草药的作用原理

相关研究表明，中草药具有如下作用：

1. 提高植物叶绿素含量，增强农作物营养

用中草药制剂处理后的猕猴桃叶片中叶绿素 a 和叶绿素 b 的含量比未处理的提高了近一倍，说明使用中草药制剂可以通过提高植物叶片中叶绿素的含量、促进光合作用，来增强作物的自营养能力，起到营养复壮的

效果。

2. 提高酶活性，增强农作物免疫力和抗逆性

用中草药制剂处理后的猕猴桃叶片中过氧化物酶（POD）和多酚氧化酚（PPO）的酶活性均明显提高。POD 直接参与细胞壁的木质化和角质化、生长素代谢、受伤组织的栓化愈合及对病原的防御；PPO 是含铜离子的酶，当细胞受轻微破坏时某些细胞结构解体，PPO 与底物接触发生反应，将酚氧化成对病原菌有毒杀作用的醌，这说明使用中草药制剂可以通过提高植物体内的酶活性来提高其免疫力和抗逆性。

3. 诱导抗病基因，提高植物抗病性

中草药制剂可以诱导番茄和烟草 PR-1 和 PR-5 基因的上调表达，提高植株的抗病能力。基因控制性状的表达，诱导抗病基因的表达，可以从根源上提高植物的抗病性。有试验显示，菌丝体可以帮助植物吸收土壤中的水分和营养物质，有利于农作物生长，但化肥会破坏植物的菌丝体，农药会进一步杀死菌丝体，这样农作物在病虫害到来时没有抵抗力。

4. 降解除草剂、农药残留和有毒气体，改良土壤

中草药制剂中的某些成分，可以和农药、除草剂的残留发生螯合反应，或促进其快速降解，从而起到改良土壤的目的。同时中医农业在种植技术上遵循传统农业“种地养地”原则，减少甚至拒绝化学农药、化肥的使用，改良培肥了土壤。中药制剂能促进作物养分平衡，提高作物自身免疫力，原则上与中国古代中医“上工治未病”的思想理念相通。

5. 提高果蔬产量和品质

随着我国经济发展，国力增强、人民生活水平提高，环境和健康问题相伴而生，食品安全问题成为近年来社会关注的焦点。2017 年颁布的《国民营养计划（2017—2030）年》提出要以人民健康为中心，以普及营养健康知识、建设营养健康环境、发展营养健康产业为重点，“中医农业”产品作为安全系数最高的食品，具有广大的市场需求。2017 年中央一号文件提出，要开发和应用药食同源食品、保健功能食品和特殊医学用途食品。大量实践证明，“中医农业”可以在这三类功能性食品生产方面发挥重要作用。有研究认为，采用中医农业技术种植的苹果中 SOD（超氧化物歧化酶）的含量提高了一倍以上，南瓜的降糖成分三价铬含量提高了三倍多，降糖作用明显提升。

6. 减少并转化动物源性食品中的有害物质，提高质量、口感和营养成分含量

有资料显示，饲喂复合中草药生物饲料的猪肉含有丰富的亚油酸（十八碳二烯酸），具有降压、减脂、软化血管、促进微循环的作用，适合“三高”人群食用。

**（三）中草药的农业应用与种植**

中草药均为自然产物，在环境中自然代谢，参与能量和物质循环，对环境、人畜、天地均安全。中药来源于自然生物体，含有大量的微量元素和天然生长调节物质，有助于提高动植物健康生长，提高其抗病能力。

中药材种植是农业生产的重要内容，是农民增收的重要渠道。中药材的出口也是换取外汇的重要手段。习近平总书记强调：“中医药是中华民族的瑰宝，一定要保护好、发掘好、发展好、传承好。”发展中草药种植，是实现习总书记关于中医药“四好”要求的根基和支撑，没有强大的中草药种植，中医药“四好”就是空中楼阁。中医农业肥、药应用于药材种植方面，可发挥特效作用，不仅能够全部替代化学肥料和化学农药，还可以通过增加自身的活性和对外界的抗性恢复药材的原始药性，为中医行业提供高质量药材，保障中医行业的健康发展。

目前，我国中草药复方技术已经形成较为完善的技术体系，在农业应用方面，包括土壤保护和修复、重金属及农药残留消减技术、植保技术、优质高产技术和内源性保鲜技术等均在积极集成创新探索中。有研究表明，原料均为纯天然中药材，经萃取、炒制等纯物理方法进行加工，全程不添加任何化学原料；生产线采用食品级纳米中药水提取、颗粒或丸剂生产线，生产过程完全达到“三无排放”（无废渣、无废水、无废气）的医药、食品级环保水平，产品实践应用产果良好。虽然中医理念在我国传统农业中有悠久历史，早有涉足，目前的发展也取得了很大的进步，因中医与农业长期分属不同的领域，人们专注中医与农业结合，针对性开展的研究还是比较少，提出中医农业概念还不长，大多数人还是需要一个逐步认识和接受的过程，需要集成创新，形成共识，扩大推广。同时，理论还需要进一步深化、提升，体系还需要完善，应用产品还需要丰富等，总之还有艰辛的历程需要跋涉。随着这些问题的逐步解决，中药会被更广泛地应用在农业的各个领域，发挥其应有的作用。

在不远的将来，我国的中药材可能会从减少化学肥料和化学农药的使用逐步进入到完全高效生态模式，大幅度减少化学肥料、化学农药、化学激素和化学除草剂，中医农业将在这方面发挥巨大作用，从而对促进中华民族的瑰宝——中医产业的健康发展做出划时代的贡献。因此，规模化、规范化和科学化种植中药材就变得尤为重要，也将是今后中药材种植的方向。

云南省提出，在稳定种植面积的基础上，大力实施道地中药材提升工程，建立 50 个道地优势药材良种繁育基地，加快 100 个规模化种植养殖基地、100 个良种中药材保障性苗圃基地建设，到 2025 年标准化基地突破 300 万亩。

当前，陕西省咸阳市种植有柴胡、丹参、黄芩等中药材。截至 2021 年底，全市中药材种植面积 7. 68 万亩，产量 1. 31 万吨。咸阳拥有 1 000 余种生物资源，其中有中药材 60 余种，人工种植（养殖）的中药材 40 余种，柴胡、丹参、黄芩等质量上乘。咸阳市推行“企业+基地+农户”“企业+基地+合作社+农户”等运营模式，开展订单式中药材种植，通过与中国中药集团、天士力集团、海天制药、陕药集团等中医药龙头企业建立稳定的合作关系，提升中药材种植品质，提高种植户收入。

目前，我国的中药材种植大多是用作为人治病的药剂原料，药用之外浪费的非药用部分还很多，今后中草药非药用部分的农业应用可能将成为研究的方向。这样把中药材“吃干榨尽”，服务于农业生产，也提高了中药材的种植效益。

# 第五章　中医农业的技术体系

中医农业追求人的健康，既是目标，也是特色，更是精髓。所以中医农业的技术体系，紧紧围绕健康做文章，只有健康的经营理念、健康的生产布局、健康的生长环境、健康的生产过程才能生产健康的农产品，才能最终实现人的健康。围绕健康，从农业合理布局、良种、良法、良药（农药、兽药）、良料（肥料、饲料）着手，构建中医农业技术体系，把好每一个生产环节，才能实现农业的生态绿色高效发展。

## 第一节　以健康理念为导向的生态农业布局

### 一、中医农业要以健康为导向

习近平总书记强调“把人民健康放在优先发展的战略地位”。中医农业倡导环境保护和生态平衡，是实现健康中国的重要保证。农业的根本任务是生产粮食及各种农产品，是要解决人的吃的问题，即米袋子、菜篮子、油罐子。《黄帝内经》曰：“天食人以五气，地食人以五味。”其实，人的健康不仅仅是饮食，人的健康与人的生存环境也息息相关。

人体健康有三大支柱：一是生存环境，二是遗传禀赋，三是自身调养。当前人类面临十大环境问题，即：全球气侯变暖，臭氧层的破坏，生物多样性减少，酸雨蔓延，森林锐减，土地沙漠化，大气污染，水污染，海洋污染，危险性废物越境转移。尤其是大气污染和水污染形势严峻，耕地污染也不容忽视，这说明对“绿水青山就是金山银山”的认识不到位，环境污染治理措施不够完善，生态环境建设还有待完善提高。鉴于此，中医农业则是强调以健康为导向，以人的生存环境、生态环境改善为导向，形成以粮食生产为主，农、林、牧、副、渔全面协调健康发展的大农业格局，牢固树立绿水青山就是金山银山的理念，从而改善生存环境，提高人类健康水平。

《荒政要览》曰："古之立国者，必有山林川泽之利，斯可以奠基而蓄众。"应该看到山林川泽对于国家而言是不可或缺的因素。药王孙思邈说："山林深远，固是佳境。"绿水青山的生态环境建设是大农业格局的必经之路，且农业多样化对恢复生态环境有着非常重要的作用。

因此，首先要通过植树造林、绿化环境助力"绿水青山"，营造良好的生态环境。其次，要控制农业生产中的各种环境污染源，防止因环境污染影响农产品质量安全。最后，要充分发挥农业生产内部的协调作用形成健康的农业产业结构，最终形成健康的农产品。

## 二、农林牧副渔立体布局成就大农业格局

在大农业格局下，农业的生产者也不是单一的一种身份，而是在农、林、牧、副、渔的大农业布局下向多样化转变，如粮农、菜农、果农、茶农、蜂农、蚕农、桑农、牧农、渔农、药农……。

农、林、牧、副、渔是农业生态系统中的几个基本功能单位，要根据区域自然资源特点选择搭配，而不是把它们作为一个个单一个体分隔开来，现在有很多环境问题都是因为这些功能单位的断裂导致的。比如养殖与种植的隔离，大型养殖场粪便、动物尸体等本来应该回归农田培肥土壤，却成了环境污染源，而农业种植上农田因为缺少有机质来源而出现土壤地力不断退化的问题。只有将农、林、牧、副、渔发展成完整的、有各地适用发展特色的多元种养立体农业和实践创意农业，才能更好地实现农业向环境友好、资源节约循环利用等高效生态农业的转型，最终达到环境保护、人类健康，促进农业优质增产、农民不断增收、农村美好繁荣、社会和谐稳定、经济腾飞，能够更好地推动经济持续发展，促进和谐社会的完美构建。如我国珠三角地区的桑基鱼塘模式，在我国至少有 1 700 多年历史；黄淮海平原地区的林牧经粮模式；现代生态茶园模式等。

在具体农业产业结构布局中，要合理布局，实现生态效益、经济效益双丰收，应考虑诸多因素。一是以潜在市场为导向原则。市场是决定农产品命运的关键，调整农业产业结构必须以市场为导向，适应市场需求；二是优质高效原则。就是要做到品种优质，管理高效。要注意通过应用新的科技成果，实行专业化生产、扩大生产规模等措施以降低成本

等；三是因地制宜，发挥比较优势原则。要立足当地资源条件确立主导产业，尽量发挥优势，从而形成特色；四是保护和改善生态环境，可持续发展和协调发展原则。必须处理好发展农业生产与改善生态环境的关系，充分考虑农业发展的远景规划、生态环境保护、自然资源的合理利用、科学技术的升级和衔接等；五是科技孵化原则。要依靠科技的不断进步推进农业产业化，从根本上改造农业，提高农产品的竞争力；六是政府保护和引导原则。考虑到农民的小规模经营与大市场的矛盾越来越突出，国家在尊重农民结构调整主体地位基础上，也应在结构调整中发挥积极的主导作用。

## 第二节　以生物多样性为目标的立体种植体系

### 一、生物多样性的概念及意义

#### （一）生物多样性的概念

生物多样性是生物及其与环境形成的生态复合体以及与此相关的各种生态过程的总和，由遗传（基因）多样性、物种多样性和生态系统多样性三个层次组成。遗传（基因）多样性是指生物体内决定性状的遗传因子及其组合的多样性。物种多样性是生物多样性在物种上的表现形式，也是生物多样性的关键，它既体现了生物之间及环境之间的复杂关系，又体现了生物资源的丰富性。生态系统多样性是指生物圈内生境、生物群落和生态过程的多样性。

#### （二）生物多样性的意义

生物多样性是地球生命经过几十亿年发展进化的结果，是人类赖以生存和持续发展的物质基础。它们在维持气候、保护水源、土壤和维护正常的生态学过程中对整个人类作出的贡献更加巨大。人类的衣食住行及物质文化生活的许多方面都与生物多样性的维持密切相关。可以说，保护生物多样性就等于保护了人类生存和社会发展的基石。

首先，生物多样性为人们提供了食物、纤维、木材、药材和多种工业原料。人们的食物全部来源于自然界，维持生物多样性，人们的食物品种会不断丰富，人民的生活质量就会不断提高。

其次，生物多样性具有重要的生态功能。生物多样性在保持土壤肥力、保证水质以及调节气候等方面发挥了重要作用。在生态系统中，野生生物之间具有相互依存和相互制约的关系，它们共同维系着生态系统的结构和功能，提供了人类生存的基本条件（如食物、水和空气），保护人类免受自然灾害和疾病之苦。野生生物一旦减少了，生态系统的稳定性就要遭到破坏，人类的生存环境也就要受到影响。

再次，生物多样性还在大气层成分、地球表面温度、地表沉积层氧化还原电位以及 pH 值等方面的调控发挥着重要作用。例如，地球大气层中现今的氧气含量约为 21%，这主要应归功于植物的光合作用。在地球早期的历史中，大气中氧气的含量要低很多。据科学家估计，如果植物停止了光合作用，大气层中的氧气将会由于氧化反应在数千年内消耗殆尽。

2022 年，国家主席习近平在《生物多样性公约》第十五次缔约方大会第二阶段高级别会议开幕式致辞指出，人类是命运共同体，唯有团结合作，才能有效应对全球性挑战。生态兴则文明兴。我们应该携手努力，共同推进人与自然和谐共生，共建地球生命共同体，共建清洁美丽世界。习近平强调，中国积极推进生态文明建设和生物多样性保护，生态系统多样性、稳定性和可持续性不断增强，走出了一条中国特色的生物多样性保护之路。未来，中国将持续加强生态文明建设，站在人与自然和谐共生的高度谋划发展，响应联合国生态系统恢复十年行动计划，实施一大批生物多样性保护修复重大工程，深化国际交流合作，推动全球生物多样性治理迈上新台阶。

然而，我们也必须面对当下的现实。“三农”问题专家温铁军说：“农业照目前方式发展，将面临巨大灾难。当我们大量使用农药时，几乎把所有的天敌也都杀灭了。不仅农业如此，牧业也如此。牧民原来在草原是游牧的，适合中低草地带的放牧。当他们像汉族一样采取全都定居的生存方式，周边的牧草就都会被吃光，然后我们就得去种草，种草还得靠化学农药、化肥、除草剂，于是草原上各种各样的生物也开始单一化，当我们用这种现代化的化学方式和机械方式去发展，农业已经很难可持续发展下去，我们将面临非常惨痛的代价。林业也一样，由于急于完成大面积的林木覆盖率，于是我们连孩子都发动起来，采集松树的树籽，然后去飞播。结果，现在超过 60% 的林木都是松木，但是进口的木材里边有松材线虫，由于松材线虫是外来的，它没有天敌，没有对手，因此无法防治，结果它迅速蔓延开来，现在恐怕很多地方都已经不可防治了。类似这样，各种各样的巨大的灾害正在发生着，但它却很少被我们在主流的体系内认真讨论过。”

所幸，农业虽已生病，但也有中医把脉问诊。中医农业通过集成创新现代科技与传统农业精华，破解常规农业的污染困境，已成为中国特色生态农业的一大亮点，是通向未来农业的一条高效生态的特殊路径，不仅对中国农业，而且对世界农业都将起到引领性作用。

《黄帝内经·素问》中就已明确指出，合理的膳食结构应该是“五谷为养，五果为助，五畜为益，五菜为充，气味合而服之，以补精益气。”在这里的“五谷、五果、五畜、五菜”并不单单指的是五种种类的食物，亦指的是食物的多样性。因此，我们在食物的种植与养殖中也同样需要多样化的种植和养殖。这些多种种植、养殖产品有各自的功效，正好适应了人们生活的不同需求。如：

迎春花：由于迎春花不畏寒，开于百花之先，且花期长，被人们誉为“春天的使者”。迎春花还可以食用，陈淏子的花卉名著《花镜》中就提到“迎春花，糖渍做汤可，用沸水焯后加麻油、盐等调料拌食亦可”，清代顾仲《养小录》中曾提到“酱醋迎春花”。迎春花还可以与其他花卉一起做成蔬菜沙拉，是一些欧洲餐馆中的时髦菜肴。

马齿苋：最常见的野生蔬菜和中草药之一，我国除高寒地区外，南北各地均有分布。古往今来人们就有采食的习惯，具有清热解毒，凉血止血、止痢的作用。

荷：原产于中国，早在周代就有栽培，《诗经》中有“山有扶苏，隰有荷华”的记载，表明早在5 000年前，先人就已经采摘莲实为粮了。荷全身都是宝，多个部分可入药，如荷花能活血止血、解热解毒；莲子能养心、涩肠；莲须能清心、解暑；荷叶能清暑利湿、升阳止血、减肥瘦身。

甘蔗：全世界热带糖料生产国的主要经济作物，《随息居饮食谱》因其茎如竹竿，又名竿蔗。生蔗汁可用于清热、消食、解酒。

橘：我国是橘的故乡，已有4 000多年的栽培历史。战国著名诗人屈原曾作《橘颂》以赞美之。橘全身是宝，《食疗本草》认为橘“止泻痢，食之下食，开胸膈痰实结气”，《随息居饮食谱》曰：“橘子甘平润肺，析醒解渴”。

梨：冰糖蒸梨是我国传统的食疗补品，可以滋阴润肺、止咳祛痰。

猕猴桃：我国是猕猴桃的故乡，2 000多年前的《尔雅》一书即有记载。常服猕猴桃可降低胆固醇及甘油三酯，亦可抵制致癌物质亚硝酸盐的产生，对高血压、高血脂、肝炎、冠心病、尿道结石有预防和辅助治疗作用。

葡萄：鲜食“甘而不饴，酸而不酢，冷而不寒，味长汁多，除烦解渴”。葡萄酒是当今世界除啤酒以外人类饮用最多的饮料酒，全球每人每年平均消费5升葡萄酒。《神农本草经》中就有葡萄入药的记载：“益气倍力强志，令人肥健，耐饥忍风寒，久食轻身不老延年”。

无花果：除供鲜食，还可加工成果脯、果酱、蜜饯、果酒等。《本草纲目》言其“治五痔，利咽喉，消肿痛，解疮毒”。无花果乳汁中含有一种抗癌成分，具有明显的抗癌、防癌和增强人体免疫功能的作用。

如此等等，不一而足。各种植物的不同颜色、不同气味都会入人体的不同脏腑，从而起到不同的调节作用。中医认为，五色入五脏，五味入五脏，五音入五脏等。

养殖业的品类多样化中，每一种类也有不同的功效与价值。如：

地龙：蚯蚓的雅称，俗称“蛐蟮”。蚯蚓的用途甚广，它是改良和疏松土壤的“专家”，是庄稼的益虫。《本草纲目》曰：“蚯蚓性寒下行，性寒故能解诸热疾，下行故能利小便，治足疾而通经络也。”著名科学家达尔文通过细致观察研究后，对蚯蚓改良土壤的评价很高。

蛤蚧：以昆虫为食，有时也捕食壁虎等小动物。多情能壮阳。传统认为配对蛤蚧效果尤佳。

乌龟：肉食性，常以蠕虫及小鱼为食，但从不咬人。其生命力很强，数月断食不会饿死。乌龟既是一种美味可口、营养丰富的佳肴，又有较高的药用价值。《日用本草》曰：“大补阴虚。作羹臛，截久虐不愈。”

其实，不同的食物对于人体都具有不同的功效，生物多样性可以体现在食物多样性，从而保障人体健康（表5-1）。

**表5-1　各类食物在人体健康中的功效**

| | 名称 | 功效与价值 | 名称 | 功效与价值 |
|---|---|---|---|---|
| 粮食类 | 小麦 | 粮食中的主食 | 高粱 | 健脾止泻 |
| | 粳米 | 调和脾胃 | 黑豆 | 滋肾养发 |
| | 玉米 | 调中利尿 | 黄豆 | 健脾益气 |
| | 黑米 | 补肾乌发 | 绿豆 | 清热解毒 |
| | 小米 | 健胃补肾 | 白扁豆 | 补肺益气 |
| | 燕麦 | 降脂 | 赤小豆 | 清热利尿 |
| | 荞麦 | 降糖 | 豌豆 | 补中益气 |

（续表）

| | 名称 | 功效与价值 | 名称 | 功效与价值 |
|---|---|---|---|---|
| 蔬菜类 | 大白菜 | 清爽适口养生 | 黄瓜 | 减肥美容 |
| | 菠菜 | 润燥通便 | 丝瓜 | 祛暑清心 |
| | 萝卜 | 增强免疫促消化 | 冬瓜 | 消肥增健 |
| | 胡萝卜 | 富含维生素 | 南瓜 | 菜粮兼食 |
| | 韭菜 | 温阳透窍起阳 | 苦瓜 | 清热除湿 |
| | 荠菜 | 三月养生 | 洋葱 | 降脂佳蔬 |
| | 芹菜 | 降压清热 | 金针菇 | 益肠胃增智 |
| | 苜蓿 | 利尿除湿养生 | 蘑菇 | 抗菌降糖 |
| | 茄子 | 清热利湿 | 香菇 | 健脾化痰 |
| | 芦笋 | 降血糖美蔬 | 黑木耳 | 补肾活血 |
| | 番茄 | 抗衰老 | 银耳 | 润肺养阴 |
| | 藕 | 养阴润肺 | 紫菜 | 化痰散结 |
| | 生姜 | 解表散寒调味 | 海带 | 补碘散结 |
| | 葱 | 祛风散寒通窍 | 山药 | 气阴双补 |
| | 蒜 | 抑菌杀虫 | 马铃薯 | 健脾和胃 |
| 水果类 | 苹果 | 生津润燥 | 木瓜 | 疏筋活络 |
| | 芒果 | 益胃生津 | 乌梅 | 生津止泻 |
| | 猕猴桃 | 滋补强身 | 甘蔗 | 清热生津 |
| | 草莓 | 清热生津 | 枇杷 | 润肺止咳 |
| | 橘子 | 益气和胃 | 石榴 | 生津止渴 |
| | 柑橘 | 行气化痰 | 山楂 | 消食散瘀养生 |
| | 樱桃 | 益气除湿 | 甜瓜 | 消暑解渴 |
| | 柿子 | 润肺止咳 | 西瓜 | 清热解暑 |
| | 桑椹 | 补血养阴 | 香蕉 | 清热润肠通便 |
| | 荔枝 | 健脑强身 | 椰子 | 益气养阴 |
| | 龙眼 | 补血益心 | 柚子 | 消食和胃化痰 |
| | 葡萄 | 养血益气 | 核桃 | 健脑补肾 |
| | 梨 | 润肺养阴 | 大枣 | 益气养血 |
| | 杏 | 开胃生津 | 板栗 | 益肾壮腰 |
| | 李 | 清肝生津 | | |

（续表）

| | 名称 | 功效与价值 | 名称 | 功效与价值 |
|---|---|---|---|---|
| 干坚果类 | 花生 | 养血健脾 | 菊花 | 疏风清热平肝明目 |
| | 芝麻 | 滋肝补肾美容 | 荷花 | 祛湿消风活血 |
| | 腰果 | 补肾壮腰保健 | 花椒 | 温中除湿解腥 |
| | 开心果 | 益智健脑 | 咖啡 | 强心利尿 |
| | 松仁 | 润肠通便 | 茶叶 | 清热解毒祛湿利尿提神 |
| | 向日葵籽 | 润肠降压降脂 | 桂花 | 温中散寒暖胃 |
| | 茉莉花 | 开郁辟秽和中 | 玳玳花 | 疏肝和胃 |
| | 玫瑰花 | 行气解郁活血 | | |
| 动物类 | 鸡 | 鸡肉补气营养 | 鲤鱼 | 利尿消肿 |
| | 鸭 | 鸭肉养阴补虚 | 草鱼 | 暖胃和中平肝 |
| | 鹅 | 鹅肉补虚抗癌 | 鲍鱼 | 滋阴清热益精明目 |
| | 牛 | 牛肉益气养胃 | 鳝鱼 | 祛风湿宣痹通络 |
| | 羊 | 羊肉抗寒补肺 | 鲈鱼 | 健脾利水安胎 |
| | 猪 | 猪肉滋阴润燥 | 甲鱼 | 滋阴大补 |
| | 驴 | 驴肉养血益气 | 虾 | 壮阳补肾益气 |
| | 狗 | 狗肉壮阳补虚 | 海参 | 补肾益精养血润燥 |
| | 兔 | 兔肉补中益气 | 海蜇 | 养阴生津镇咳 |
| | 鹿 | 鹿肉壮阳补虚益精 | 田鸡 | 清热解毒 |
| | 鹌鹑 | 鹌鹑肉补气健脑 | 田螺 | 清热利湿 |
| | 蜂蜜 | 蜂蜜补中益气 | 黄鳝 | 强筋通络 |
| | 带鱼 | 健脾益气 | 泥鳅 | 镇惊息风平肝通络 |
| | 黑鱼 | 健脾利水 | 螃蟹 | 养阴清热活血 |
| | 鳜鱼 | 补气健脾养血 | | |

## 二、相生相克原则指导下的立体种植

相生相克就是各事物之间按照一定的规律相互依存、相互制约，以维持事物生生不息的动态平衡，一起构成生态系统的整体。比如，农业昆虫中既有对农业生产上有益的昆虫，也有有害的昆虫。前者如吃蚜虫的七星瓢虫，寄生棉红铃虫的黑青小蜂；后者如蝗虫、稻螟虫、棉红铃虫和菜青虫等。《农桑辑要》引《博闻录》曰："杨柳根下，先种大蒜一枚，不生虫。"《齐民要术》曰："茱萸，勿使烟熏！烟熏，则苦而不香也。"《农桑辑要校注》引《博闻录》曰："决明，园圃四旁，宜多种；蛇不敢入。"中医农业，以间作、套作、隔离带、生态岛等立体种植模式，建立合理的立体种植体系，增加系统内生物多样性。

### （一）立体种植与生物多样化的关系

立体种植是指在一定的条件下，充分利用多种农作物不同生育期的时间差，不同作物的根系在土壤中上下分布的层次差、高矮秆作物生长所占用的空间差以及不同作物对太阳能利用的强度等的相互关系，有效地发挥人力、物力、时间、空间和光、温、气、水、肥、土等可能利用的层次及高峰期，最大限度地实现高产低耗、多品种、多层次、高效率和高产值，以组成人工生态型高效率复合群体结构的农业生产体系。

立体种植是发展立体农业的主要组成部分。它是根据植物生态学和生态经济学原理，组织农业生产的一种高效栽培技术。一方面，立体种植要利用现代化农业科学技术，充分利用当地自然资源，尽可能为人类生存提供更多、更丰富的农业产品，以取得最佳的经济效益；另一方面，还要利用各种农作物之间相互依存、取长补短、共生互补、趋利避害、循环往复与生生不息的关系，通过种类、品种配套和集约安排，创造一个较好的生态环境，通过一年和一地由多种农作物相互搭配种植的形式，以达到提高复种指数，增产增收的目的。

### （二）农作物立体种植的类型

农作物立体种植主要包括间作、混作和套作 3 种类型。

1. 间作

间作是指在同一田地上于同一生长期内，分行或分带相间种植两种或两种以上作物的种植方式。

所谓分带是指间作作物成多行或占一定幅度的相间种植，形成带状，构成带状间作，如 4 行棉花间作 4 行甘薯，2 行玉米间作 4 行大豆等。间作因为成行种植，可以实行分别管理，特别是带状间作，较便于机械化或半机械化作业，与分行间作相比能够提高劳动生产率。

农作物与多年生木本作物相间种植，也称为间作。木本植物包括林木、果树、桑树、茶树等；农作物包括粮食、经济、园艺、饲料、绿肥作物等。平原、丘陵农区或林木稀疏的林地，采用以农作物为主的间作，称为农林间作；山区多以林（果）业为主，间作农作物，称为林（果）农间作。间作与单作不同，间作是不同作物在田间构成人工复合群体，个体之间既有种内关系又有种间关系。

间作时，不论间作的作物有几种，皆不计复种面积。间作的作物播种期、收获期相同或不相同，但作物共处期长。其中，至少有一种作物的共处期超过其全生育期的一半。间作是集约利用空间的种植方式。

2. 混作

混作是指两种或两种以上生育季节相近的作物，在同一田块内，不分行或同行混种的种植方式。混合种植可以同时撒播于田里或种在 1 行内，如芝麻与绿豆混作，小麦与豌豆混作，大麦与扁豆混作，也可以一种作物成行种植，另一种作物撒播于其行内或行间，如玉米条播后撒播绿豆等。混作属于比较原始的种植方式，方法简便易行，但由于混作的作物相距很近，不便于分别管理。

3. 套作

套作是指在前作物生长期间，在其行间播种或栽种生育季节不同的后作物的种植方式。如每隔 3 垄小麦套种 1 行花生，或 6 行小麦套种 2 行棉花。它不仅比单作充分利用了空间，而且较充分地利用了时间，尤其是增加了后作物的生育期，这是一种较为集约的种植方式。因此，要求作物的搭配和栽培技术更加严格。

### （三）立体种植的优势

1. 充分利用光热资源

适宜的热量条件能提高光合速度，增加光合产物，提高作物产量。各种农作物所提供的干物质有 90%～95%是植物利用太阳能通过光合作用，将所吸收的二氧化碳和水合成有机物的。因此，发展立体种植的各类形式，可以最大限度地利用太阳能。

2. 改善通风条件，发挥边行优势

所谓边行优势（又称边行效应），是指作物的边行一般比里行长得好，产量也高，主要原因是边行的通风透光条件好。立体种植比平面单作增加许多种植带和中上部空间，不仅增加了边行数，还大大改善了通风透光条件。例如，小麦套种西瓜，虽然小麦的实际种植面积减少约 1/3，但由于小麦的边行数增加几倍。边行的产量比里行可提高 30%~40%，因而小麦每平方米产量基本上可做到不减或少减。这是立体种植增产的主要原因之一。

3. 充分利用时间和空间，发挥各方面的互利作用

不同作物之间，既相互制约，又相互促进，合理的立体种植方式，可以取长补短，共生共补。例如，麦田套种玉米，可以充分利用时间差和空间差，使玉米提前播种，延长生长期，还可以提早成熟，增加产量。春玉米与秋黄瓜或马铃薯间作，玉米给秋黄瓜和马铃薯遮阳，可使夏末的地温下降 4~6℃，从而创造了较为阴凉的生态环境，减轻了高温的危害。这样，既可提前播种，延长生育期和提高产量，又可减轻黄瓜苗期病害的发生和传播，促进马铃薯提前发芽出土。

4. 充分利用水、肥和地力

立体种植可根据作物的需肥特点和根系分布层次合理搭配，做到深根作物与浅根作物相结合，粮、棉作物与瓜菜作物相结合。在间作和套种两种以上作物的条件下，还可以做到一水两用，一肥两用，节水节肥。在一年五作的情况下，如采用“小麦、菠菜、春马铃薯、春玉米、芹菜（或芫荽）”的形式，土地利用率可提高 1 倍左右；在一年三作的情况下，土地利用率可提高 20%以上。

5. 解决用地与养地的矛盾

我国北方地区的土壤肥力普遍偏低，主要表现在有机质含量低，蓄水和保肥能力差。要提高土壤有机质的含量，必须增施有机肥料，采取粮、草间作，农牧结合的措施。如华北的“两粮、两草一菜”即小麦、苕子（或豌豆）、玉米、夏牧草（或绿豆）、芫荽一年五作的立体种植形式，可以充分体现用地与养地相结合的特点，这种立体种植形式不仅可以保证小麦和玉米两季作物不减产，还可收获 2 000 千克优质牧草，牧草用来饲养牛、羊、兔等家畜，又可得到充足的优质粪肥用于养地，也可增加畜牧产品的收入。

6. 有利于发挥剩余劳力的作用，促进农村经济的发展

发展立体种植业，既可提高土地利用率，又可投入较多的劳力，实行精耕细作，提高产量和增加收入。这样，也可以积累较多的资金，促进乡

镇企业的发展。乡镇企业发展了，又能吸收较多的剩余劳力，形成良性循环。

7. 提高经济效益、生态效益和社会效益

发展立体种植业，可以打破单一种植粮、棉、油的经营方式，有效地提高单位面积的产量和产值，不仅可以显著增加农民的经济收入，还可给市场提供丰富的农副产品，产生较好的社会效益。大量的产出，增加了大量的投入，还可相对节约成本、节约能源，构成良好的循环体系。通过多种作物的搭配种植，还可改善单一的生态环境，产生较好的生态效益。

**（四）发展立体种植应具备的条件**

1. 气候条件

温度、光照和降水量等气候条件，是作物生长和发育的基本条件，也是各种农作物赖以生存的基础。立体种植是一种高层次的种植方式，要求温度适宜，光照充足，降水量较多，生育期较长。

2. 自然资源

自然资源是发展立体种植业的先天因素。如果一个地区有丰富的水资源，加之公路交通方便，产销渠道畅通，煤、油和电的资源以及各种农作物的品种资源都相当丰富，那么该地区是适宜发展立体种植的。

3. 水、肥和土壤条件

立体种植业是一种多品种和多层次的综合种植方式。由于种植的品种多、范围广，经营的层次也高，一年当中，有时要种四五茬或更多，因而需要有足够的水源和肥料。同时，还要求有较好的土壤条件。没有充足的水源和配套的水利工程与器械，要想发展立体种植业，获得较高的产量和较高的经济效益，是比较难的。

4. 品种配套

从事立体种植业，不仅参与的作物种类较多，在同一种作物中，还要求与各类立体种植形式有相应的配套品种。诸如早熟与晚熟、高秆与矮秆、抗病与高产、大棵与小棵等。因为立体种植不同于一般单一种植，在不同时期和不同形式中，都要求有其相适应的配套品种，这样才能充分利用时间和空间，发挥品种的优势，获得高产和高效益。

5. 劳动力和资金

立体种植业能够充分利用土地、资源和作物的生育期，各种作物在不同季节交错生长，一年四季田间的投工量大，几乎没有农闲时间。因此，需要有足够的劳动力。此外，经营立体种植业不仅要求水肥充足，还要增加地膜、农药、种子和各种农用器械的开支。因此，需要较多的资金投入。

### （五）发展立体种植应遵循的原则

1. 总体经济效益高的原则

总体效益高是指在一定的范围和一定的时间内，从事立体种植所经营的各种形式中的不同作物，要具体分析其产品的产量、质量和价值，计算各种作物的单一经济效益和总体经济效益以及各类产品的生产量和市场需求前景，不能只看一种产品和在某一环节中的产量和价值。只有在各类形式中的多数产品都有发展前途、总体经济效益也有较大提高时，才是这一地区较好的和有较大推广价值的立体种植形式。

2. 不同生态类型的作物共生互利和自然资源得到充分利用的原则

立体种植业是一项系统工程。发展立体种植要从综合经营的观点出发，对不同作物的特性、生态类型和它们之间的相互关系既要有充分的了解，又要充分利用，使之共生互利，取长补短，以便发挥自然资源的优势，达到既不破坏生态环境，又能得到较大经济效益的目的。

3. 物质投入与产出相适应的原则

发展立体种植业，其主要目的是增加单位面积的农作物产量，除了要根据不同作物的特性选择适宜的肥水条件和田块外，还要针对其产品的产量和品质的需求，相应地增加物质投入。物质投入包括肥水、农药、器械和保护设施等。只有农业物质投入与产出相适应，才能满足各类作物的需要，增加其经济效益。否则，就必须及时调整种植形式，改变品种配置和经营方式，以免劳而无功，投入多，效益低，得不偿失。

4. 保证粮食总产不降低，并有稳定增长的原则

在我国人口持续增长、耕地面积逐年减少的情况下，发展立体种植业，必须考虑国家的粮食“红线”政策，确保“把中国人的饭碗牢牢端在自己人的手中”。不仅要保证粮食产量在总体上不降低（主要指地区性的），还要有一定的增长幅度才行。如果把眼光仅仅盯在经济效益上，而忽视粮食生产，遇到灾年就会在局部或整体上出现问题。因此，在一个地区，特别是在较大的范围内推广某种粮食作物栽培少的立体种植形式，一定要统筹兼顾，牢牢掌握中央“决不放松粮食生产，积极发展多种经营”的方针，粮食作物与经济作物兼顾，并注重提高粮食作物和经济作物的商

品价值，注重发展名、稀、特、优品种，以进一步提高立体种植的总体经济效益。

**（六）发展立体种植应注意的问题**

（1）应因地制宜选用适合当地发展的总体经济效益高的种植方式。

（2）在立体种植中要注意粮、棉、油、果、菜、瓜等作物的比例关系，防止出现产大于销、价格下降和滞销的问题。

（3）注意市场供求关系，根据市场供求关系配套适宜的品种，早、中、晚熟品种适当搭配，并开发淡季品种，搞好贮藏保鲜、冬季销售，以实现销路好、价格高的经济效益。

（4）注意长短结合，以短养长。果园立体种植就是一个好的范例。果树是长效益的，行间套种的瓜、菜等则是短效作物，立体种植可实现长短结合，以短养长。

（5）既要注意经济效益，又要重视生态效益。

（6）加强领导，重视科技培训工作，以保证立体种植业的发展及实现其高效益。

**（七）作物间套作技术**

作物间作套种，可以充分利用地力和光能，抑制病、虫、草害的发生，实现一季多收，高产高效。

1. 株形要“一高一矮”

即高秆作物与低秆或无秆作物间作套种。如高粱与黑豆、黄豆，玉米与小豆、绿豆间作套种。上述几种作物间套作，还有补助氮肥不足的作用。

2. 枝形要“一胖一瘦”

即枝叶繁茂、横向发展的作物和无枝或少枝的作物间作套种，如玉米与马铃薯间作，甘薯地里种谷子，这样易形成通风透光的复合群体。

3. 叶形要“一尖一圆”

即圆叶作物（如棉花、甘薯、大豆等）与尖叶作物（如小麦、玉米、高粱等）搭配。这种间套作符合豆科与禾本科作物搭配这一科学要求，互补互助益处多。

4. 根系要“一深一浅”

即深根和浅根作物（如小麦与大蒜、大葱等）搭配，以充分利用土壤的养分和水分。

5. 适应性要“一阴一阳”“一湿一旱”

即耐阴作物与耐旱涝灾害作物搭配，旱也能收，涝不减产，稳产保收。旱涝作物搭配，有利于彼此都能适合复合群体中的特殊环境，减轻灾害。

6. 生育期要“一大一小”“一宽一窄”

即主作物密度要大，种宽行，副作物密度要小，种窄行，以保证作物的增产优势，达到主作物和副作物双双丰收，提高经济效益。

7. 株距要“一稠一稀”

即小麦、谷子等作物适合稠一些，因为这类作物秸秆细，叶子窄条状，穗头比较小，只有密植产量才会高；而间作套种的绿豆或小豆叶宽。又是股（枝）较多，只有稀植才能有好收成。

8. 直立型要间作爬秧型

如玉米间种南瓜，玉米往上长，南瓜横爬秧，不但互不影响，并且南瓜花蜜能引诱玉米螟的寄生性天敌——黑卵蜂，通过黑卵蜂的寄生作用，可以有效地减轻玉米螟的为害，胜过施用农药。

9. 秆型作物间种缠绕型作物

如玉米是秆型作物，黄瓜是缠绕型作物，两者间作不但能减轻或抑制黄瓜花叶病，并且玉米秸秆能代替黄瓜架，二者都能得到丰收。

### （八）立体种植经典案例

云南金平县科技局朱贵平的《利用生物多样性发展草果立体丰产栽培》论文中提出，利用草果与其他生物的共生关系发展立体栽培，可提高单位面积产量，使亩产经济收入成倍增长。除草果增产外，藤本植物修剪下来的枝叶可用作瑶药，蕨菜、金线草、石斛、蜂蜜等都是高档的有机食品和药用原料，栽培管理得当，可为农民增产增收。草果立体栽培，可以减少病虫害发生，集中管理，事半功倍，同时大大提高了林地的利用率，对保护生态、提高经济效益有显著效果。

1. 草果与其他生物的共生关系

（1）与乔木层植物的共生关系。草果着生在森林中乔木层下的草本层，要有乔木植物作遮蔽保温保湿，其遮阳度在70%左右才能正常生长。草果丛生，又为乔木层植物的生长保持水土、增加温度和湿度创造了较好的条件。

（2）与草本层植物的共生关系。与草果共生于草本层的植物主要是森林甜蕨菜，蕨菜的地上部分每年秋冬季枯死，为草果的生长提供了较好的腐质有机肥，草果的遮蔽保湿保温又为蕨菜宿根的存活和来年嫩芽的生长起到了较好的保护作用。

（3）与地被物层的共生关系。地被物层是植物群落中的最低层次，主要由苔藓、菌类植物组成，覆盖于草果根部，起到保温保湿、分解有机物供草果吸收的作用。草果茎高叶阔，为地被物层植物的生长提供了良好的生活空间。

（4）与藤本植物的共生关系。在生物群落中，藤本植物主要是依附于高大乔木向上生长，在乔木之间拉了一层天然遮阳网，为草果生长创造了良好的阴湿环境。

（5）与蜜蜂群的共生关系。草果花序糖源丰富，为蜜蜂提供了充足的蜜源，蜜蜂在采蜜的过程中又为草果进行了传粉，提高了草果的挂果率。草果花蜂蜜又是食用、药用的独特蜂蜜。

2. 草果立体栽培的技术措施

（1）遮阳乔木、藤本植物的栽培。荒山育林时，要有目的、有计划、有选择、按规格种好遮阳乔木和藤本植物，每亩种植乔木 15~20 株，每株乔木旁种 1 株藤本植物，与乔木共生形成天然遮阳网，株行距一般为 6 米×6 米或 6 米×8 米。

（2）草果栽培。草果苗一般在育林后 2 年种植，也可以在造林时一起种植，但要用遮阳网遮盖。

（3）草果林下蕨菜、金线草、石斛的栽培。蕨菜、金线草等属草本层中较矮的一层，应在高大的草果林内生长在草果林下距草果植株 30~50 厘米的行距内合墒种植。蕨菜、金线草等高档野生蔬菜、药材，对土壤保湿，调节草果林内空间湿度、温度有较好的效果。石斛属附生草本植物，种植在乔木和攀缘藤本植物上效果也很好。

（4）草果林下栽培食用菌。食用菌属林下地被腐生物层，是林间固有的地被植物。可种植在草果林间的株行距中。种时可挖深 20 厘米、宽 30~40 厘米的沟，将菌包埋入土内。食用菌收获后，菌包腐烂又成为草果的有机肥料。草果林下栽培食用菌，能互相促进生长，取得较好的经济效益。

（5）草果林内养蜂。草果是典型的虫媒花植物。经调查，不经昆虫传粉，自花授粉率不足 30%；经昆虫传粉，草果花授粉率可达 85%以上，大大提高了草果的挂果率，从亩产 10～16 千克提高到 20～30 千克，同时也生产了大量的食用、药用蜂蜜。

### 三、利用生物多样性，打造生态特色产业

提倡种植道地食材、道地药材，一乡一品，促进中医农业生态食材与生态餐馆对接。如河北武安市属典型丘陵山区，有 70 多万亩耕地、百万亩林地，非常适合连翘生长。武安市推进农业供给侧结构性改革，探索出“龙头企业+专业合作社+农户”的连翘种植经营模式。建立连翘种植基地，分类制定出科学的技术规范，加大帮扶力度，推动连翘产业的发展。武安市预计打造两个标准化野生连翘示范基地，即野生连翘修剪抚育基地和标准化茶园示范基地。该市计划在“十四五”期间，种植约 50 万亩连翘，分布在 5 个乡镇，此举不仅可以带动周边农户发展，更能让生态环境得以改善。

## 第三节　以药食两用为主的种养导向体系

### 一、目的和意义

中国自古就有“药食同源”之说。西药多为化学药品，副作用较大，而且容易产生耐药性。中药多为天然药材，大多为植物，其次为动物和矿物，而且许多药物既是药物，也是食物，即“药食两用之品”，如山药、枸杞、山楂、大枣、生姜等。农业不仅要重视种植粮食，也要重视种植中药材。中药材是国民经济的重要收入和外汇的重要来源，因而中药材的种植对人体健康和经济发展都具有很重要的意义，尤其是倡导种植和养殖有利于祛除疾病、延年益寿、增进健康的药食两用之品则为重中之重。

药食两用之品的意义就在于人们在饮食的选择上，要多选用这些营养保健价值较高的食品，改变以往单纯面食、单纯主食及饮食单一的状况，充分体现饮食多样化的思想。

### 二、国家卫生健康委员会公布的药食两用中药材

目前，国家卫生健康委员会已将 110 种中药列为药食两用之品。其

中，2012年公示的有86种，分别是：丁香、八角、茴香、刀豆、小茴香、小蓟、山药、山楂、马齿苋、乌梢蛇、乌梅、木瓜、火麻仁、代代花、玉竹、甘草、白芷、白果、白扁豆、白扁豆花、龙眼肉（桂圆）、决明子、百合、肉豆蔻、肉桂、余甘子、佛手、杏仁、沙棘、芡实、花椒、红小豆、阿胶、鸡内金、麦芽、昆布、枣（大枣、黑枣、酸枣）、罗汉果、郁李仁、金银花、青果、鱼腥草、姜（生姜、干姜）、枳子、枸杞子、栀子、砂仁、胖大海、茯苓、香橼、香薷、桃仁、桑叶、桑葚、橘红、桔梗、益智仁、荷叶、莱菔子、莲子、高良姜、淡竹叶、淡豆豉、菊苣、黄芥子、黄精、紫苏、紫苏籽、葛根、黑芝麻、黑胡椒、槐米、槐花、蒲公英、蜂蜜、榧子、酸枣仁、鲜白茅根、鲜芦根、蝮蛇、橘皮、薄荷、薏苡仁、薤白、覆盆子、藿香。

2014新增15种，分别是：人参、山银花、芫荽、玫瑰花、松花粉、粉葛、布渣叶、夏枯草、当归、山奈、西红花 、草果、姜黄、荜茇。

2018新增9种，分别是：党参、肉苁蓉、铁皮石斛、西洋参、黄芪、灵芝、天麻、山茱萸、杜仲叶。

## 三、《农政全书》中的救饥食品

早在明代的《农政全书》中，就提出如下救饥食品：

葳蕤：《本草》一名女萎，一名荧，一名玉竹，一名马薰。采根，换水煮极熟，食之。

天门冬：采根，换水浸去邪味，去心煮食。或晒干煮熟，入蜜食。

麦门冬：采根，换水，浸去邪味，淘洗净，蒸熟，去心食。

牛蒡子：采叶煠熟，水浸去邪气，淘洗净，油盐调食；及取根，洗净，煮熟食之，久食甚益人，身轻耐老。

何首乌：掘根，洗去泥土，以苦竹刀切作片，米泔浸经宿，换水煮去苦味，再以水淘洗净，或蒸或煮食之。花亦可煠食。

菊花：一名节华，一名日精，一名女节，一名女华，一名女茎。取茎紫气香而味甘者，采叶煠食，或作羹皆可。青茎而大，气味作蒿苦者，不堪食，名苦薏。其花亦可煠食，或炒茶食。

金银花：采花煠熟，油盐调食；及采嫩叶，换水煮熟，浸去邪味，淘净，油盐调食。

夜合树：《本草》名合欢，一名合昏。采嫩叶煠熟，水浸淘净，油盐调食。晒干煠食，尤好。

拐枣：摘取拐枣成熟者，食之。

葡萄：葡萄为果食之；又熟时取汁，以酿酒饮。

薤韭：采苗叶煠熟，油盐调食。生亦可食。冬月采取根，煠食。

## 四、部分药食两用中药材介绍

黄精：入药始载于《名医别录》，“黄精，味甘、平，无毒。主补中益气，除风湿，安五脏。久服轻身延年，不饥。”魏晋、唐宋以来，在文人士大夫之间，服食黄精之风日盛。黄精还能抑制血糖过高，有抗疲劳、抗氧化和延缓衰老作用。

百合：鳞茎富含淀粉、蛋白质、脂肪、矿物质及多种维生素，为药膳美的滋补佳品，更宜夏、秋、冬季服食。百合的滋补作用据说可与人参媲美，常食可健身强体、延年益寿。

枸杞：殷商时期的甲骨文中就有枸杞的记载，《诗经》中出现“杞”字的诗至少有七首，因此枸杞的应用至少有4 000年的历史。《农桑通诀》曰：“食之，忽觉身轻。谚云：去家千里，勿食萝摩枸杞。言其补精气也。”

地黄：我国十三经之一的《尔雅》中就有记述“苄，地黄”，地黄入药始见于《神农本草经》，被列为上品。

菖蒲：多年生水生草本，有特殊香气。菖蒲还是常用的保健食品，应劭的《风俗通》记载“菖蒲花，人得食之长年”，林洪《山家清供》中的神仙富贵饼，就是以菖蒲和山药为原料的。久服菖蒲酒耳聪目明。

葛根：原产我国，有关葛根的记载至少有2 500年，早在《诗经·周南》中就有记录。葛在古代广为种植，用于治病、酿酒、解酒毒、荒年充饥。葛根是古代救荒食物。经过深层加工生产的各种葛制品，是人们日常降压、降脂、降火的首选功能性食品，对人体心脑血管、微循环能起明显的调理作用。葛根药用最早见于《神农本草经》，被列为中品，气味甘、辛、平，无毒。

罗汉果：是高血压、冠心病患者理想的保健饮料。罗汉果中含有的罗汉果甜苷对治疗糖尿病、肥胖症、高血压、心脏病等禁糖食疾病有特效，还具有抗癌、防癌、减肥的神奇作用。

芡实：首见于《神农本草经》，被列为延年益寿的上品。

蚕蛹：实是一种食药价值颇高的营养食品。《本草纲目》曰："蚕蛹为末饮服，治小儿疳瘦、长肌，退热、除蛔虫；煎汁饮，止消渴。"蚕的粪便称蚕沙。蚕沙中还含有胡萝卜素、植物生长素及微量元素铜，具有祛风活血、除湿定痛之功。

甲鱼：鳖科动物中华鳖的别名。《本草纲目》曰："作臛食，治久痢；作丸服、治虚劳、痃癖、脚气。"

乌龟：肉食性，常以蠕虫及小鱼为食，但从不咬人。其生命力很强，数月断食不会饿死。乌龟既是一种美味可口，营养丰富的佳肴，又有较高的药用价值。《日用本草》曰："大补阴虚。作羹臛，截久虐不愈。"

## 第四节　以土壤健康及良种培育为基础的农业基本建设体系

### 一、土壤健康存在的问题

生长在健康土壤的植物更加有抵抗力，比生长在贫瘠或营养成分比例失衡的土壤中的植物更具有抗病能力。当土壤处于营养平衡的良好状态时，通常病虫害的发生率低。这其实不难理解，就像是当我们的身体处于良好的平衡状态、免疫系统健全时，就能够抵御许多疾病。健康的土壤具有较高的生物活性，与植物根系间产生复杂而有序的有机互动，不仅能够促生健康的植物、动物，进而促进人类健康；也能改善水和大气质量，具有一定程度降解和抵抗污染物的能力。土壤作为作物生长所需物质和能量来源的主要提供者，以及与其他生物信息交流的主要场所，只有土壤健康才会有作物的健康和持续生产的能力。

现代农业是以作物产量等指标作为衡量土壤肥力的指标，作物消耗的氮、磷、钾等营养元素的量作为施肥标准——"精准"施肥，考虑到了作物的需求和化学肥料的施用，但是却往往忽视了土壤肥力的根本——土壤有机质的含量和土壤理化生物性状的协调与统一，因而造成诸多土壤问题。

概括起来，土壤存在的问题主要归纳为以下几个方面：一是从物理性状来看，腐殖质的枯竭导致土壤板结，土壤结构变差，土壤坚实，耕层变薄，通气透水性状不良，阻碍根系发育；二是从化学性状来看，土壤阳离子代换量降低，保肥供肥力下降，酸碱性变化引起缓冲性能变化，土壤污染加重，土壤抗逆性变差；三是从生物性状来看，土壤微生物多样性衰退，有效菌群数量不足，有害病菌增加，影响土壤养分转化和利用；四是从养分性状来看，有机质含量不足，大量化学元素施用过多，微量元素不足，养分比例失调，肥料利用率低。因为土壤不健康了，阻碍了作物根系的正常发育，所以引起作物生长不良，造成减产。

## 二、土壤健康培育措施

### （一）科学施肥

1. 大量施用有机肥

有机质含量是土壤健康评价重要的指标之一，是土壤固相部分的重要组成成分，也是植物营养的主要来源之一。有机质的功能是促进植物的生长发育，改善土壤的理化性质，促进微生物和土壤生物的活动，促进土壤中营养元素的分解，提高土壤的保肥性和缓冲性。中医农业是以维持植物和动物的生产力、保持或提高水和空气质量、促进植物和动物健康为衡量土壤健康情况的标准，注重有机质含量、土壤微生物群落、土壤结构、团聚体稳定性、植物生长所需的养分含量等指标以及作物的健康和持续生产的能力。

目前生产中有机肥普遍施用不足，关键问题是有机肥肥源问题，传统上自给自足的农家有机肥严重不足，商品化有机肥往往因质量、价格等问题使得施用受限。所以要大量施用有机肥，首先要解决有机肥肥源不足的问题。这方面必须树立的基本观点是：一是要坚持秸秆还田，把生产中的有机肥源充分利用好；二是要有农牧结合的思想，鼓励农民结合实际，发展各种形式的养殖业，培育种养结合生态链，为农作物提供更多的优质有机肥源。

2. 碳基生态水溶肥开发应用

西北农林科技大学资源环境学院植物营养学教授刘存寿提出，为提高天然有机物生物（微生物和植物）可利用效率，依据生物酶生化催化能量最低原理，采用化学酶可控性地将天然有机物闭蓄态生物质能快速、无损失地转化成水溶性小分子活性生物质能的工艺技术，他历时 5 年优化各项参数，发明了在维持有机碳几乎不损失的前提下，快速（2 小时之内）将天然有机废弃物降解成水溶性小分子技术。再以水溶小分子有机物为原料，制备成与森林土壤营养成分组成、化学形态和比例完全一致的新型生态肥料——碳基营养生态肥料。该肥料中的化学酶催化降解天然有机物的速度是原始森林土壤微生物降解的4 000倍，是人工发酵的500倍；有机碳利用率是自然的98倍，人工发酵的49倍，能大幅度提高生物质能的利用效率。

生产碳基生态肥的原材料全部是农业、工业生产加工的废弃物，分为有机和矿物两大类。有机类废弃物包括养殖粪污、农业秸秆、加工废渣、生活污水污泥等；矿物有海水晒盐提取氯化钠后的废渣、生物质发电厂的粉尘灰等。

碳基生态肥中，经工厂化使有机物活化腐殖质的活性部分，可以被微生物和植物直接吸收利用，植物直接吸收利用满足当季产量和品质，微生物直接吸收利用快速大量繁殖，将营养物质以活体储存起来，微生物死亡后持续为植物提供营养，即微生物是植物营养的缔造者和营养库。肥沃土壤（有机质含量≥5%）其微生物总质量可达耕层土壤的1%以上，每亩耕地近2吨，储存400千克高效营养物质。大量微生物对水分和呼吸需求造成良好的土壤疏松通气和具有保水性能。碳基生态肥通过滋养土壤微生物培肥土壤。

3. 应用中草药肥料

中草药药肥投入品目前已有不少类型进入市场，因肥药双效逐渐被人们重视，随着机理的进一步探明和产品的增多，可根据实际优选使用，大力推广。

4. 合理施用化学肥料

化学肥料在以往的农业生产中发挥了重要作用，保证了产量的提高，但也因过量施用造成了土壤环境的污染。为了维持一定的产量基础，适应土壤的逐步培肥过程，首先要科学施用、平衡施用，提高化肥利用率。其次要用有机肥替代化肥，随着地力的恢复，土壤有机质大幅度提高，逐步减少化肥使用量，甚至不用化肥，实现有机栽培。因此，目前中医农业提倡用有机肥替代化肥，逐步减少化肥用量，让化肥平衡施用，科学施用。

### （二）合理耕作

包括平整土地、深翻改土、合理轮作、间作套种、地面覆盖、用养结合等措施。俗话说“地不耕不肥”“锄下有水”“锄下有肥”，合理耕作是培肥地力的基础。其中深翻改土、中耕等基本耕作措施，在改善土壤物理性状，促进土壤熟化方面有着其他措施不可替代的效果，不能丢弃。

**（三）土壤改良**

对于板结、过酸、过碱、过黏、过砂等障碍性土壤用改良剂进行改良。矿物质土壤改良剂，是一类能够有效地调理土壤生物系统诸多物理、化学、生物、生理、病理等障碍问题，并能促进优化土壤生态环境和作物生长的多功能、多元素的中药矿物制剂。大量实践证明，中药矿物质土壤改良剂，不是肥料胜似肥料，它既是土壤的改良剂、保养剂，又是植物的保健剂、营养剂。

**（四）治理土壤重金属污染**

土壤重金属污染一般指汞、镉、铅、铬、砷、硒、银、铝、锡等。重金属一般以天然浓度泛存于自然界中，随着工农业生产的发展，大量重金属被排放到环境中，使很多区域土壤的重金属含量明显高于背景值。

目前治理重金属的传统方法主要有“中和沉淀法”“化学沉淀法”“氧化还原法”“气浮法”“电解法”“蒸发和凝固法”“离子交换法”“吸附法”“淋洗法”“换土法”“溶剂萃取法”“膜分离法”“反渗透法”“电渗析法”等，以及撒石灰、赤泥。施硅肥、生物质炭等。以上方法概括起来就是化学、物理和生物修复 3 种，这些方法中以化学沉淀法和吸附法应用较为广泛。

利用中药渣治理土壤重金属污染，将中药渣变废为宝，这方面我国的土壤改良工作者进行了不少试验研究，也取得了不少应用成果。应坚持集成创新，丰富理论，扩大实践，不断总结，丰富中药产业链，让其在环境污染治理中发挥更大的作用。

**（五）加强农田水利建设**

我国是一个以农业为支柱产业的发展中国家，人口基数大，人均耕地少，水资源相对较为贫乏。多年来，党中央、国务院高度重视农业发展，始终把加强农田水利设施建设放在非常重要的地位。加强农田水利基础设施建设，对于改善农业生产条件，提高现有耕地产出率，保证我国粮食安全，提高粮食生产能力，改善生态环境，推进生态文明建设，促进人与自然的和谐相处都具有十分重要的意义。

1. 加大小型农田水利设施建设投入

统筹安排各种渠道的支农资金，形成合力，保证投资效果。近年来，很多地方按照“渠道不乱，用途不变，各记其功”的原则，把农口和综合部门的涉农资金按规划集中使用，确保“治理一处，受益一处，建设一处，巩固一处”，不但农民得到了实惠，调动了积极性，而且资金运行安全有效。

2. 大力普及节水灌溉技术

发展节水灌溉必须要根据本地的实际情况，因地制宜，要坚持规划先行的原则，科学合理地制定发展规划。要分阶段制定和完善农田水利建设规划编制工作，同时，水利部门要从全国和水资源合理配置的要求出发，以水土资源的优化配置和高效利用为目标，统筹考虑地表水、地下水、土壤水、雨水、回归水和城市生活污水（必须达到灌溉水质标准）等多种水资源的开发和利用。统筹协调生产、生活和生态用水，以水定产业结构、生产布局和发展规模。加强对规划编制工作的指导。各地区应结合实际，积极试点，逐步推广所取得的经验。遵循量水而行的原则，在节约用水方面，一定要推广普及管道输水灌溉和改进地面灌溉技术，积极发展喷灌和微灌。

目前，我国正在实施的高标准农田建设是包括水利设施等条件建设和土壤培肥等地力建设在内的农田综合建设工程，在划定的基本农田保护区范围内，建成集中连片、设施配套、高产稳产、生态良好、抗灾能力强、与现代化农业生产和经营方式相适应的基本农田，也即田成方、土成型、渠成网、路相通、沟相连、土壤肥、旱能灌、涝能排、无污染、产量高的稳定保量粮田。

## 三、良种培育

品种是农业的“芯片”，优良品种是农业丰产优质的基础。中医农业遵循中医“先天禀赋与遗传基因的主宰作用”，重视优良品种的培育工作。

### （一）选育品种

1. 传统的杂交育种

分有性杂交和无性杂交，常用的是有性杂交。利用品种间杂交的方法，可以把双亲的优良性状结合起来，成为一个新的类型，经过多次培育选择，把优良性状稳定下来，就能获得一个新的优良品种。杂交育种还可以分为人工杂交育种和自然杂交育种。人工杂交育种是人为有目的的选择亲本，通过人工辅助完成杂交过程，然后从中选择优良性状的后代；自然杂交育种，就是从自然杂交的后代中选择优良性状的后代。人工杂交育种目的性更强，成功的概率更高，目前农业生产中的绝大多数新品种都是通过人工杂交育种选育的；但自然杂交更普遍，成本低，也很实用，生产中有很多新品种就是从自然杂交后代中选育的。

2. 变异育种

是利用化学物质、物理因子变化、高能射线照射等诱导植物体或种子，使细胞内染色体发生突变，从而造成植株的变异，从中选育优良性状的育种方式。人工给予诱变条件，变异率大大提高，但在自然状态下也会发生变异，例如，果树生产中的芽变、枝变现象很常见，不少品种都是从芽变或枝变中选育的，这个方法投资小、见效快，今后依然应该引起人们的重视。

3. 其他新技术育种

中医农业立足于现代科学技术，并不是无选择地恢复传统农业。要吸收传统农业的优点，更要充分利用高新技术，品种培育也不例外。

（1）单倍体育种。为了缩短育种周期，尽早使父母本的隐形性状显现，在杂交第一代（F1）开花时，可选取雄蕊的花药，接种在特定的培养基上，由花粉直接长成单倍体植株，经处理可使染色体加倍，从而使隐性性状出现，再经选择即可获得新品种。

（2）多倍体育种。利用秋水仙碱能抑制细胞内纺锤丝的形成，使已分裂的染色体不能被拉向细胞两极，而是继续分裂与复制，使得细胞内染色体数是正常细胞的若干倍（即多倍体），即形成多倍体细胞。由多倍体细胞长成的芽和枝条等就会发生巨大突变。

（3）生物工程育种。一个是细胞移植技术，即把一个品种的细胞核移植到另一品种的细胞中，利用细胞质对细胞核的作用引发基因突变；再一个是基因工程技术，即通过把动植物细胞染色体中控制一个品种优良性状的基因片段，通过基因重组技术导入到另一品种的染色体内，达到培育新品种的目的。

（4）空间育种。利用植物体或种子在失重和宇宙射线等综合作用下能发生突变的原理，进行新品种培育。我国通过科学实验卫星及载人飞船多次携带植物种子至外层空间进行新品种培育试验，已取得了不少成果。

### （二）引进良种

这是比较简便的方法。就是将他人的优良品种引入当地栽培。但是由于作物品种往往有地区适应性，引进前应对调出地区的自然条件、栽培技术及品种特征、特性了解清楚，并在本地做连续三年以上的区域适应性试验，表现良好的，才可繁殖推广。因自己培育品种需要时间长、投资大，所以引进品种是目前农业生产获得新优品种的主要方法。

### （三）繁育优良品种

优良品种的繁育是育种工作的继续，是联系育种与农业生产的桥梁和纽带，是使育种技术成果转化为生产力的必经之路，是农业高产、稳产的一项重要措施，具有投资小、见效快、收益大的经济意义。良种繁育是有计划地、迅速地、大量地繁育优良品种的优质种子工作，就是要采用优良的栽培条件，通过提纯复壮，培育优良品种的种性，使之不能混杂退化并有所提高。所以，必须建立一套完整的良种繁育制度，采取先进的繁育技术和栽培措施，并且要加强种子的检验工作。

防杂保纯是良种繁育的主要任务，必须认真把好关。一是选好种子繁育田。种子田尽量不能重茬连作，不能施入同作物未腐熟的秸秆肥，以防止上季残留种子出土，造成混杂，并有效地避免或减轻一些土壤病虫害的传播，同一品种要实行连片种植，避免品种混杂；二是把好播种关。播种前需要进行的各种程序，必须做到专人负责，不同品种分别进行，更换品种要把用具清洗干净。若用播种机播种，播种前和换品种时，要对播种机的种子箱和排种装置进行彻底清扫；三是严把种子收获关。在种子收获过程中最容易发生机械混杂，要特别注意防杂保纯。种子需要单收、单运、单晒，整个收打过程要专人负责，严防混杂。

### （四）良种良法配套

所谓良种良法配套，就是根据品种的生长发育特性，采取相应的栽培方法，以充分发挥出良种的增产潜力，达到高产、稳产、高效的目的。仅就作物栽培来看，品种不同、生长发育特性不同，要求栽培方法也不完全相同。因此，强调良种增产作用的同时，不可忽视采用相配套的栽培方法。第一，要根据品种生育期确定种植方式。被选用的品种生育期有长有短，相应的种植方式也应不同。例如，生育期较长的品种应采用覆膜栽培，这样才能发挥出更大的增产效果；生育期稍长些的品种，采用麦田套种比麦后直播更适合。第二，根据品种株型确定适宜的种植密度。株型紧凑，耐密性强的品种主要靠高密度、大群体实现高产、稳产，密度低了要减产；穗大花多，叶片平展，不耐密植的品种要求的适宜密度较低。第三，根据品种的生长特性确定重点管理时期和措施。有些品种植株较矮，抗倒性强，对这类品种应重点加强苗期的肥水管理，早施肥、重施肥，促进苗期早发和植株快速生长；有些品种植株较高，或基部节间长，或根系不太发达，因而抗倒性较差，对这类品种除了种植密度不能过大外，苗期还要适当控制肥水，进行蹲苗，促根下扎，防止基部节间过长，以减轻倒伏。第四，根据品种需肥特点进行肥水管理。如高秆大穗品种丰产潜力大，只有在肥水完全满足要求时，才能充分发挥出丰产潜力，实现高产；若肥水不足，产量不一定比普通品种高，在旱薄涝地甚至会减产。因此，这类品种要在肥水条件优越的地方种植，并且要增加施肥量。有些株矮穗小品种，产量潜力小，但较耐旱，将这样的品种种在旱薄地上更有利，若种在大肥大水条件下，产量也不一定很高。

## 第五节　以中草药产品为主的农业投入品体系

中医的一个最大特点就是利用自然生长的中草药并以复方的形式来治疗疾病。中草药在植保中的应用已有几千年的历史，有非常丰富的实践基础，在近代形成了植物源农药，更是在农业生产中发挥了巨大的作用。过去人们主要关注了某一种植物单一成分的杀虫抑菌作用，却忽视了它的其他功能，如刺激生长、诱导免疫等。现代研究表明，来源于植物的活性物质即次生代谢物在动植物受到外界胁迫时会激活次生代谢，产生化感作用，应对逆境，抗击了各种不利环境因素的破坏作用和有害生物的侵害。

目前，中医农业投入品在种植业方面不仅有土壤冲施剂，还有叶面喷施剂和一些针对盐碱地和重金属污染的特殊用途修复剂，不仅可以补充植物生长所需的营养成分和活性物质，还能防病治病，连续使用也不会产生抗性。在养殖方面，从多味中草药中萃取的生物制剂，不仅可以替代各种抗生素、激素的使用，还能防治各种疾病。概括起来，中草药在农业中的综合利用主要在两药（农药、兽药）、两料（肥料、饲料）方面。

## 一、种植投入品

### (一) 植物源农药

植物源农药最大的优点在于与环境和谐，它主要是利用植物中活性成分的杀虫抑菌功能，进行有害生物的防控，这也是当前农药研究的热点之一。《农桑通诀·垦耕篇》曰："凡菜有虫，捣苦参根，并石灰水泼之，即死。"古时先民就会利用苦参和石灰水消灭菜中的虫子。目前国内学者已经对2 000多种植物进行了相关的研究，发现了多种植物具有农药活性，并登记了苦参碱、印楝素、除虫菊素、蛇床子素等多种植物源农药，在生产中发挥了很大的作用。

### (二) 植物源调理剂

植物的很多次生代谢产物具有调节作物、动物的生长发育，也可诱导作物、动物产生抗病性或抗逆性。如大蒜素、鱼藤、莨菪烷碱等对多种蔬菜及作物具有调节生长及增产的效果。苦参碱能刺激黄瓜根系生长，提高小麦旗叶中蔗糖磷酸合成酶的活性，促进蔗糖的合成，从而达到改善小麦品质的作用。如湖南惠生集团选配了绞股蓝、黄芪、刺五加、枸杞、百合、甘草、补骨脂、桑寄生、地骨皮、山药、丹参、当归、大枣等十几味中药组成配方，进行超微粉碎，将超微粉掺和在饲料中制粒，在1 100头50~110千克育肥猪生长阶段做了5个对比试验。结果显示，饲喂中药的组对比普通组，猪肉的色泽、肌间脂肪含量、嫩度、多汁性等明显要强。特别是将两者分别用清水煮熟进行品尝，中药组的肉汤清澈明亮，肉味悠长，颇有自然生长猪肉的味道；而普通组的肉汤则呈混浊状，肉味要差得多。

郭永军等采用虎杖、贯众、白芍、射干、杜仲、白术、甘草、栀子这8种不同的中草药添加到饲料中对南美白对虾进行饲养，发现在饵料中适量添加上述中草药可以提高对虾肌肉及内脏等组织器官的超氧化物歧化酶(SOD)、过氧化氢酶（CAT）的活性，并且相应降低丙二醛（MDA）值，尤以添加虎杖、贯众两组最为显著。

### (三) 植物源药肥

以植物材料为基础的植物源药肥，除有效的杀虫抑菌活性成分外，还富含氮、磷、钾及微量元素，施用后会表现出明显的"肥效"，不仅具有营养作用，还兼具杀虫、防病、改善土质等多重功效。吴传万等利用苦豆子和牛心朴子残渣为原料混配，研发出的植物源药肥可增产增收达到25%以上，实验室前期利用植物提取物处理后，株高以及根系的强壮程度均有明显的提高。

### （四）植物源保鲜剂

果品腐烂变质的主要原因除病原菌感染外，果品自身代谢衰老劣变也是其中之一。因此，保鲜剂除抑菌功能外，还应表现出调节生理生化效应及保水等功效，植物中次生代谢产物是保鲜剂最好的来源。植物精油中的烯萜类柠檬烯、香芹酚；多酚类物质中和茶多酚；苷类物质中的丹皮酚，这些物质都在具有抑菌功能的同时，还能调节果蔬生理代谢，保持果实的品质，具有明显的保鲜效果。

植物源保鲜剂还可应用于饲料的保藏，防止饲料变质、腐败，延长贮存时间。如土槿皮、白鲜皮、花椒能防腐；红辣椒、儿茶具有抗氧化作用。

## 二、养殖投入品

### （一）古代《农政全书》中的养殖投入品

中草药在中兽医的应用中非常广泛，《农政全书》为我们提供了非常多在养殖过程中牲畜可能出现病症的治疗方法。应对牛病方如下：

治牛瘴疫方：用真茶末一两，和水五升，灌之。又治牛卒疫，而动头打胁，急用巴豆七个，去壳，细研出油；和灌之，即愈。又烧苍术，令牛鼻吸其香。止。

治牛尿血方：川当归、红花为细末；以酒二升半，煎取二升，冷灌之。又法：豉汁调食盐灌服。

治牛患白膜遮眼方：用炒盐并竹节（烧存性）细研，一钱，贴膜。效。

治牛的敢噎方：以皂角末吹鼻中，更以鞋底拍尾停骨下，效。

治牛触人方：牛颠走，逢人触是胆大也。用黄连、大黄，各半两为末，鸡子清酒一升，调灌之。

治牛尾焦不食水草方：以大黄、黄连、白芷各五钱研为末，鸡子清酒，调灌之。

治牛气胀方：净水洗汗袜，取汁一升，好醋半升许，灌之，愈。

治牛肩烂方：旧绵絮二两（烧存性），麻油调抹。忌水五日，愈。

治牛漏蹄方：紫矿为末，猪脂和，纳入蹄中，烧铁篦烙之，愈。

治牛沙疥方：荞麦穰随多寡，烧灰淋汁，入绿矾一合，和涂，愈。

治水牛患热方：用白术二两半，苍术四两二钱，紫菀藁本各三两三钱，牛膝三两二钱，麻黄三两去节，厚朴三两一分，当归三两半，共为末。每服二两，以酒二升煎放温，草后灌之。

治水牛气胀方：用白芷一两，茴香、官桂、细辛各一两一钱，桔梗一两二钱，芍药、苍术各一两三钱，橘皮九钱五分，共为末。每服一两，加生姜一两，盐水一升，同煎，候温，灌之。

治水牛水泻方：青皮、陈皮各二两一钱；白矾一两九钱；苍术、橡斗子、干姜各三两二钱；枳壳一两九钱；芍药、细辛各二两五钱；茴香二两三钱，共为末。每服一两，生姜一两，盐三钱，水二升，煎。灌之。

**（二）现代中草药兽药举例**

1. 中药复方免疫增强剂

近年来，对中药复方作为免疫增强剂的研究主要分为两种：一种是依据中医经典方剂开展的，一种是依据现已明确研究的中药成分进行配伍而成的，以提高和促进机体非特异性免疫功能为主，增强动物机体免疫力和抗病力。如黄芪、党参、当归、淫羊藿、穿心莲等。

2. 激素样作用剂

很多中草药不仅具有激素的作用，而且还有调节激素分泌和释放的作用，在实践中可以代替某些激素发挥作用。如香附、当归、甘草等具有雌激素样作用；淫羊藿、人参、虫草等具有雄激素样作用；细辛、高良姜、五味子等具有肾上腺激素样作用；水牛角、穿心莲等有促肾上腺皮质激素样作用。

3. 抗应激剂

能预防应激和降低应激反应的药物。如刺五加、人参等可提高机体抵抗力；黄芪、党参等可阻止或减轻应激反应，柴胡、黄芩、水牛角等有抗热激原的作用。

4. 抗微生物剂

包括抗菌药物、抗病毒药物和抗寄生虫药物，可以抑制或杀灭病原微生物，预防和治疗感染。如金银花、连翘、大青叶、蒲公英等有广谱抗菌的作用；射干、大青叶、金银花、板蓝根等有抗病毒的作用；苦参、土槿皮、白鲜皮等有抗真菌的作用；茯苓、青蒿、虎杖、黄柏等有抗螺旋体的作用。

5. 驱虫剂

具有增强机体抗寄生虫侵害能力和驱除体内寄生虫的作用。如槟榔、贯众、百部、硫黄等对绦虫、蛔虫、姜片虫有驱除作用。

6. 增食剂

具有理气、消食、益脾、健胃的作用，可改善饲料适口性，增进奶牛食欲，提高饲料转化率，改善动物产品质量。如麦芽、山楂、陈皮、青皮、苍术、松针等。

7. 促生殖剂

具有促进动物卵子生成和排出，提高繁殖率的作用，如淫羊藿、水牛角等。

8. 促生长和催肥剂

具有促进和加速动物增重和育肥的作用，如山药、鸡冠花、松针粉、酸枣仁等。

9. 催乳剂

具有促进乳腺发育和乳汁生成分泌，增加产奶量的作用。如王不留行、通草、刺蒺藜等。

## 第六节　以预防为主，辨病与辨证相结合的动植物疾病防治体系

### 一、预防的思想及方法

《素问·四气调神论》曰：“圣人不治已病治未病，不治已乱治未乱……夫病已成而后药之，乱已成而后治之，譬犹渴而穿井，斗而铸锥，不亦晚乎。”中医“治未病”的思想在中医农业的实践中亦有非常重要的指导意义。以下仅以农作物为例。

农作物病虫草害的预防，本着预防为主的思想，以农业技术综合措施为主，重点是通过调整和改善作物的生长环境，增强作物对病虫草害的抵抗力，创造不利于病原、害虫和杂草生长发育或传播的条件，以控制、避

免或减轻病虫草害，从而把病虫草害所造成的经济损失控制在最低限度。常见具体预防措施有以下几种。

### （一）选用抗病虫的优良品种

农作物对病虫的抗性是植物一种可遗传的生物学特性。通常在同一条件下，抗性品种受病虫为害的程度较非抗性品种为轻或不受害。利用抗病虫害能力强的品种达到防治的目的是一项稳妥且效果好的措施。例如，棉花抗虫品种的蕾铃，在棉铃虫产卵或幼虫活动处所周围会急剧产生细胞增生反应，可通过机械压榨作用促使卵及幼虫死亡。

### （二）调整作物布局

合理的作物布局，如有计划地集中种植某些品种，使其易于受害的生育阶段与病虫发生侵染的盛期相配合，可诱集歼灭有害生物，减轻大面积为害。如适度的桃、梨混栽，有利于梨小食心虫转移为害，减轻对主栽种类的为害程度。

### （三）实行轮作、间作和套种

对寄主范围狭窄、食性单一的有害生物，轮作可恶化其营养条件和生存环境，或切断其生命活动过程的某一环节；合理选择不同作物实行间作或套作，辅以良好的栽培管理措施，也是防治害虫的途径。如大豆食心虫仅为害大豆，采用大豆与禾谷类作物轮作，就能防治其为害。

### （四）使用无害种苗

无害种苗不同于抗病虫品种，种苗等繁殖材料对有害生物发生的影响，主要是种苗携带、传播病虫害及种子质量差造成的作物生育期不一致、长势弱，增加了有害生物的侵害。所以生产上应使用无害种苗。其中，病毒病是影响植物生产能力重要病害，可以通过工厂化茎尖组织培养脱毒的方式培育无病毒苗木，这是植物类获得无病毒苗木的主要方法。

### （五）调整播种方式

包括调节播种期、密度、深度等。适当提前或推迟播种期，将病虫害发生期与作物的易受害期错开，即可避免或减轻为害。合理密植，改变田间小气候，充分利用土地、阳光等资源，提高单产，有利于抑制病虫害发生。

### （六）土壤耕作，深耕灭茬

土壤耕作可改善土壤中的水、气、温、肥和生物环境，使土壤表层的有害生物深埋，土壤深处的有害生物暴露，破坏其适生条件；此外土壤耕作时的机械作用还可直接杀伤害虫或破坏害虫的巢室，土壤深耕还可以清除、深埋作物的残病体。

### （七）合理施肥，及时排灌

灌溉可使害虫处于缺氧状况下窒息死亡；采用高垄栽培大白菜，可减少白菜软腐病的发生；稻田适时晒田，有助于防治飞虱、叶蝉、纹枯病、稻瘟病；施用腐熟有机肥可杀灭肥料中的病原物、虫卵和杂草种子等。

### （八）加强作物管理，适度整枝打茬

整枝打茬可以改善和优化群体结构，避免植株太长，减少养分消耗，增强抗病能力。例如，果树夏剪适度整枝摘心，可以减少养分损失，可以促进新梢成熟度和花芽的形成，提高冬季抗低温的能力。

### （九）加强田园管理，保持清洁卫生

保持田园卫生有利于对有害生物的自然控制，借助于农事操作，清除农田内的病虫草害及其滋生场所，改善农田生态环境，减少病虫草害的发生。

### （十）安全收获，安全运输贮藏

收获的时期、方法、工具以及收获后的处理与病虫防治密切有关。如大豆食心虫、豆荚螟均以幼虫脱荚入土越冬，若收获不及时，或收获后堆放田间，就有利于幼虫越冬繁衍；用联合收割机收获小麦，常易混入野荞麦和燕麦的植株而发生为害等。

据报道，郑真武运用中药制剂“辰奇素”处理土壤，干扰金龟子生命周期，实现预防虫害。其办法就是干扰它，让它的生命周期发生改变，不在玉米、高粱成熟的时节出现。冬天用药，让它在地里待不住，必须从地里出来。出来只有两种结果：一种是被冻死，另一种是即使没有被冻死，也必须另外找到生存空间，这样它的生命周期就改变了，到了第二年就不能羽化成金龟子成虫。

小麦成熟前红蜘蛛为害严重，用药喷洒可能会造成残留，郑真武用气味疗法驱赶小麦红蜘蛛，虽不能杀死，但驱赶其离开了，依然达到了很好

的防治效果。

据报道，黑龙江道谷禾田科技研究院采用中医农业生物技术，秸秆就地还田，有效改良了土壤，解决了低温寒冷地带的旱稻直播问题，并且每亩节约用水四成以上。通过该院团队的努力，运用中医扶正祛邪理论和君臣佐使方法，利用中草药“四气五味”及寒、热、温、平的特性，以药性之偏，纠正土壤之偏，解决了土壤生态环境不平衡的问题，实现了中医农业防控与治理的技术创新。通过唤醒和激活土壤中的土著菌群，改良土壤，恢复土壤团粒结构，促进秸秆腐化，提高土壤有机质含量；提高水稻抗逆性；提高品质，增产增收。

## 二、辨病与辨证相结合的论治体系

辨病是依靠医生的所有感官运用望、闻、问、切的方法，获取患者与病相关的信息资料，并对所收集的资料进行加工分析和鉴别，明确疾病的病名，并对疾病的病因、病机、病位、病势进行判断的过程。

辨证是判断疾病的证候类型，也就是当前疾病所处的阶段。中医既重视辨病，更重视辨证，因为辨病是为了掌握和判断疾病发生和发展的整个过程，而辨证则是抓住病人就诊时的疾病状况，进行有的放矢，对症下药。

中医常用的辨证方法有：八纲辨证、脏腑辨证、经络辨证、精气血津液辨证、病因辨证、六经辨证、卫气营血辨证、三焦辨证等。

中医论治的方法有：汗、吐、下、和、温 、清、补、消等八法。治疗手段有：内治、外治、中药、针刺、艾灸、推拿按摩、拔罐、刮痧、食疗等。

对于植物而言，则可通过望、闻、问、摸四诊的方法，探究植物生长情况。望：利用肉眼或放大镜、显微镜等工具对植物叶片、花果、茎秆等进行直接观察；闻：用鼻闻病变之气味、土壤之气味异常等；问：问植物种植过程，发病时间、防治方法与经验，及相关管理措施等；摸：触摸植物，以诊察植物生长过程中的茎、叶、果实生长状况等，或触摸土壤以判其松紧、粗细、干湿等。

### （一）农作物病虫害的辨证论治

从作物生态系统的整体出发，通过对植物症状的“辨证”，分析引起病虫害的外因和内因，有针对性地利用各种手段“论治”。

如天津市农业发展服务中心丁润锁等在《中药复方防治作物虫害的试验研究》论文中提出，利用乌梅丸在伤寒论中治疗蛔虫的原理：虫得酸则静，得辛则伏，得苦则下。把乌梅丸原方原量进行配伍熬制兑水500~1 000倍在农作物上试验，效果明显，没有抗药性，只要是虫害均有疗效。

乌梅丸配方：使用伤寒论中乌梅丸原方原量，乌梅 300 克、细辛 90 克、干姜 140 克、黄连 230 克、当归 60 克、附子 90 克（炮）、蜀椒 60 克、桂枝 90 克、党参 90 克、黄柏 90 克。煎煮时先用 3 升凉水静泡半小时，再用武火煮开，改用文火煎煮 30~60 分钟关火，过滤，取水煎液和醋混合即得。保质期可达一年以上。使用方法：叶面喷施，苗期 1 000~1 200 倍液；生长期 600~800 倍液；灌根 400~600 倍液；拌种或者浸种，每 500 毫升兑水 2~5 千克搅拌或者浸种即可。

乌梅丸杀菌驱虫效果：2022 年武清区，由于香菜重茬种植，导致病菌滋生，香菜大片僵苗、黄叶甚至死棵。但对当年种植的香菜，加倍喷施乌梅丸 2 次进行杀菌消毒，香菜恢复了长势，僵苗、黄叶情况基本杜绝，没有发现死棵，重茬问题得到控制和解决。观察得知，其具有杀灭虫卵、抑制繁殖、驱逼成虫的作用（对白粉虱、红蜘蛛、蚜虫、红白蜘蛛、盲蝽象、梨木虱效果最佳）。

郑真武用中药灌根方法治疗苹果食心虫（钻心虫）。20 世纪 80 年代后，苹果食心虫成为果农们无法解决的一大难题，虫小的时候就钻入幼果，入果后打药不起作用。后来郑真武组了一个药方，先开始是采用叶喷的方法，对于未蛀入或浅蛀入的食心虫有作用，但蛀入较深的就作用不大。后来采用灌根法，可能是根系对药物的吸收更好，药物被吸收传导树体各处，蛀入深处的食心虫也被驱离，最终解决了苹果食心虫的难题。

郑真武用中药泻下法防治棉铃虫。过去防治棉铃虫，一直用的是化学杀虫剂，所以每年中毒的人很多。为了杜绝这个现象，一开始采用中药杀虫，用 7 种杀虫的剧毒中药，结果不起作用。后来考虑到所有中药的有效成分跟西医一样大多是碱性成分，虫子已经适应了，这个办法不行。又想能不能让虫不吃棉花就好了，也不用把它们全都杀死，就用中医里面泻下的药，用了以后当天就见效了，虫子吃完一个小时左右就开始拉肚子，脱水之后，就再也不吃棉花了。后来在辣椒上面也出现同类的问题，也是这样解决的。

郑真武用土克水理论治疗蜗牛虫害。芹菜幼苗经常会受到蜗牛的侵害，蜗牛进食之后，会不停地分泌东西，它的水分含量特别高，中医里土能克水，很快找到17味中药，制成合剂，蜗牛食用过之后，原地不停地吐水，最后只剩下空壳。

现代研究中，张安涛等在番茄的种植中，按照发病的部位，研发出养根护根的“根达旺”，促茎秆粗壮的“茎秆壮”，专治不长的“尖杈发”，针对花果的“花果康”，治疗药害的“药毒消”，治疗病毒的“病毒消”和“黄毒散”，防治灰霉病的“灰霉丹”等。

**（二）禽兽疾病的辨证论治**

1. 古代农书对马疾病的五脏辨证论治

农书《农桑辑要》引《博闻录》运用五脏辨证方法治疗马的疾病。如马伤脾方：川厚朴，去粗皮为末，同姜、枣煎灌。应脾胃有伤，不食水草，褰唇似笑，鼻中气短，宜速与此药。马心热方：甘草、芒硝、黄檗、大黄、山栀子、瓜蒌为末；水调灌。应心肺壅热：口鼻流血，跳踯烦躁，宜急与此药。马肺毒方：天门冬、知母、贝母、紫苏、芒硝、黄芩、甘草、薄荷叶，同为末；饭汤、入少许醋，调灌。马肝壅方：朴硝、黄连，为末；男子头发，烧灰存性；浆水调灌。应邪气卫肝；眼昏似睡，忽然眩倒，此方主之。马肾搐方：乌药、芍药、当归、玄参、山茵陈、白芷、山药、杏仁、秦艽；每服一两，酒一大升，同煎，温灌，隔日再灌。

2. 畜禽疾病的辨证施治方药案例

畜禽疾病用中药治疗历史悠久，已经形成了完整的《中兽医》诊治理论与方剂体系。每种病症都有针对性的方药，药物组成、功能与功效等都比较清楚。这是中医应用于畜禽疾病长期实践的结果，是中医药文化的重要组成部分。

（1）感冒与呼吸道疾病

①银翘散

【药物组成】金银花、连翘、薄荷、荆芥、淡豆豉、牛蒡子、桔梗、淡竹叶、甘草、芦根。

【功能与主治】辛凉解表，清热解毒。主治畜禽风热感冒、咽喉肿痛、疮痈初起。适用于畜禽肠毒综合症、大肠杆菌病、坏死性肠炎、白痢、霍乱、鸭浆膜炎以及风热感冒、咽喉肿痛；对猪产气荚膜梭菌性胃肠炎、黄白痢疾、腹泻和肠毒型肠炎并发症，破伤风毒素所致的心动过速，呼吸加快等混合感染疾病有良好的效果。

②荆防败毒散

【药物组成】荆芥、防风、姜活、独活、柴胡、前胡、枳壳、茯苓、桔梗、川芎、甘草、薄荷。

【功能与主治】辛温解表，疏风去湿。主治风寒感冒、流感。适用于流行感冒、温和型流感及新城疫混合感染及其他病毒性疫病及其免疫抑制。

③二陈汤

【药物组成】半夏、陈皮、茯苓、甘草。此为基础方。

【功能与主治】有燥湿化痰、理气和中之功，主治湿痰咳嗽、呕吐、腹胀。

④止咳散

【药物组成】桔梗、甘草、白前、陈皮、百部，紫菀、知母、枳壳、麻黄、苦杏仁、葶苈子、桑白皮、石膏、前胡、射干、枇杷叶。

【功能与主治】有清肺化痰、止咳平喘之功，主治风邪入肺，肺热咳喘，咳嗽咽痒，或微有恶寒发热，舌苔薄白。

⑤定喘散（咳喘速停）

【药物组成】桑白皮、葶苈子、麻黄、苦杏仁、生石膏、生甘草、黄芩、大黄、白前、胆南星、苏子、莱菔子、红枣。

【功能与主治】清肺、止咳、化痰、定喘，主治肺热咳嗽，气喘。

⑥麻杏石甘散（呼喉佳）

【药物组成】麻黄、苦杏仁、石膏、甘草。

【功能与主治】清热，宣肺，平喘。主治肺热咳喘。

⑦麻黄鱼腥草散（强力粤威龙）

【药物组成】麻黄、黄芩、鱼腥草、穿心莲、板蓝根。

【功能与主治】宣肺泄热，平喘止咳，利窍通鼻，消炎消肿，通利咽喉。适用于慢性呼吸系统病、急慢性喉气管炎、传染性喉气管炎和支气管炎等呼吸道疾病。

⑧金花平喘散（诺喉康）

【药物组成】洋金花、麻黄、苦杏仁、石膏、明矾。

【功能与主治】止咳、平喘，适用于传染性喉气管炎、败血霉形体或鸡毒支原体感染所致的气喘、咳嗽等。

⑨理肺散

【药物组成】蛤蚧、知母、浙贝母、秦艽、紫苏子、百合、山药、天冬、马兜铃、枇杷叶、防己、白药子、栀子、天花粉、麦冬、升麻。

【功能与主治】润肺化痰，止咳定喘。主治劳伤咳喘，鼻流脓涕。

⑩清肺散（呼泰）

【药物组成】板蓝根、葶苈子、浙贝母、桔梗、甘草。

【功能与主治】清肺平喘，化痰止咳。主治肺热咳喘，咽喉肿痛。适用于畜禽急慢性咽喉炎、支气管炎、流感、霉形体与大肠杆菌混合感染所致的肺热、咳喘、咳痰和肿痛等症状，也可做清除病原体、增强免疫功能、钝化病毒活性、解除免疫抑制和免疫缺陷等的辅助治疗。

⑪清肺止咳散（诺喉丹）

【药物组成】桑白皮、知母、苦杏仁、前胡、金银花、连翘、桔梗、甘草、橘红、黄芩。

【功能与主治】清泻肺热，化痰止咳。主治肺热咳喘，咽喉肿痛。

⑫白矾散（喉毒清）

【药物组成】白矾、浙贝母、黄连、白芷、郁金、黄芩、大黄、葶苈子、甘草。

【功能与主治】清热化痰，下气平喘。主治家畜因各种原因引起的肺热、咳嗽、喘气、肺炎。

⑬穿鱼金荞麦散（坦痢灵）

【药物组成】蒲公英、桔梗、甘草、桂枝、麻黄、板蓝根、野菊花、苦杏仁、穿心莲、鱼腥草、辛夷、金荞麦、黄芩、冰片。

【功能与主治】清热解毒，止咳平喘，利窍通鼻。主治家禽感染肠道流感病毒所致的肠道综合征和肺热咳喘等呼吸道综合征。

⑭鱼枇止咳散（免咳清）

【药物组成】鱼腥草、枇杷叶、麻黄、蒲公英、甘草。

【功能与主治】清热解毒，止咳平喘。主治肺热咳喘，流感，传染性喉气管炎、支气管炎等所致的咳嗽、喘气等呼吸道综合征。

⑮甘草流浸膏

【药物组成】甘草。

【功能与主治】祛痰止咳，主治咳嗽。适用于鸡、鸭、鹅等因新城疫、法氏囊病、鸡痘、鸽痘、鸭瘟、流感等病毒感染所致的肿头、肿眼、呼喘、咳嗽等呼吸道综合征；家畜因无名高热、流感所致的喘气、咳嗽等。

⑯鱼腥草注射液（咳喘速治）

【药物组成】鱼腥草。

【功能与主治】清热解毒、消肿排脓、利尿通淋。主治肺痈、痢疾、乳痈、淋浊。适用于畜禽因应激、肺炎、支原体、霉形体等引发的咳嗽、喘气等呼吸道疾病，亦适用于肾炎、水肿、胃肠炎、乳房炎、子宫炎等，临床更多用于治疗畜禽因细菌和病毒的混合感染及其继发证，如多种革兰氏阳性菌和阴性菌、流感病毒、副流感病毒、细小病毒等的混合感染及其继发证。

（2）胃肠道疾病

①七清败毒颗粒（肠毒综合清）

【药物组成】黄芩、虎杖、白头翁、苦参、板蓝根、绵马贯众、大青叶。

【功能与主治】清热解毒，燥湿止泻。主治湿热泄泻，瘟疫时症，风热感冒，咽喉肿痛，口舌生疮，疮黄肿毒。通过清除肠道毒素，清除致病病原体，清除传染性致病因子治疗肠毒综合征、大肠杆菌病和雏鸡白痢。

②止痢散（黄白先锋）

【药物组成】雄黄、藿香、滑石。

【功能与主治】清热解毒，化湿止痢。主治仔猪白痢，畜禽黄痢、白痢、腹泻、痢疾及肠炎等。适用于畜禽夏伤暑湿，脾受湿困，暑湿泄泻。如食欲不振、积滞、黄痢、白痢、腹泻等症状；大肠杆菌、巴氏杆菌、沙门氏菌、坏死性肠炎等所致的青绿粪便、过料、黄白便、腹泻等症状；对肠道型流感并发的呼吸道疾病也有较好的抑制作用。

③四黄止痢颗粒

【药物组成】黄连、黄柏、大黄、黄芩、板蓝根、甘草。

【功能与主治】清热泻火，止痢。主治湿热泻痢、大肠杆菌病、浆膜炎、伤寒、坏死性肠炎和流行性感冒。

④白龙散（鸭疫速清）

【药物组成】白头翁、龙胆、黄连。

【功能与主治】清热燥湿，凉血止痢。主治湿热泻痢、热毒血痢。

⑤白头翁散（鸭浆磺）

【药物组成】白头翁、黄连、黄柏、秦皮。

【功能与主治】清热解毒、凉血止痢。主治畜禽湿热泻痢，下痢脓血。适用于家禽大肠杆菌、沙门氏菌、变形杆菌、副嗜血杆菌、放线菌等多种细菌感染以及禽霍乱、伤寒、出败等疾病；也适用于鸭浆膜炎、大肠杆菌等阴性菌引起的心包炎、肝周炎、气囊炎、腹膜炎、脑膜炎、皮炎等浆膜面纤维性渗出等疾病。

⑥杨树花口服液（肠毒杨树花）

【功能与主治】清热解毒，化湿止痢。主治肠毒、痢疾、肠炎。

⑦鸡痢灵散（禽宝）

【药物组成】雄黄、藿香、白头翁、滑石、诃子、马齿苋、马尾连、黄柏。

【功能与主治】清热解毒，涩肠止痢。主治雏鸡白痢。

⑧郁金散（肠毒小肠清）

【药物组成】郁金、诃子、黄芩、大黄、黄连、黄柏、栀子、白芍。

【功能与主治】清热解毒，燥湿止泻。主治肠黄、湿热泻痢。

⑨穿心莲注射液（统黄素）

【功能与主治】清热解毒，抗菌消炎。主治肠炎、肺炎、仔猪白痢。适用于畜禽各种细菌、病毒感染和热毒引起的机体免疫力降低所致的疾病。

⑩雏痢净（雏诺）

【药物组成】白头翁、黄连、黄柏、马齿苋、乌梅、诃子、木香、苍术、苦参。

【功能与主治】清热解毒，涩肠止泻。主治雏鸡白痢。具有清排瘟毒，解除内郁，建立脏腑平衡等功效。可加速雏鸡消化，增强食欲，提高成活率，促进生长发育。

（3）寄生虫病

①鸡球虫散

【药物组成】青蒿、仙鹤草、何首乌、白头翁、肉桂。

【功能与主治】抗球虫，止血。主治家禽球虫病及其并发症，如坏死性肠炎、出血、肠毒综合征及白冠病等，多表现为白冠、血便、番茄酱色样粪便。

②驱虫散

【药物组成】鹤虱、使君子、槟榔、芜夷、雷丸、绵马贯众、干姜、附子、乌梅、诃子、大黄、百部、木香、榧子。

【功能与主治】驱虫，主治胃肠道寄生虫病。多用于畜禽蛔虫病、绦虫病、囊虫病、钩虫病、吸虫病、禽白冠病和白住细胞虫病等的防治。

③驱球散

【药物组成】常山、柴胡、苦参、青蒿、地榆。

【功能与主治】驱虫，止血，止痢。主治鸡、兔球虫病。本处方能直接干扰球虫细胞的生活周期，阻止球虫繁殖，杀死球虫细胞，从而达到防病治病的目的，彻底根治球虫病症。

（4）促生长

①健鸡散

【药物组成】党参、黄芪、茯苓、六神曲、麦芽、山楂、甘草、槟榔。

【功能与主治】益气健脾，消食开胃。主治食欲不振，生长迟缓。

②健猪散

【药物组成】大黄、元明粉、苦参、陈皮。

【功能与主治】消食导滞，通便。主治消化不良，粪干便秘。

③健胃散（肠胃舒）

【药物组成】山楂、麦芽、六神曲、槟榔。

【功能与主治】消食下气，开胃宽肠。主治伤食积滞，消化不良。本品具有消食开胃，促进生长发育，改善绿色粪便，改善粪便的黏稠度，改善胃肠道平衡，提高机体的免疫力等功效。

④肥猪菜（高山肠胃灵）

【药物组成】白芍、前胡、陈皮、滑石、碳酸氢钠。

【功能与主治】健脾开胃。主治消化不良，食欲减退。本品具有增强食欲，促进消化，提高机体对氨基酸等营养物质的吸收，解除免疫抑制，提高饲料转化率，育肥增重等功效。

⑤肥猪散（肥比肥）

【药物组成】绵马贯众、何首乌、麦芽、黄豆。

【功能与主治】开胃、驱虫、补养、催肥。主治食少，瘦弱，生长缓慢。本品具有提高饲料转化率，缩短饲养时间，减缓应激等功效。

# 第六章　中医理论的生态循环种养技术模式

按照中医农业理论，发展生态循环农业有利于改善生态环境，提高资源利用率，降低农业成本，提高农产品的质量效益和竞争力。它以循环经济为指导，尊重生态系统和经济系统的基本规律，以促进农业的可持续发展为目标，以资源再利用和外来品减量化使用为核心，以低能耗、低排放、高效率为基本特征，以生态产业为发展载体，以清洁生产为重要手段，实现物资、能源、资源的多层次、多级化的循环利用。有两个突出的特点：一是高效利用的循环模式。生态循环农业将生产过程中的废弃物，实现了高效循环利用。二是实现了闭合运作。生态循环农业让物资和能量流得以循环利用，进而可以实现农业零污染生产。通过实践，目前国内外已经形成了很多生态循环农业的种养模式，其中部分模式适合我国多数地区，可以结合实际选用推广。

## 第一节　稻鱼共生系统

### 一、稻鱼共生系统的原理

稻鱼共生是指将水稻和水产动物放置在同一环境中生长的生态农业模式，是稻田水产养殖（稻鱼综合种养）的最主要模式。我国陕西的汉中县、勉县，四川的峨嵋县，在距今1 700年前的东汉时期，已开始稻田养鱼。江南山区稻田养鱼也有600多年的历史。浙江青田县的稻鱼共生系统是中国第一个世界农业文化遗产，《青田县志》记载："明洪武二十四年，市有田鱼，红、黑、驳数色，于稻田及好池养之。"唐代刘峋介绍岭南农民在荒田中聚水放草鱼子，"一二年后，鱼儿长大，食草根并尽。既为熟田，又收渔利，及种稻，且无稗草方"，称其为"养民之上术"。此外，三江地区气候温和，水源条件优良，三江侗族在向西南内地（今广西、贵州、湖南一带）迁徙定居时，也带来古越人稻作和渔猎的技能。汉代司马迁在《史记·货殖列传》中写道：“楚越之地，地广人稀，饭稻羹鱼，或火耕而水耨。”这里的“饭稻羹鱼”就是对古越人生活方式的描述。侗家人传统的“饭稻羹鱼”生态农业耕作方式，也是极具特色的稻鱼文化。

稻鱼共生系统是在稻田浅水环境下，应用生态学原理和利用现代技术手段，提高水陆空间资源利用率，在水稻种植期，加入鱼类进行养殖，树立“以稻为主，以鱼为从”的观点，利用种养耦合的方式合理发挥水稻和水产动物之间的生态互惠作用，实现种植和养殖双赢的经济、社会和生态效益。水稻的枝叶可以为鱼类提供庇荫和有机食物，稻田中的轮叶黑藻、苦草、眼子菜、害虫等为鱼提供饵料；鱼在活动时可以松弛土壤，其排泄物还可作为肥料；稻鱼共生系统还能为蜗牛、蝌蚪等多种底栖动物建立稳定的生态环境，促进养分循环。水稻与鱼的互利共生增加了农田生物多样性，降低了水肥管理及病虫害防治的投入，消除了化学防治带来的农药残留问题，提高了稻田单位面积生产效益和产品质量，增加稻米的商品附加值，实现稻鱼双丰收，缓解人地矛盾，促进农民增收。

稻鱼共生系统在提高当地居民生活水平、保护生物多样性和维持农业可持续发展等方面的作用也早已得到普遍认同。基于此，2005 年 6 月，稻鱼共生系统被联合国粮食及农业组织认定为“全球重要农业文化遗产”，这也是中国乃至亚洲首个全球重要农业文化遗产。基于物种间资源互补的循环生态学机理，利用稻田养鱼内部物质良性循环，依托水稻和鱼类两大资源优势，稻鱼综合种养实现了“一水两用、一田双收”，是一种生态循环、优质高效的立体农业发展模式，符合绿色生态农业的发展趋势。

## 二、稻鱼共生系统的应用

早期受到技术的局限性，稻田养鱼无法实现稻与鱼的共增高产。2007 年“稻田生态养殖技术”被选入 2008—2010 年渔业科技入户主推技术。党的十七大以后，随着我国农村土地流转政策不断明确，农业产业化步伐加快，稻田规模经营成为可能。浙江青田属亚热带季风气候，日照充足，降水丰富，温度适宜，素有“九山半水半分田”之称，为稻田养鱼提供了天然优势，通过推广“一亩田、百斤鱼、千斤粮、万元钱”高效生态种养模式，稻鱼共生系统在青田的种养规模截至2022年已达5.54万亩，年产值2.65亿元，实现亩均增收上千元。在过去的60多年中，中国的稻-鱼共生系统稳步发展，2007年以来，各地结合实际不断探索，中国稻田养鱼进入一个新的发展时期，稻田养鱼由原来传统、规模小、养殖单一的模式逐渐发展为规模化、专业化、机械化和养殖多样化的模式，在湖南、四川、浙江、福建、江西、贵州、云南、重庆、广东和广西等省份推广，形成了适合各个稻作区的多样化的稻（水稻、莲藕、茭白等湿生作物的栽培）-渔模式（稻-鱼模式、稻-鳖模式、稻-蟹模式、稻-虾模式和稻-鳅模式等）。2010—2020年，全国稻渔综合种养面积每年稳定增长，2018年突破200万公顷，渔产品产量突破230万吨。

## 第二节　农牧结合的种养循环模式

### 一、农牧结合模式的意义

农牧结合是生态循环农业的一种重要模式，是运用物质循环再生原理，结合生物链传递，将种植业与畜禽养殖业相结合。“以地定养”，根据林地、湿地、河滩地等土地类型和地力决定畜禽养殖业的规模；“以养肥地”，畜牧业中产生的畜禽粪便通过废弃物循环利用提升土壤肥力；“种养结合”，种植业与畜禽养殖业的循环农业模式实现了种养平衡，使资源的利用达到最大化，做到少排放、少污染、高利用，使农业生产进入可持续的良性发展循环，实现安全、绿色、高资源利用效率的农业生产方式。

### 二、农牧结合种养模式的应用

桑基鱼塘是一种古老的农业生产经营模式，是早期的农牧结合模式，成熟于明代后期、清代初期的太湖—杭嘉湖地区、珠江三角洲地区。利用生物多样化和立体种植技术，通过凿池挖塘，培养桑基，基上植桑，塘里养鱼，蚕食桑叶，鱼食蚕粪，塘泥壅田、培桑，塘内余水还可用于灌溉，循环交替，数利俱获。20世纪七八十年代，联合国粮食及农业组织把桑基鱼塘作为农业循环经济的典范。1982年，国际地理学会秘书长曼斯·哈尔德，在参观珠江三角洲的桑基鱼塘以后曾说过：“基塘是一个很独特的水陆资源相互作用的人工生态系统，在世界上是很少有的，这种耕作制度可以容纳大量的劳动力，有效地保护生态环境，世界各国同类型的低洼地区也可以这样做。”1992年，联合国教科文组织称桑基鱼塘为“世间罕有美景、良性循环典范”。桑基鱼塘能提高经济收益，通过稳定平衡农业生态关系，建立良好的循环发展的生态农业模式。

随着生态循环农业的不断发展，全国各地涌现出多种种养结合模式，特别是又从桑基鱼塘发展出蔗基鱼塘、菜基鱼塘、果基鱼塘等多种基塘系统。

### （一）沼气生态种养模式

（1）山东沂源清珍源合作社主推“肉鸭—沼气群—果蔬”模式，引领社员走“畜-沼-菜”“畜-沼-果”生态循环农业道路，合作社在养殖区建设了20多个沼气池，将鸭粪就地转化，生成沼气。

（2）山东齐河美盛源家庭农场利用全自动智能高温好氧发酵设备，把鸡粪发酵制成有机肥，用于种植蔬菜、苹果，积极推广“干湿分离、粪便制肥，节水养殖、废水回用，沼气净化、沼液施肥，种养结合、设施配套”等污染防治技术，开辟了农场增收的新途径。

（3）陕西省延川县大力发展以沼气为纽带的“果-沼-畜”生态循环农业，对家畜粪污干湿分离，干粪进入沤肥池进行堆沤腐熟成有机肥，减少果园化肥施用，污水收集进入沼气池，进行厌氧发酵产生沼液，促进了种植业和畜牧业绿色协调发展，做到了种养结合、循环利用，实现了农业内部物质和能源的多层次利用和良性循环，提高了农产品质量和效益。

陕西宝鸡康源牧业有限公司推行“畜-沼-粮”农业的生态循环模式，玉米和小麦收割后的秸秆全部作为奶牛饲草，奶牛粪便处理后形成有机沼肥，被应用于农田种植，形成了有机循环农业。

### （二）养殖粪肥还田的土壤培肥技术模式

（1）山东高青科通生物科技股份有限公司以农业废弃物为饲料原料进行黄粉虫的养殖生产，集成“农村生活垃圾转化处理生物工程技术的研究与开发”“利用生活垃圾生产黄粉虫饲料的方法”“利用生活垃圾生产黄粉虫饲料的装置”“黄粉虫工厂化生产技术的示范应用”等先进技术，主推“农业废弃物的收集-分拣-微生物腐解菌剂应用-黄粉虫饲料加工-黄粉虫生产-虫粪沙有机肥-蔬菜生产”模式。

（2）山东高青蚓之行农业科技有限公司主推农业“废弃物（牛粪、

蔬菜秸秆）-堆沤发酵-蚯蚓养殖处理-有机肥-蔬菜生产”技术模式，将蔬菜秸秆回收后粉碎发酵，用于蚯蚓养殖，蚯蚓的采收、收集后，进行清洗、发酵、过滤、防腐，用于制作有机肥的原料、药用、制作蛋白饲料等；同时收集蚯蚓粪便，少部分粪便经过筛、紫外杀菌后进行出口或作为药材销售到制药厂，大部分蚯蚓粪经处理后作为有机肥使用。

（3）山东寿县将营养生长期至乳熟期间的大麦作为饲料喂养黑猪，大麦茎叶柔嫩多汁，营养丰富，易于消化，为畜禽鱼类所喜爱。该县一部分田块种植大麦，冬放牧，春刈割作青贮饲料；一部分田块种植大麦，收获籽粒作优质配方饲料，养殖寿霍高档黑猪，其肉品质好，形成了种养加一体的多种绿色种养结合模式。湖南艾香鑫荣养殖场的“猪-粪肥-艾草”种养循环模式。猪场常年用艾叶为辅料饲喂生猪，同时对猪场严格干湿分离，猪粪与尿水分类处置，粪水一部分进入半地下式沼气池，常温厌氧发酵产沼气，沼气做场区燃料，一部分作为肥料喷灌种植艾叶。

（4）陕西神木长青现代生态农牧产业示范园将园区的鸡粪、羊粪全部转化为有机肥料，用于种植玉米，玉米成熟后又能为养殖场提供足够的饲料。河北省阜城县积极开办生态循环农业模式，将一部分玉米秆发酵成饲草用来喂牛，另外一部分废弃秸秆、桃枝锯末与牛粪发酵处理成有机肥后，应用于冬桃种植园，从而形成了农业发展过程中的良性循环，提高了资源的利用率。

（5）甘肃定西市通渭县部分地区家庭肉羊养殖场实践探索出适合当地发展的“粮-中药-蚯蚓-肉羊”种养结合生态养殖循环模式，利用种植业与养殖业的互补性和兼容性，秸秆替代部分饲草，部分粪便发酵的沼液、沼渣作为有机肥，部分粪便用于饲养蚯蚓，通过养殖业与种植业的相互衔接及作用，构建良性循环农畜生态养殖系统，将高效、循环、收益进行有机统一，降低种、养两业分离导致过高的养殖成本，减少农业面源污染。

（6）湖北荆州市的虎渡河生态种养殖合作社推行“蔬菜/水果+肉禽”的种养模式，年产时令绿色蔬菜600吨，时令水果350吨。在养殖业方面，该合作社用达不到出售标准的果蔬作为有机饲料养殖生猪和土鸡，节省养殖成本，提高土鸡和猪肉的品质。再将鸡和猪的粪便发酵处理后为土壤增肥，通过节肥、节药以及改善土壤和水体等措施，提高了经济和生态效益。

（7）江苏省东海县志远养鹅专业合作社推行“干清粪+水冲粪-堆肥+氧化塘-农田利用”种养结合模式。污水全部进入粪沟，沉淀后，将液体粪污泵入氧化塘进行贮存，形成液体粪肥。鹅厂粪便和污水进行堆肥处理，作为有机肥用于种植甜高粱、黑麦草、青贮玉米和菊苣。

# 第七章　中医农业在种植业中的研究与实践

中医农业在种植业生产中，通过长期的生产实践和科研工作者的试验研究，形成了很多有价值的经验，如间作套种、土壤修复、植物营养调控、病虫害防治、农产品保鲜等。这些经验对于我们今后开展试验研究或指导农业生产实践都非常有益。

## 第一节　间作套种

自然界中的生物相生相克。蒲松龄在《农桑经》中曰："豆地宜夹麻子，麻能避虫。且日后刈豆留麻，主人自芟用之，亦小益也。"豆子单种易产生病虫害，而麻因具有避虫作用可与豆一起种植，避免豆子遭受虫害，豆科植物固氮作用能增强土壤肥力，麻也能被利用，提高经济收益。植物会散发挥发性物质，影响周边植物的生长，比如花、果、瓜之类，怕香气。《多能鄙事》卷七记载："凡花果瓜，俱忌麝香及衣香之类，宜栽蒜韭，可以避之。有触香则奄弱，急用雄黄和艾叶，于上风烧之即解。江南花园中近门处栽避麝香草则不犯。"又如《花镜》卷三记载：牡丹"性畏麝香、生漆气，旁宜树逼麝草，如无，即种大蒜、葱、韭亦可"。清代夏荃说："邑东乡富室好栽香子糯。……相传此稻植田中，邻禾感其气，为之不茂。种者辄以畸零田艺此，恐妨他禾。"《齐民要术·种榆白杨第四十六》还记载："榆树遮阴性强，其树阴下五谷不生潮"。北宋沈括的《梦溪笔谈·辨证二》记载："南唐时徐锴在砖缝中撒施桂树木屑杀灭杂草"。由此可见，利用生物之间相生相克的关系，选择间作、套作，间套作的物种种类通过各类作物的不同组合，减少了资源竞争的矛盾，提高了对土地、时间、热能等利用率。大量研究与实践也证明，合理间作套种有利于丰产增收，有利于合理利用资源，在这方面，农业科研工作者进行了广泛的研究与实践，积累了丰富的经验。

## 一、间作套种在粮食作物种植中的应用

农业可持续生产要求保护生物多样性，促进生态系统平衡，以保持较高生产力水平，同时减少对生态系统功能有害品的投入。就残存体来看，豆科比非豆科有更高的分解率。除了凋落物类型，土壤环境在秸秆分解中也起着重要作用。通过豆类间作增加田间植被多样性有助于促进种植系统的多功能性。豆科间套作，尤其是玉米/豆类间套作在低氮投入下表现出超额增产。间作增加豆科/玉米和非豆科/玉米籽粒产量。相比于单作，豆科/玉米和非豆科/玉米的产量均增加35%。相比于单作，豆科/玉米显著增加体系氮素吸收量；相比于对应单作加权，蚕豆/玉米、鹰嘴豆/玉米和大豆/玉米的氮吸收量分别增加41%、33%和13% 。非豆科/玉米的氮素吸收量比单作高28%。三年生三叶草混合种植燕麦使得可耕地杂草覆盖率较低，花朵覆盖率和传粉昆虫密度也较高，相比于燕麦单作，燕麦与三叶草套作杂草覆盖率更低，开花覆盖率和传粉者密度更高，根食性线虫密度也更低，同时燕麦传粉者密度增加可以提高套作三叶草的生物量。

玉米与豆科作物间、混、套作可有效改善作物生长小气候环境，提高系统生产力。甜玉米-木薯间套作“双龙出海”式宽窄行栽培模式能显著降低木薯朱砂叶螨和褐斑病，对病虫害具有良好的调控效果。玉米/豆类、玉米/花生间作有更高的稳产优势。草木樨喜温暖湿润的环境，耐寒性、抗盐碱较强，固氮能力较强，可以与玉米间作（玉米：草木樨＝2：1）能提高耕层土壤全氮含量和有机质。秣食豆耐阴性强，玉米和秣食豆按2：1比例间作提高了耕层土壤养分含量。晚玉米间作绿豆，降低玉米纹枯病和玉米小斑病的发病率，提高了玉米对小斑病和纹枯病的免疫力。花生和玉米间作比例为2：2、4：2、6：2、8：2时，提高了玉米的百粒重。而且随着花生行比的增大，花生单位产量增大，但增幅却随着花生行比的增大而减小。玉米间作花生还能增加花生主茎高和侧枝长，改变了花生根际土壤pH值和土壤微生物多样性，显著降低花生单株烂果数。

小麦需要充足的养分，喜欢温暖湿润的气候，常与其他作物间套作。小麦与苜蓿间套作种植，增加了土壤透气性和有机质含量，促进了小麦根系下扎，提高了产量。在小麦的不同宽窄行距中套种半夏，小麦拔节期浇透水，之后按照水地小麦常规管理方式进行管理能延长半夏的生育期，减少中耕除草、追肥等田间管理措施，有利于半夏和小麦的采收管理。“小

麦/玉米/大豆”套作体系中大豆增加了土壤有机质含量，3 种作物高矮搭配改善了田间微环境，提高了土壤湿度，增加了作物产量和收益。紫花苜蓿轮作小麦和玉米，能显著降低自毒物质含量，降低有害微生物的比例，减缓自毒作用，提高种子萌发率，有利于幼苗生长，提高后茬土壤养分利用率。

高粱喜温、耐热，是我国重要的杂粮作物，国内外开展了一系列高粱间套作探索。糯高粱与大豆、花生间作行比均为 2∶2 时，能显著提高糯高粱的光合能力，还能减少高粱炭疽病的发生。研究表明，高粱套种大豆种植行比为 2∶6 时产量最高。甜高粱–大豆–甜高粱–马齿苋–甜高粱–大豆–甜高粱间套作体系中禾本科与豆科作物的间套种提高了根系活力，促进了地下部分的生长，提高了光能利用率，保持了土壤水分，改善了土壤理化性质，促进了田间小气候环境的改善。高粱和不同作物的间作实验表明，高粱间作大豆、高粱间作白菜、高粱间作红薯（比例 2∶1）能有利于保墒，减轻土壤水分对高粱影响，间套作模式下的农艺性状指标均优于单作高粱，实现作物高效生产。

粮食作物与蔬菜等经济作物也可进行间套作。比如，小麦/菠菜–花生/西瓜–无架豆角一年五种五收间作套种模式，减少了病虫害的发生概率，充分利用土地、温度、光照等资源，提高了经济效益。烤烟间作草木樨、烤烟套作甘薯后，烤烟的总糖、还原糖、氯、糖碱比等内在品质方面均高于单作烤烟。水稻套种蔬菜（比例 3∶2），构建西瓜–晚稻–榨菜间套栽培体系，东西行向栽培，在 2 行菜之间开一条排水沟，提高了复种指数和作物生产力。

## 二、间作套种在蔬菜、棉花等经济作物种植中的应用

辣椒是喜光作物，又耐弱光，喜温，却不耐高温，常与瓜类、豆类、果菜、叶菜等间套作。辣椒与玉米间作，实行宽垄单行点播密植种植，玉米能为辣椒适度遮阳，改善了辣椒株间的透光条件，避免了日灼，有利于行间通风，提高辣椒坐果率，这种间套模式在江西等省份已经推广应用。辣椒与西瓜及豇豆间套种，4 月中旬种西瓜苗，4 月下旬将辣椒、豇豆幼苗套栽于西瓜两边，充分利用光热资源，抑制病虫害的传播，增加农田生物多样，减少化肥农药施用量，提高经济效益，减少成本投入。

辣椒与其他经济作物的高效立体栽培模式还有：在辣椒定植前，于垄

中间点种叶菜，垄背两侧定植辣椒，垄背中间间作西瓜、豇豆、哈密瓜等吊秧作物，垄的北段定植番茄，南段种植金瓜或西、甜瓜等拉蔓作物。在新疆巴州地区为提高日光温室利用率，增加蔬菜生产效益，可以实行辣椒-四季豆（苦瓜）-芹菜的间套高效栽培模式，即：辣椒 9 月下旬至 10 月上旬开始育苗，当年春节前后定植。12 月开始四季豆、苦瓜育苗，同时在立柱旁、走道边定植四季豆或苦瓜。芹菜在辣椒拔秧时育苗，7 月下旬至 8 月上旬定植，12 月至翌年 1 月上旬收获上市，取得了较好的生产效益。

李卫军报道了辣椒-甘蓝-豇豆-生菜-油麦菜一茬五熟立体间作套种高效模式，辣椒在 10 月下旬育苗，第二年的 1 月下旬至 2 月上旬定植，6 月中旬前后收获结束；甘蓝于 11 月底至 12 月上旬育苗，定植时间同辣椒，栽到辣椒垄中间，采收期与辣椒采收初期相同；生菜 12 月上旬育苗，第二年的 1 月上中旬定植于垄腰，2 月中下旬即可上市；同时，早辣椒株间和温室后立柱前种植豇豆，12 月中下旬育苗，与辣椒同期定植或直播，6 月采收结束；油麦菜 12 月上中旬育苗，1 月上中旬定植或直播到垄肩下，2 月初或 3 月上旬前后上市。

新疆吐鲁番地区积极推广温室春提早辣椒间套作西瓜（豇豆、哈密瓜）、叶菜、番茄、金瓜等一茬多收栽培模式，充分利用吐鲁番地区光热资源优势，合理利用立体空间。选择株型较小的速生类叶菜，以小白菜、油白菜为主，在辣椒定植前，在垄背中间点种 3 行叶菜，播种期为 1 月中旬左右，确保在 2 月下旬采收完。适时在垄背两边定植辣椒，西瓜、豇豆定植时间一般在 2 月中旬。温室后墙走廊一侧定植番茄，每条垄端定植 2 株，作物株高差异有利于通风透光，显著增加温室经济效益。

杏间作苜蓿（20 厘米）和杏间作苜蓿（30 厘米）中，间作杏树的根长密度比单作杏树低 16%，而在 20～40 厘米土层，间作杏树的根长密度普遍高于单作杏树。与苜蓿单作相比，所有间作处理有效地利用了土地资源；有效利用光、温度、水和其他资源；并且提高了土地当量比，增加了作物的生产性能，保证了作物产量。此外，通过根系的互补作用开发作物本身的潜力，可以提高间作模式的空间效益。间作系统中杏和苜蓿的产量低于相应的单作系统。两年间间作苜蓿（20 厘米）的产量比间作苜蓿（30 厘米）高 18.8%。间作杏（20 厘米）的产量比间作杏（30 厘米）低 2.8%。因此，建议在新疆地区采用杏-苜蓿间作（20 厘米）种植，不仅可以保持土壤水分，还可以促进畜牧业的发展，最大限度地提高总产量和生产力。

棉花/盐生植物间作体系（如棉花/碱蓬和棉花/苜蓿体系），相比于传统的覆膜滴灌的单作棉花体系，可减少盐积累并改善未覆膜区的土壤盐渍化。与单作棉花体系相比，棉花/碱蓬和棉花/苜蓿体系的土壤体积密度三年均显著降低。与单作棉花体系相比，棉花/碱蓬和棉花/苜蓿体系0~20厘米土壤层的土壤有机碳含量分别显著增加。与单作棉花体系相比，棉花/碱蓬和棉花/苜蓿体系籽棉产量、灌溉水生产率显著提高了。三年的种植试验中，棉花/碱蓬和棉花/苜蓿体系的地上总生物量比单作棉花体系高出46.7%~100.8%。

棉花喜光、喜温、耐盐碱，在小麦/棉花、大蒜/棉花、花生/棉花3种间套作种植模式中，与单作相比均体现出间作优势，提高了棉铃数和产量，初花期后，提高了干物质积累总量。

果树种植的幼园期，可以充分利用行间间作套种蔬菜等经济作物，随着树冠的扩展，以不影响果树生长为原则，逐渐减少间作宽度。不能间作高秆的作物，以免影响果树的正常生长。为了增加土壤有机质，在有条件的地区提倡果园生草，过高刈割，控制高度，以增加土壤有机质，改善果园良好生态环境。

根据实践，也有部分作物因加重病虫害、生长物候不合、光照恶化等不适宜间作套种。从长期生产实践总结出宜与不宜轮作或间作的作物种类，见表7-1。

**表7-1　蔬菜与作物轮作或间作中宜与不宜种类**

| 蔬菜种类 | 宜轮作或间作的蔬菜种类 | 不宜轮作或间作的蔬菜种类 |
|---|---|---|
| 芦笋 | 罗勒属、欧芹、番茄 | |
| 菜豆 | 胡萝卜、花椰菜、马铃薯、夏薄荷 | 洋葱类 |
| 架菜豆 | 玉米、萝卜 | 球茎甘蓝 |
| 甜菜 | 矮菜豆、球茎甘蓝、芥菜、洋葱、架菜豆 | |
| 花椰菜 | 香料植物（莳萝、芹菜、鼠尾草、艾菊）、甜菜、洋葱、马铃薯 | 架菜豆、草莓、番茄 |
| 甘蓝 | 矮菜豆、芹菜、莳萝、牛膝草、薄荷、洋葱、马铃薯、麝香草 | 架菜豆、草莓、番茄 |

（续表）

| 蔬菜种类 | 宜轮作或间作的蔬菜种类 | 不宜轮作或间作的蔬菜种类 |
|---|---|---|
| 香菜 | 豌豆 | 茴香 |
| 胡萝卜 | 细香葱、叶用莴苣、韭菜、洋葱、艾菊鼠尾草、番茄 | 莳萝 |
| 黄瓜 | 菜豆、豌豆、萝卜、向日葵 | 芳香植物、马铃薯 |
| 莴苣 | 胡萝卜、芹菜、黄瓜、洋葱、萝卜、草莓 | |
| 洋葱 | 甜菜、甘蓝、草莓、莴苣、番茄、韭菜 | 菜豆、豌豆 |
| 豌豆 | 菜豆、胡萝卜、玉米、黄瓜、马铃薯、萝卜、芜菁 | 大蒜、洋葱、大葱 |
| 马铃薯 | 菜豆、甘蓝、玉米、辣根、豌豆 | 黄瓜、南瓜 |
| 萝卜 | 矮菜豆、球茎甘蓝、架菜豆 | 牛膝草 |
| 番茄 | 罗勒属、胡萝卜、细香葱、洋葱、欧芹 | 玉米、马铃薯 |
| 玉米 | 菜豆、黄瓜、豌豆、马铃薯、南瓜、西葫芦、向日葵 | 番茄 |
| 芹菜 | 矮菜豆、甘蓝、花椰菜、韭菜、莴苣、番茄 | |

## 三、间作套种在中药材种植中的应用

魔芋喜湿怕旱、忌积水，玉米喜温暖阳光充足的环境。魔芋常与玉米等高秆作物间作，玉米在地上部分为魔芋提供阴凉的环境，有利于魔芋生长，地下部分通过根系分泌物调控土壤理化性质，减少魔芋病害发生程度，提高叶绿素和葡苷聚糖含量，增加魔芋的产量。但是，并非所有间作模式都具有间作产量优势，研究表明，玉米/马铃薯、玉米/油菜、大豆/油菜和大豆/马铃薯 4 种间作模式具有间作产量优势，经济效益高于相应单作，以玉米：魔芋＝2：4 的间作模式，种植密度为 15. 36 万株/公顷最好。

当归/大蒜、当归/油菜、当归/燕麦、当归/蚕豆、当归/小麦种植模式下，当归麻口病发病率分别比当归单作降低 46. 05%、43. 31%、25. 24%、2. 34%和 12. 82%，当归/大蒜能促进当归生长发育，提高当归产量和品质，降低病虫害发病率，增加土壤微生物多样性，缓解当归的连作障碍。白芍生长周期长达 4～5 年，可与多种作物间套作。白芍间作花生的栽培模式为设置株行距 50 厘米×40 厘米，起垄种植白芍，垄高 10 厘米，垄上种植 2 行白芍，每个垄斜面种植 1 行花生，两种作物生长季基本同步，利于田间管理，花生根系既能固氮又能疏松土壤，两种植物根系深浅不同、高矮搭配，可以充分利用地上、地下的空间和资源，创造出互惠生长的有利环境，减少成本投入和种植风险，提高了农户的收益。

多花黄精喜阴耐寒，在我国分布较广，可以进行林下套种。在林下挖3条间距15厘米、深度10厘米的种植沟。选择3年生以上多花黄精种苗，将种苗的块根横向栽植，苗株距10厘米。在林下的光线较暗，适合黄精生长，但不适宜杂草生长的小环境，从而实现抑制杂草生长的目的。白及喜温暖、湿润、阴凉的气候，稍耐寒，不耐积水，苗期忌强光直射，种植2年后需较充足阳光。可以选用厚朴林、马尾松、毛竹林或阔叶乔木下种植。在林下清理枯枝和石块后，开排水沟，整地做畦后，将白及苗移栽林下。还可以白及间套作玉米、大豆、四季豆、番茄、茄子、地瓜等作物，充分利用空间，是一种较经济科学的生态种植模式。

何首乌喜阳、耐半阴、喜湿、畏涝，穿心莲喜高温、湿润、阳光充足的环境。按照畦间距为0.5米，1畦2行，株行距为0.15米×0.50米进行整地，何首乌起高畦种植，穿心莲按照株行距0.15米×0.10米栽种于两畦之间，进行何首乌与穿心莲间作，间作后减少了有害微生物种群的相对丰度，改善了土壤物理化学性质，提高了土壤有机质含量。厚朴喜温和湿润气候，怕炎热，能耐寒。幼苗怕强光，成年树宜向阳。可以实行厚朴+竹节参、厚朴+黄连、厚朴+紫萁、厚朴+玄参/春马铃薯→烟草的种植模式，如果仅考虑厚朴皮产量，厚朴+紫萁为最佳种植模式，厚朴+玄参/春马铃薯→烟草为次优模式。

黄柏为芸香科多年生落叶乔木植物，喜阳光、温暖、不耐荫蔽，对气候适应性较强，可以根据植物对光、水的差异性进行林下间套种草本药用植物，比如将黄柏幼苗移栽到平整好的药林地中（种植间隔为2米×2米），黄柏幼苗喜阳光充足的环境，可以在种植前3年的林下根据黄柏幼苗的生长高矮及生根状态，将林下土地精耕细作，种植玉米等农作物。黄柏幼苗移栽4年后，黄柏的树冠增加，可在林下按照株行距为30厘米×40厘米种植耐阴的草本药用植物。栀子喜温暖湿润、阳光充足的环境，耐寒性较差，也可以与多种植物间作。在栀子/薄荷间作前期可以明显抑制田间杂草的数量和种类。栀子/大豆间作后期，随着大豆生长量和生长势的增加，栀子/大豆的模式对杂草的防控效果更好，可能是较优的间作模式。苦参对土壤要求不严格，喜肥、喜温暖、耐高温，可以进行玉米/苦参、冬小麦-谷子/苦参、胡麻/苦参等套作模式，其中玉米/苦参套作类型中苦参产量最高，小麦-谷子/苦参间套作类型的经济产量最高，可以创造较高的生态效益。七叶一枝花是百合科重楼属植物，喜温暖、湿润，适合生长在半阴环境，在溪涧边阔叶林下阴湿地常有分布，可以与核桃树、板栗树、锥栗树、华山松、黄柏、油茶、滇桂木莲树、桤木、石榴树、杉木林、松木林、竹林和厚朴等林下套种七叶一枝花，提高林下土地利用率。

半夏喜荫蔽环境，属于浅根系植物，半夏可以与玉米、大豆、决明子间作。玉米、大豆的地上部分为其提供阴凉环境，地下部分的根系分布深浅不同，亦能产生互补效应。大豆、决明子的固氮优势，可以减少氮肥的投入，节约成本。半夏间作决明子模式生产的优质商品药材产量最高，且种植成本低，说明半夏间作豆科是半夏大田生产中较优的间作模式。

羌活喜冷凉环境，有耐寒的特性，适宜于寒冷湿润气候。怕强光照射，喜肥沃土壤。对土地进行翻耕后，按照羌活/蚕豆（比例1：1）进行种植，间作后提高了根际土壤含水量，影响土壤微生物群落结构、土壤pH值、全钾、速效钾及速效磷等含量，降低了全氮和速效氮的含量，调控了羌活次生代谢产物的形成途径，提高其活性成分，进而提高了羌活药材的品质和药材产量，取得了经济和生态效益的双重提高。

丹参喜温暖、湿润、阳光充足的环境。决明×丹参、玉米×丹参2种复合种植处理后，显著提高丹参的生长量，紫苏×丹参复合种植模式中丹参单株根干重显著增高，辣椒×丹参复合种植模式中，提高了丹参的药材品质，综合考虑药材产量、品质、经济、生态效益等，茄科的辣椒是与丹参构建复合种植群体的最佳搭配物种。

## 第二节　土壤修复及土壤与植物营养平衡调控

### 一、道法自然的土壤修复技术

目前土壤修复技术主要通过添加螯合剂、植物生长调节剂、酸碱调节剂、表面活性剂、环糊精等强化剂及电动强化等提高植物对复合污染土壤的修复效果。中医农业倡导以自然的方式去修复自然，以土壤的方式去修复土壤，通过提升土壤肥力水平，改良土壤物理、化学及生物性质，利用土壤中矿物质-有机质-微生物三者的紧密共生关系，构建“道法自然”

的土壤修复改良技术模式。

### （一）对土壤中重金属的修复

1. 利用植物的富集效应

植物种植在土壤修复的多方面均取得显著成果。一方面植物种植可以改变土壤中养分含量的变化，影响土壤酶活性，充分利用植物与土壤、微生物的关系，改变土壤的微环境。另一方面，植物自身对土壤中重金属、油污等污染因子具有吸收、清除作用。

高丹草、玉米、黑麦草三种植物对多环芳香烃（PAHs）、铜（Cu）、镉（Cd）单一及复合污染均具有较大的修复潜力，其中黑麦草对铜镉的富积能力、污染土壤的耐性及 PAHs 的降解能力均强于玉米和高丹草，对污染土壤的修复潜力更大。簸箕柳可以富集 Cd，在低 Cd 处理下，簸箕柳根系 Cd 转移系数大于 1，而在高 Cd 浓度处理下，转移系数显著降低。黑麦草、香根草和上海青可作为电子废弃物拆解场地土壤植被恢复的先锋植物。

将适应性较强的黑麦草和巨菌草与鱼粪和具有较强重金属固定效果的赤泥联合使用，鱼粪富含氮、磷、钾和碳等营养元素的水产养殖废弃物，赤泥富含铁铝及碱性物质的工业废弃物，都可作为汞铊矿废弃物的改良剂，在此基础上联合大型暖季草本植物巨菌草和冷季型适生植物黑麦草进行生态修复后，可明显控制汞铊矿废弃物的污染释放、有效改善汞铊矿废弃物的养分特性及堆场生境条件。因此，改良剂与植物耦合修复可综合实现汞铊矿废弃物污染释放的原位生态控制、生境改良和生物植被的明显改善。

龙葵和伴矿景天作为修复植物，选用秸秆生物炭、海泡石按 1：1、2：1、1：2 的质量比复配，将生物炭和复配钝化剂分别以 1%和 3%的添加量进行 45 天和 90 天的钝化培养试验，研究发现钝化剂联合植物可以有效修复简易垃圾填埋场土壤重金属污染，降低土壤重金属总量和有效态含量，增加土壤重金属稳定性。针对该研究，简易垃圾填埋场重金属污染土壤，建议种植龙葵后施加 3%生物炭或生物炭 2：1 海泡石进行镉（Cd）污染修复，固定率最高达 62.68%；种植伴矿景天后施加 3%生物炭或生物炭2：1海泡石进行锌（Zn）污染修复，固定率最高达 68.00%。

高羊茅-蚯蚓联合可以修复 Cd 污染土壤，蚯蚓-高羊茅的联合处理能够促进蚯蚓对 Cd 的富集，添加不同食源（咖啡渣、松针粉、生菜叶渣、鸡蛋壳粉）能影响蚯蚓的生长情况，至盆栽试验结束时，蚯蚓体内 Cd 的富集量在 34.25~62.14 毫克/千克范围内，最大值是蚯蚓-高羊茅-蚯蚓处理取得的；蚯蚓的生物富集因子（BAF）值在 3.41~7.16，最大值也是蚯蚓-高羊茅-蚯蚓处理取得的，食源的添加能够刺激蚯蚓的活动，蚯蚓与高羊茅的联合处理能够提高对于土壤重金属 Cd 污染的修复效果，且具有一定的现实可行性。

2. 添加可降解重金属的微生物

微生物常用于降解重金属。可以从实际污染基质中筛选 PAHs 降解菌，单独使用植物或者微生物降解重金属等污染物的效果较低，需要施加一些强化手段。比如，通过吸附，将多环芳烃（PAHs）降解菌、根系分泌物和生物炭载体固定结合，制备 PAHs 污染修复剂，以不同比例添加污染土壤中。在前人的研究中表现最优的土壤修复剂制备方法为：菌群 B 活化，收集菌体，重悬于优化配方的根系分泌物溶液中，以 1∶10 固液比（w/v）投加玉米芯生物炭，吸附固定 16 小时后过滤得到。该修复剂在投加比例为 5%条件下，修复 20 天时，对山东济南农田土（初始污染水平为 64.3 毫克/千克）和浙江永康水稻土（初始污染水平为 89.9 毫克/千克）总 PAHs 去除率分别达到 76.5%和 51.4%，说明所制备的 PAHs 土壤修复剂具有应用可行性。此外，也有研究表明，将鼠李糖脂、木质素、根际促生菌用于修复土壤，对于去除 PAHs 和双对氯苯基三氧乙烷（DDTs）污染也有很好效果。

伯克霍尔德（Burk holderia）是从毛竹林地筛选出的微生物菌剂，制成溶磷菌肥后，通过土壤熟化、改善土壤肥力，结合构树的富集作用，可有效改良铜污染土壤，优化植物生长环境，促进铜污染土壤下构树生长及生物量积累，可有效解决植物修复中植株矮小、生长缓慢、生物量低的问题；同时可提升铜污染土壤中铜生物可利用性，增加构树对铜的积累，从而促进构树整体富集能力，提高其修复效率。因此，溶磷菌肥联合构树对铜污染土壤有较好的修复效果，可为后续铜污染土壤的改良及修复提供一定的理论参考。

光驱动赤铁矿-微生物能协同强化修复有机污染土壤。将新型有机污染土壤修复系统分别构建太阳能电池（SC）耦合的新型光驱动土壤微生物燃料电池（SC-SMFC）系统和天然赤铁矿（Nh）掺杂土壤基质的 Nh-SMFC 系统。赤铁矿掺杂 SMFC 系统一方面能提高土壤的孔隙度，增加土壤电导率，另一方面能作为土壤微生物胞外电子受体，弥补土壤中电子受体不足的缺陷，有利于生物膜形成和胞外电子转移，提高系统的电化学性能和苯酚的降解效率。

微生物与生物炭联合使用，玉米芯生物炭可负载枯草芽孢菌对农田土壤中的重金属镉进行钝化修复。通过室内土壤培养试验，发现枯草芽孢菌钝化剂中玉米芯生物炭可以作为一种安全的栖息地，为细菌提供必需的营养元素进而增强枯草芽孢杆菌的固定化效果。将枯草芽孢杆菌和玉米芯生物炭结合施用可以克服枯草芽孢菌单独施用钝化效果差和枯草芽孢杆菌生命周期短的缺点，进一步控制镉的迁移，达到协同增效的目的。

3. 生物炭修复重金属

生物炭对铅（Pb）、镉（Cd）具有一定吸附作用。以农业废弃物玉米芯为原料，采用水热碳化法通过硫酸进行原位改性制备酸改性玉米芯生物炭材料，施用生物炭可以促进土壤中 Pb、Cd 由高活性形态向着低活性形态转化，在水稻系统移栽后 120 天，弱酸提取态 Pb、Cd 分别下降 1.73%~3.36%、3.78%~7.50%，均显著低于对照（$P<0.05$）；残渣态 Pb、Cd 分别上升 2.60%~4.66%、0.79%~3.35%；高活性形态 Pb、Cd 的降低程度随着生物炭施用量增加以及水稻生长时间的延长而增大，从而使固体废物毒性浸出实验（TCLP）提取态重金属 Pb、Cd 的含量降低 8.93%~31.70%、9.14%~27.43%。因此，施用生物炭降低 Pb、Cd 在土壤中的生物有效性和毒性，抑制了水稻对 Pb、Cd 的吸收和累积，促进水稻生长，提高水稻产量和稻米品质。施用生物炭有利于降低农田污染土壤 Pb 和 Cd 的生态风险。

4. 深翻耕修复重金属污染土壤

深翻耕一般是指相对于常规耕作层（0~20 厘米）的浅层翻耕，利用农业机械对土壤耕层进行 20~40 厘米甚至更深层的深度翻耕。通过深翻耕，可以打破表土板结层，防止耕种层浅化，让根系充分伸展，改善土壤孔隙度等物理性状，增加土壤通透性，减弱土壤水分蒸发；还能让上下层土壤充分混合，平衡土壤养分。从重金属治理角度，可以通过稀释作用有效降低表土重金属浓度。此外，深翻耕还可掩埋有机肥料、清除残茬杂草、消灭寄生在土壤中或残茬上的病虫害。

5. 选用耐重金属作物品种

尽管重金属对植物有伤害作用，但有一些植物可以在重金属污染的土壤中正常生长，农业种植中可以选用重金属低积累的品种（表7-2）。

**表7-2　重金属低积累农作物品种**

| 农作物名称 | 重金属低积累农作物品种 |
|---|---|
| 水稻 | 金优402、两优527、武育粳7号、籼优63等 |
| 小麦 | 良星66、济麦22、鲁元502、云麦34、托克逊1号 |
| 玉米 | 西玉3号、中农大451号、高优1号、川单428、东单60、红单6号 |
| 油菜 | 华油杂62、中双10号、中油821 |
| 花生 | 鲁花8号、鲁花9号、奇山208 |
| 大白菜 | 丰源新3号、金丰100（D3） |
| 番茄 | 黄金一点红、新402、红柿王F1、中杂105 |

### （二）土壤理化性质修复调理

“低温水热蒸养工艺技术”是基于中医农业理论指导，将地质学、矿物学、岩石学、地球化学与土壤学、土壤生态学、植物营养学、植物栽培学等学科相结合，模拟自然界岩石风化成土壤的地球化学过程，基于此理论发明的新型土壤调理剂，能将富钾硅酸盐岩石中的矿物质元素（钾、硅、钙、镁、铁、磷、硼、锰、锌等）整体活化为能被植物吸收的有效营养（枸溶性养分），从而将岩石转变为富含多种营养元素的矿物肥料，来修复改良土壤、还原土壤的原生态。同时，该技术产品不仅在营养成分上类似于天然风化土壤，而且在物理结构特性上也类似于土壤，具有特殊的微孔结构和纳米-亚微米颗粒结构。因此，该类产品不仅能向土壤补充数十种矿物质营养元素，而且能够改良土壤团粒结构、调理土壤生态环境。

长春锦汇生物科技有限公司生产的植物源土壤调理剂，能够改善玉米的生育性状并提高产量。施用3 000克/亩浓度的植物源土壤调理剂可以显著提高穗粒数、株高，对产量提升有积极的作用。

该公司生产的植物源土壤调理剂“绿护宝”，可以改良土壤，用于土壤板结、土壤酸化、灰霉病白粉病等土传病害与根结线虫的防治，从而保证土壤健康，预防连作障碍等。

## 二、生物与土壤平衡调控——有机肥料

化学肥料对环境破坏性强，还会破坏有益微生物菌丝体。植物源有机

肥是指利用植物秸秆、根茎、果实或加工后的下脚料，经发酵、腐熟或活化后制成的有机肥料。有机肥可以让土壤恢复活性，保护蚯蚓等有益生物，让土壤微生物种群迅速恢复，并促使作物根系健康，可以促进作物吸收土壤中的营养物质和水分。有机肥还能够促进植株抗逆性和抗病虫害的能力，减少农药的使用，能显著减少农业生产成本，真正达到节本增效，提质增产。

市面上常见的植物源有机肥包括腐殖酸、秸秆类、粕类、菌糠、动物粪便等。“益植生”植物源微生物肥料秉持“万物生长、道法自然”的理念，采用五谷酿酒产生的优质有机质——酒糟为主要原料，从自然土壤中筛选培养有益微生物，遵循土壤生态法则，制造植物源微生物肥料，用于维护土壤健康，改良与平衡土壤团粒结构，有效补充土壤养分，抑制土传病害的传播，促进作物生长，还原农产品本味。

可以利用中草药开发中草药抑菌有机肥。截至目前，中草药抗菌研究大多集中在单味中草药，主要应用在农业生产中粮食、水果以及蔬菜产业。中草药抑菌有机肥研究主要有 2 种形式，一是将未经溶剂提取的中草药与其他有机和无机物质进行发酵腐熟而成的有机肥；另一种是将经提取有效成分后的中草药药渣进行发酵腐熟而成的有机肥。中草药是极具开发潜力的生物资源，在农业生产中具有广泛的应用价值。

将植物源有机肥施用于黄金梨、杜梨和黄豆、绿豆、白三叶、紫花苜蓿、沙打旺等不同植物，结果发现土壤干湿交替灌溉处理条件下，施入植物源有机肥显著提高了梨幼树根际土壤含水量及土壤水分利用效率，降低了土壤失水率，使土壤含水量延迟达到萎蔫系数；同时，植物源有机肥显著提高了梨幼树根际土壤有效氮、磷、钾和有机质含量，和一般农家肥相比，植物源有机肥能够较快地供给幼树养分，有效地平衡土壤养分关系。植物源有机肥显著提高了梨幼树叶片的氮、磷、钾含量；促进了梨幼树生长，提高了植株高度、植株粗度、叶面积及单位叶面积上的干物质积累；不同程度地提高了植株叶片的净光合速率，改善了植株叶片的蒸腾速率。而且，以黄豆为材料的植物源有机肥对沙质土壤保水，提高株高及叶片净光合速率的效果最佳；以沙打旺为材料的植物源有机肥对沙质土壤的养分平衡、提高叶面积及单位叶面积干物质质量的效果最佳；以白三叶和紫花苜蓿为材料的植物源有机肥对沙质土壤养分含量及树体养分含量的提高综合效果最佳。

“绿缘”植物源有机肥是一种具备农作物生长所需的营养元素，富含有益活性菌的纯植物源有机肥料，采用优质植物原料复合发酵而成。在化肥减量20%的基础上，每亩增施绿缘植物源有机肥80千克提高了水稻的穗长、成穗率、每穗总粒数、千粒重，获得了良好的经济效益和生态效益；仅施用绿缘植物源有机肥的处理，虽然生产成本较高，但水稻产量和稻谷售价均较高，最终也可获得较高的经济收益。因此，施用绿缘植物源有机肥不仅能有效保护生态环境，提高土壤质量，还能起到一定的增产、增收作用。

果实发酵液也可作为植物肥料，能促进植物生长发育、改善果实品质和土壤性质、提高作物产量，对病原菌也有一定的抗性作用。由于果树本体（花、果实等）或其他植物幼嫩组织经提取、发酵制得的植物源营养液具有制作工艺简单、易操作、成本低等优点，因而在有机果品的生产上被广泛应用。从资源角度讲，果实发酵液作为植物肥料是对残次落果废弃资源的再利用；从病虫害的角度来看，果园中的残次烂果和生理落果若不及时处理，不仅提供病菌的藏身之地，而且会对环境造成严重污染。

菌肽素有机肥富含氨基酸、蛋白质、磷、钾和各种微量元素，施用后可以显著提高土壤有机质含量，改善土壤结构，较仅施用化肥提高桃园土壤水稳性大团聚体含量36.2%~47.7%，增幅高于施用商品有机肥。其增产效果略好于施用普通商品有机肥，但增产效果差异不显著。

羊粪和鸡粪按1：1拌匀，经高温堆沤腐熟后制成有机肥，在10月中旬杨梅种植中施混合有机肥35千克/株、翌年3月施配方肥（$N+P_2O_5+K_2O$含量≥39%，N含量为11%、$P_2O_5$含量为3%、$K_2O$含量为25%、有机质含量≥15%）3千克/株、翌年5月中旬叶面喷施磷酸二氢钾0.3千克/株的配方施肥方法，可显著增加山地湖塘杨梅产量、改善果实品味、提高经济效益。

利用植物源实物及提取物与有机无机营养成分合理组配研制成的植物源药肥，与常规施肥用药相比，施用植物源药肥降低花生植株高度，显著增加花生茎粗、侧枝长度和果针数量，增强花生抗倒伏能力，增产9.4%~11.5%，产量差异达到显著水平（$P<0.01$），害虫防治效果相当，不同程度地增加土壤细菌、真菌及放线菌数量，使用该肥料对土壤生态环境具有更高的安全性。而且，施用植物源药肥能够维持马铃薯叶片叶绿素水平，改善薯块品质，增产9.1%~11.2%，产量差异达到显著水平（*P*<

0.01)，害虫防治效果相当，不同程度地改善土壤理化性状。

## 三、植物营养调控——中草药叶面肥

作物吸收营养元素主要有两种途径，一种是根部吸收，另一种是叶片吸收。根部吸收是把肥料施入土壤中，溶解后由毛细根或根尖吸收利用，传导到作物的根、茎、叶、花、果中。叶面吸收是通过向叶片喷施水溶性肥料溶液，由叶部吸收直接进入体内，参与作物的新陈代谢与有机物的合成过程，两者相辅相成，缺一不可。

对于地膜覆盖的作物，未铺设滴灌带的地块，在底肥施用量不足的情况下，采用土壤追肥难以进行，这时就需要选用叶面喷肥，以补充养分的需要。而一些深根系作物对某些营养元素吸收量比较少，如果采用传统的施肥方法难以施到根系吸收部位，也不能充分发挥其肥效，而叶面喷施则可取得较好的效果。叶面喷肥具有用量少，见效快的特点，又能减轻土壤和水源的污染，是一举多得的有效施肥技术。

"禾正"中药肥是陕西中德禾正生物科技有限公司研发的中药肥系列产品，包括中药叶面肥、中药冲施滴灌肥、中药菌肥等。其中中药叶面肥是精选50多味中药材（茵陈蒿、丹参、百步、大黄、金银花、黄芪、黄柏、黄芩苷、三尖杉等），根据中医君臣佐使，复方配伍的原理，按不同药理药性分组分别螯合后，添加多种营养物质螯合而成。该叶面肥不仅可以补充植物生长所需的营养成分和活性物质，而且可以为植物提供全程保健和病虫害有效防治，可以减少化学农药、化肥的使用，降低农残，改善土质、水质和生态环境，已经在草莓、水稻、小麦、玉米、蔬菜、果树、茶等农作物生产中应用，取得了良好效果。中药叶面肥能防病治病、抑制虫害，且无农药残留，保障了食品健康。

乙峰"99植宝"系列产品，是根据中医扶正祛邪理念和现代生物技术相结合研发并获得国家多项发明专利的科技新产品。产品以多种中药材有机活性物质为原料与中微量元素结合、螯合、复配的新工艺精制而成，具有"修复改良土壤、促种植业增产、提高产品质量、防抗治病虫害、替代化肥农药"等功效。乙峰"99植宝"此前在多地，如在四川雅安一家茶企业做对比试验取得了显著的效果：茶叶不仅长势明显好于邻近茶园，且品质优良、春茶抽芽期较往年提前一周、增产30%以上；农残与重金属双降，土壤不再板结、贫瘠，肥力提升，防治病虫害能力增强。

氨基酸类叶面肥属于植物源全水溶叶面肥，可以按照 0.2~0.5 千克/亩的量喷施，在 10:00 前或 16:00 后喷雾效果为佳，能螯合土壤营养元素、改善作物的光合性能，促进光合产物的转移、运输，改善作物品质，提高其商品性能。刺激根系生长，使作物稳长、壮长，肥料利用高。能改善作物根际的微域环境，抑制土传病害的发生，抗作物重茬效果明显。与无机肥配施，能增加养分的协同效应，作物增产效果明显。

以多种植物组织和种子为发酵原料，并且螯合钙、镁、锰、锌、硼、钼制成的“醉美人”天然植物源氨基酸叶面肥，建议果实类作物在开花前、幼果期、果实膨大期各使用一次，整个生育期共使用 2~3 次即可取得理想效果。叶菜类作物在两片真叶以后，连续使用两次，每次间隔 10 天。可以改善果实着色、提高果实甜度、使果面光滑有光泽，促进作物提早开花、多开花、多坐果，强抗逆、促进生长、叶片肥大、植株健壮，促进农产品提前上市。

将孔雀草、薄荷、神香草、香矢车菊、紫苏等植物发酵，并用发酵液配比混合的发酵营养液，其中含有大量的矿质元素、生长素、细胞分裂素、脱落酸以及较特殊的激素比例。神香草营养液叶面喷施能显著促进树体的营养生长。神香草营养液及薄荷营养液提高叶片矿质养分含量。薄荷营养液能较好的改善果实品质。孔雀草营养液和薄荷营养液能有效抑制提高梨树黑星病、轮纹病、腐烂病害的发生。

以牛蒡提取液为溶剂、牛蒡寡糖或壳寡糖为主成分研制的植物源叶面肥，使得章丘大葱的产量比习惯施肥增加 7.88%~10.47%；硝酸盐含量降低 9.47%~10.96%；维生素 C 含量增加 13.23%；氮、磷、钾肥利用率分别提高 2.31%~7.11%、2.09%、9.24%。叶面肥还可以使西瓜产量、维生素 C、还原糖含量分别比习惯施肥处理高 18.44%、50.19%、11.89%，硝酸盐含量降低 18.91%。寡糖类物质既可作为糖蛋白和糖脂的组成部分，起着关键的信号识别和功能决定作用；还可作为植物的信号传导分子，调控着植物的生长、发育等多种生命活动的进行及某些游离的寡糖还具有诱导植物系统抗性产生，提高植物抗逆性的作用。此外牛蒡粗提液中含有很多的营养成分，如绿原酸、维生素、矿物质等，其中的某些成分可以被植物直接吸收利用，进而促进植物对各种养分的吸收，而另外一些成分具有抗菌、抗氧化，延缓作物衰老，增加产量的作用。

# 第三节　病虫害防治

## 一、抑菌剂和抗病毒剂

植物抗菌剂和抗病毒剂属于植物源农药，资源丰富，不会引起作物病害的抗药性和破坏土壤生物系统，还能提供促进作物生长的营养等物质，克服生产中存在的农药残留和病菌抗药性等问题。

### （一）植物源（中草药）抑菌剂

采用纯天然植物原料制成的抑菌剂，作用于植物体外直接抑菌，兼具内吸抗性诱导，有效成分可在作物体内传输，能够作用于作物的不同部位，对细菌性病害具有一定的治疗作用。经萃取、炒制等纯物理方法进行加工，全程不添加任何化学原料，可完全替代传统的用药方式，满足有机农业生产。用中药复方抑菌剂对连作2年的太子参田间病害的防治进行探究，发现抑菌剂1号处理病害比对照降低82.2%，防效为93.0%，产量提高43%，总多糖提高51%。通过1号抑菌剂与1号抗病毒剂联用对病毒病防效可达99.4%，与化学药剂联用后对病毒病防效可达99.5%。2个处理产量均比对照提高1倍；1号抑菌剂与1号抗病毒剂联用，总多糖含量提高15%，环肽B含量提高12%；单用1号抑菌剂，环肽B提高也为12%。因此，中药复方抑菌剂1号对病毒病防治和产量、质量提高具有显著效果。

植物源药剂奇农素（螯合态化学增效剂）与噻菌铜联合施用可以防治烟草青枯病。采用同样联合施用的方法，以青蒿、艾草组配成复合植物源药剂，将复合植物源药剂作为免疫增效剂，与氟吗啉·三乙膦铝组成复合联合保健药剂，可以防治烟草黑胫病。将植物源药剂与噻菌铜联合施用，单一防治青枯病时，相对防效为83.1%，产量比对照提高12.72%，产值增加16.93%。使用植物源药剂，结合防治细菌性病害的噻菌铜等化学药剂，在单一防治烤烟青枯病时，能提高噻菌铜防效，植物源药剂对于噻菌铜有协同增效效应。由于大田土壤情况复杂，病害多为混合发生。应考虑强化植物源药剂对烟株的免疫、促生作用，将黑胫病、青枯病等病害在大田进行统一防治，以预防为主。

柴胡、鬼针草、黄精、马齿苋等19种中草药提取物对苹果褐腐病菌菌丝生长有抑制作用，其中，在中草药提取物浓度为 0. 1 毫克/毫升的条件下，马兜铃提取物对苹果褐腐病菌菌丝生长的抑制效果最好，抑制率高达 49. 64%。其次是鸦胆子、射干和葛根，抑制率均在 20%以上。其余中草药提取物对苹果褐腐病菌均未表现出明显的抑制作用，其抑制率均在 20%以下。其中，马兜铃的最佳提取条件：提取溶剂为浓度为 50%乙醇、料液比为 1∶5，提取温度为 30℃，每次提取时间为 4 小时。

黄连、黄柏、金银花、马齿苋的水提、醇提液对三七根腐病原菌中尖孢镰刀菌和腐皮镰孢菌有较好的抑菌效果，还可以将中药和沼液进行联合抑菌，中药与沼液组合质量比例为 1∶20 时对两株病原菌抑菌效果最佳。通过单味中药水提液和醇提液的方法分别得到，对尖孢镰刀菌抑制效果由强到弱依次为：黄连醇提液>金银花水提液>马齿苋水提液>黄连水提液>马齿苋醇提液>黄柏水提液>黄柏醇提液>金银花醇提液，对腐皮镰刀菌的抑制效果由强到弱为：黄连醇提液>马齿苋醇提液>马齿苋水提液>金银花醇提液>黄连水提液>金银花水提液>黄柏水提液>黄柏醇提液。通过水提液复配的方法得出黄柏+金银花对尖孢镰刀菌和腐皮镰孢菌的抑菌效果、毒力效果最佳，最大抑菌率分别为 75. 82%、81. 88%，半数有效浓度（$EC_{50}$）分别为 $3.00\times10^{-4}$ 毫克/毫升、$1.00\times10^{-17}$ 毫克/毫升，MIC 均为 $2.00\times10^{-3}$ 毫克/毫升；通过醇提液复配的方法得出对两株病原菌最大抑菌率不到 65%，且随着浓度的降低，抑菌率下降较快。通过单味中药与沼液联合的方法，对尖孢镰刀菌抑制效果由强到弱为：金银花醇提液+沼液>黄连醇提液+沼液>黄连水提液+沼液>金银花水提液+沼液>马齿苋水提液+沼液>黄柏水提液+沼液>黄柏醇提液+沼液>马齿苋醇提液+沼液，对腐皮镰刀菌抑制效果由强到弱为：金银花醇提液+沼液>黄连水提液+沼液>金银花水提液+沼液>黄柏水提液+沼液>黄柏醇提液+沼液>黄连醇提液+沼液>马齿苋水提液+沼液>马齿苋醇提液+沼液。通过中药复配液与沼液联合对两株病原菌抑制效果普遍优于中药复配液。醇提液与沼液联合对尖孢镰刀菌菌丝生长抑制效果最好、毒力效果更强，且随着浓度的降低抑菌效果稳定；水提液与沼液联合对腐皮镰孢菌的毒力效果普遍强于醇提液与沼液联合。

番茄晚疫病受气象条件影响，适宜的气象条件有利于晚疫病菌丝和孢子囊传播，一旦出现合适的气象条件该菌会迅速流行，并且其发病率与日照、温度、湿度、降水次数与降水量有较大关系。在抗番茄晚疫病的植物源研究中发现虎杖对番茄晚疫病的发展能起到95%的抑制效果，鸡血藤对番茄晚疫病能达到80%的控制效果。本泌和香草根对晚疫病菌孢子萌发起到23%和35%的抑制效果，对减少番茄晚疫病的发展起到86%和77%的效果。

在防治蔬菜病害方面，从大蒜中提取的大蒜素对黄瓜枯萎病、黄瓜赤星病、白菜黑斑病、辣椒疫霉病、番茄灰霉病、番茄早疫病等都有很好的防治效果。在防治果树病害方面，研究结果表明，含有紫草素、黄柏碱、小檗碱、黄芩素、绿原酸、黄酮类化合物和皂苷类化合物的中草药制剂都能很好的防治苹果轮纹病、核桃烂腐病、樱桃流纹病等病害。在防治农作物病害方面，研究表明，有6种中草药提取物（分别含有生物碱、黄酮类、香豆素等物质）对烟草黑胫病的防治效果均优于化学农药甲霜锰锌。

蛇床子、紫苏、鱼腥草、甘草、细辛等5种中草药离心获取乙醇提取物，对裸仁美洲南瓜白粉病菌有一定防治效果，且中草药提取液的浓度为0.02克/毫升时的防治效果最好。其中，蛇床子的防治效果最好，保护和治疗效果分别达到87.57%和86.80%。且浓度为0.02克/毫升的蛇床子、细辛对南瓜白粉病的保护效果均显著优于化学药剂15%三唑酮可湿性粉剂1 000倍液。甘草对南瓜白粉病的防治效果最差。同时证明，0.02克/毫升的蛇床子乙醇提取液可优先用于南瓜白粉病的新型生物药剂开发应用。

万寿菊提取物具有广谱抗菌性，万寿菊杀菌素水乳剂可以防治西瓜枯萎病菌，能够有效杀死尖孢镰刀菌，在浓度0.8微克/毫升以上时，能够完全杀死尖孢镰刀菌；能够通过降低纤维素酶和葡萄糖苷酶水平而降低尖孢镰刀菌的侵染力；能够诱导西瓜幼苗光合作用增强。与传统农药多菌灵、生防菌制剂农抗相比，对西瓜枯萎病具有更好的预防和治疗的效果，能够有效控制西瓜枯萎病的发生，从而为开发新的防治西瓜枯萎病的农药及其工业化生产提供理论基础和科学依据。

苦参、金银花、黄芩和补骨脂4种中草药提取物对烟草黑胫病菌均有抑制作用，4种药剂的$EC_{50}$值分别为4.56毫升/升、5.99毫升/升、2.65毫升/升、4.76毫升/升，抑菌效果高低顺序是黄芩>苦参>补骨脂>金银花。根据共毒因子法判定4种药剂两两复配后的联合作用，结果表明，苦参+金银花、苦参+补骨脂和金银花+补骨脂组合抑菌增效作用明显，提取物复配后对病菌的抑制存在协同增效作用，中草药提取物进行适合比例混配可以降低使用浓度，增强抑菌效果，扩大抑菌范围。复配物抑菌效果好于单剂，并筛选出了各组合的最佳配比 5∶1。

多数供试中草药提取物对植物病原菌都表现出了不同程度的抑菌活性，其中，苦参、桑白皮的乙醇、丙酮提取物表现出了强烈的抑菌活性，对供试的苹果腐烂病菌、棉花立枯病菌 2 种真菌抑制率都在 85%以上。桂枝、桂皮、香薷等乙醇提取物对柑橘绿霉病菌（指状青霉）均有较好的抑制效果，抑制圈均在 20 毫米以上，其中以桂枝的抑菌活性最佳，对指状青霉的抑制圈大小达（31.56±0.66）毫米，最小抑菌浓度（MIC）和最小杀菌浓度（MFC）分别为 6.25 毫克/毫升、12.5 毫克/毫升，且其抑菌效果显著优于化学杀菌剂百可得。桂枝提取物对指状青霉菌的孢子萌发及菌丝生长发育也有较强的抑制作用，在提取液处理浓度为 50 毫克/毫升时，孢子萌发抑制率高达 99.007%，菌丝体细胞膜通透性增强，菌丝体可溶性蛋白及总糖含量分别只有 1 187.18 微克/克，0.307%。

荜茇、大黄、丹参、胡椒、姜黄、辣椒、绞股蓝、芦荟、薯蓣、松萝等 16 种植物源活性成分在 100 毫克/升质量浓度下，对供试的胶孢炭疽菌、尖孢炭疽菌、可可球二孢菌与拟茎点霉 4 种病原菌菌丝体生长均有不同程度的抑制作用，其中，荜茇酰胺、肉桂醛、姜黄素、胡椒碱、大黄酚、辣椒碱和大黄素对 4 种病原菌的平均抑菌活性大于 70.00%。在 1 000 毫克/升质量浓度下，荜茇酰胺、肉桂醛、姜黄素和胡椒碱对杧果采后病害有较好的防治效果，其中，荜茇酰胺对杧果炭疽病和蒂腐病的防治效果最好，其防效分别为 82.18%和 80.75%，效果优于抑菌剂咪鲜胺，具有替代化学抑菌剂来防治杧果采后病害的潜力。

川芎石油醚萃取物、连翘乙酸乙酯萃取物和黄柏正丁醇萃取物对黄瓜枯萎病菌和番茄早疫病菌 2 种病菌菌丝生长均具有较好的抑制作用。其中，川芎石油醚萃取物对黄瓜枯萎病菌和番茄早疫病菌菌丝生长的抑制浓度（$IC_{50}$）分别为 3.68 毫克/毫升和 5.82 毫克/毫升；川芎石油醚萃取物对黄瓜枯萎病菌孢子萌发也有一定抑制作用，$IC_{50}$ 11.29 毫克/毫升，且在菌丝生长 $IC_{50}$浓度下导致菌丝形态异常。

**（二）植物源（中草药）抗病毒剂**

植物源抗病毒剂采用纯天然中药为原料，经萃取、炒制等纯物理方法进行加工，全程不添加任何化学原料，为纯中药制剂，满足有机农业生产。使用中草药抗病毒剂后，能够诱导作物产生抗性，抑制病毒，对已发病毒性病害具有治疗作用。

黄花、地黄、薄荷等25种中草药粗提物在普通烟品种K326上对烟草普通花叶病毒病有一定防治效果，烟株接种烟草普通花叶病毒24小时后，分别喷25种中草药的粗提物200倍液，14天后，烟叶中丙二醛的含量显著低于清水对照，类黄酮和总酚的含量显著高于对照；对烟草花叶病的防效较好的是射干、柴胡、五倍子和虎杖，防治效果分别为57.95%、53.33%、50.26%和48.72%，由此可以开发出高效植物抗病毒抑制剂。鸦胆子提取物1.0毫克/毫升、金鸡菊提取物0.5毫克/毫升和淫羊藿提取物0.8毫克/毫升，按该配比进行混配的混合物能显著抑制烟草叶圆盘中烟草花叶病毒的增殖，其抑制率为89.6%。

臭椿和鸦胆子两种药用植物提取物对寄主具有某种程度的诱导抗性，能提高寄主防御病毒侵染能力，并减轻病毒入侵对寄主细胞造成的损伤。心叶落葵、三叶鬼针草、连翘、大黄和板蓝根等植物的提取物防治烟草花叶病毒（TMV）的效果在90%以上，另外，商陆、毛叶子花等10种植物的提取物对TMV的抑制率达80%~90%，这些研究表明防治烟草TMV可以使用中草药提取物，可大量减施甚至替代化学农药。另外发现，苍术、丁香、白芥子、熏倒牛等的提取物按一定比例配伍的制剂对于当归（中草药）病原菌的防治效果很好，产出的药材质量也明显优于施用化学农药的。

马蓝、玉簪、鸦胆子、白薇和苦木5种中草药的30微克/毫升醇提取物抗烟草TMV活性较好，抑制率均达70.44%以上，且高于8%宁南霉素水剂1 000倍液的抗病毒活性，其中马蓝醇提取物抗病毒活性最佳，抑制率可达90.70%。对马蓝醇提取物防治烟草TMV机理的研究发现，0.5微克/毫升马蓝醇提取物能够保护烟草TMV侵染的烟草原生质体细胞形态完整；经马蓝醇提取物处理后，烟草的苯丙氨酸解氨酶和过氧化物酶活性比清水对照组明显提高；20~50微克/毫升浓度的马蓝醇提取物能明显抑制烟草TMV病毒外壳蛋白的表达，由此推测马蓝醇提取物可能是通过保护植物细胞而起到抗病毒作用，可进一步开发为植物源抗病毒剂。

## 二、杀虫剂

### （一）植物源杀虫剂

全世界约有1 000多种植物对昆虫具有或多或少的毒性，如除虫菊、鱼藤和烟草等。此外，有些植物里还含有类似保幼激素、早熟素、蜕皮激素活性物质。从喜树的根皮、树皮或果实中分离出的喜树碱对马尾松毛虫有很强的抗生育作用。

用苦豆子，牛心朴子，楝树果实和尿素、硫酸铵、磷酸一铵、钾肥和添加剂增效剂进行混合，一次造粒、二次造粒、低温干燥、冷却后筛分得到生态药肥。产品通过基施或追施经淮安、徐州、宿迁、山东等地在韭菜、花生、黄瓜等 6 个作物 30 个点试验示范应用。试验发现，凡是施用防治线虫和地下害虫生态药肥的田块在作物收获后，经翻地检查很难找到活的地下害虫，对线虫的防治率在 76% 以上。在同一块田地再次施用作基肥后，能有效防止线虫、地下害虫对农作物的为害。而且能做到提高化肥的利用率、改良土壤、维持生态平衡、提高作物抗逆性、提高作物产量和品质，增加农民收入。

小麦蚜虫俗称腻虫，是我国小麦上的一类重要害虫，主要种类包括麦长管蚜、禾谷缢管蚜、麦二叉蚜和麦无网长管蚜。加强栽培管理是控制麦蚜发生为害的重要途径。可以利用天敌昆虫，如瓢虫、食蚜蝇、草蛉、蚜茧蜂等，必要时可人工繁殖释放或助迁天敌，使其有效地控制蚜虫。增加麦田生物多样性，例如，小麦与油菜、大蒜、绿豆间作或者邻作均具有好的控蚜效果。科学家们还发现每 30 米小麦种上一行蛇床草以后，可以有效控制麦蚜的发生，不用打药的小麦品质更好，产量更高。

苦参、川楝子和百部提取物对菜青虫和小菜蛾有较好的杀死作用，这 3 种提取物以 6：5：6 配比时，对小菜蛾的杀伤率可达 98.8%。莨菪油剂对菜青虫也具有较强的杀伤力，虫口减退率达 90% 以上。鱼藤提取物对小菜蛾和多种蔬菜害虫也有较好的杀死效果。在防治果树虫害方面研究表明，泽漆的根茎叶对桃蚜和山楂叶螨有剧烈的触杀作用，披针叶黄华对枸杞蚜虫触杀作用极强。防治作物虫害方面，许多植物提取物对烟草害虫有较好的杀死作用，例如，山海棠、苦楝、百部、泽漆、大蒜素和大蒜油。

农业生产中的废弃物及副产物常常用于土壤改良剂，动物废弃物、几丁质材料、植物残体及加工废料、酵母残渣、海藻残余物、饼肥，农场畜牧动物的粪肥、堆肥和绿肥、生物炭及矿物质肥料等土壤改良剂可以释放植物源杀线虫化合物、提高植物耐受性及抗性、降解过程中释放杀线虫化合物、提高拮抗微生物活性；但是土壤改良剂对土壤微生物及寄生线虫种群的影响十分复杂，一些防治效果也不总是起到积极的作用，其原因还难以解释。生物防治效果在温室中很好，但到田间防治效果则不稳定。

烟渣有机药肥和茶皂素有机药肥在水稻上不仅有一定肥效，还能防治水稻害虫，与常规施肥相比，烟渣有机药肥和茶皂素有机药肥部分替代施用后分别提高水稻产量 22.29%和 18.58%，稻谷氮、磷和秸秆钾吸收量显著提高，水稻收获后的大田土壤速效养分含量无显著差异。植物源有机药肥对稻纵卷叶螟和白背飞虱有明显的防治效果，其中烟渣有机药肥和茶皂素有机药肥对稻纵卷叶螟的防效分别达到 81.27%和 51.09%，对白背飞虱的虫口减退率分别为 55.74%和 37.70%。施用新型植物源有机药肥能部分替代化肥并减少化学农药的使用，增加水稻产量，减少虫害，促进农业可持续生产。

对巴豆进行超声提取，巴豆粗提物对小菜蛾幼虫有较强的拒食作用、较强的生长发育抑制作用和较强的产卵忌避作用，但是触杀和胃毒作用却很低。巴豆粗提物对小菜蛾 3 龄幼虫的拒食活性随浓度的增加而增强，拒食中浓度 $AFC_{50}$为（3.70±0.33）微克/毫升；巴豆粗提物对小菜蛾幼虫有明显的生长发育抑制作用，抑制效果随溶液浓度的增大而增大，抑制中浓度 $AGC_{50}$为（4.12±0.36）微克/毫升；巴豆粗提物对小菜蛾成虫有较强的产卵忌避作用，产卵忌避效果随溶液浓度的增大而增大，产卵忌避中浓度 $AOC_{50}$为（4.37±0.37）微克/毫升。

百部中具有杀虫活性的主要成分为百部生物碱，其作为乙酰胆碱酯酶抑制剂和乙酰胆碱受体毒剂对农业害虫、人体及动物寄生虫都具有驱杀作用。百部可以通过胃毒、触杀、驱避、拒食、抑制生长发育、熏杀等杀虫方式杀死昆虫和螨虫。其应用范围已从临床扩展至农业和畜牧养殖业等领域，并且开发宠物杀虫、驱虫药将成为百部在动物杀虫领域的一个重要发展方向。

银杏、广西地不容、黄连、石蒜、狭叶十大功劳、异叶天南星等 45 种杀虫植物，粉碎后用甲醇进行冷浸提取，大部分植物具有较高的触杀活性。银杏、广西地不容、厚果鸡血藤、石蒜、黄连、黄柏、魔芋、南蛇勒、络石、常山、千里光、江南星蕨、野薄荷、石岩枫、灵香草、鱼腥草、杠板归、龙葵、亮叶崖豆藤活性较高。臭椿和鸦胆子对狄飞虱、褐飞虱则均具有不同程度的击倒和忌避作用，其中忌避作用较强，活性跟踪结果表明，两种药用植物对扶飞虱、褐飞虱忌避作用的活性部位并不完全相同。

牵牛子石油醚提取物等 10 种中草药提取物对朱砂叶鳞的杀螨活性较高，其 24 小时校正死亡率均大于 90%，且牵牛子石油醚提取物的杀螨活性最高。采用叶片残毒法观察牵牛子提取物对朱砂叶螨的中毒症状，并采用生化方法，通过透射电镜观察牵牛子提取物对螨体内亚显微结构的破坏。牵牛子提取物处理朱砂叶螨后，对螨体内表皮结构、肌纤维、细胞核膜、线粒体、内质网等均有不同程度的破坏。牵牛子可以有效杀死朱砂叶螨，作为新型植物源农药具有良好的开发前景。

瑞香狼毒杀虫活性部位提取物与其他植物源农药复配，可以提高和强化其杀虫毒力，复配药物对酢酱草茹叶螨、夹竹桃蚜虫、柑橘全爪螨、二斑叶螨及家蝇具有高效的毒力。其瑞香狼毒杀虫活性部位与烟碱乳油、CT-901A（$B_2$，一种杀虫增效剂）两两及其三者的复配，对酢酱草茹叶螨毒力分别是单一狼毒毒力的 1.130 倍、1.126 倍、1.128 倍，对家蝇的毒力分别是单一狼毒毒力的 1.219 倍、1.108 倍、1.256 倍。

小果博落回具有较高的杀虫生物活性，小果博落回总生物碱对试虫具有拒食、胃毒、毒杀、抑制生长发育、杀卵和种群抑制等多种作用；该植物以二氢血根碱的杀虫活性最高，对黏虫 3 龄幼虫、菜青虫 5 龄幼虫和小菜蛾 3 龄幼虫 96 小时的 $LC_{50}$ 值分别为 0.085 微克/毫升、0.065 微克/毫升和 0.215 微克/毫升，对棉铃虫 3 龄幼虫 5 天和 7 天的校正死亡率分别为 51.57%和 81.48%（2 微克/毫升）；作用与其对解毒酶的抑制有关。

银杏和火炬树的提取成分均对二斑叶螨和山楂叶螨具有优良拒食活性，对两种叶螨 12 小时内的拒食率均为 100%，银杏叶挥发物和非挥发性次生物质均对叶螨的选择行为造成影响，且拒食性优于触杀性，但银杏内酯 A 对山楂叶螨的触杀效果尤为突出，筛选出的银杏叶粉经乙醚萃取与大孔树脂吸附提取工艺和火炬叶粉经 95%乙醇回流提取、树脂柱吸附后石油醚：乙酸乙酯洗脱提取工艺，将对银杏、火炬树抗螨性研究和开发利用起到一定的参考作用。

银杏外种皮中分离得到银杏酚酸类物质即银杏酸、银杏酚和白果酚也具有杀虫活性成分。利用银杏外种皮粗提物配制的生物农药，对不同种类的农业害虫进行杀虫活性作用研究。结果表明，用银杏外种皮酚酸类物质制备的生物农药防治蚜虫、菜青虫、蓟马效果良好，与对照的化学农药防治效果相似。对该农药做毒理试验，急性经口，属微毒农药，经检测，对蜂、鸟、鱼、蚕毒性很低，对环境无影响。目前，银杏产业发展很快，随着银杏产量的提高，银杏产区每年有大量的银杏外种皮被作为废物丢弃，发出臭味，污染环境，利用银杏外种皮制备生物农药，不但可以清除环境污染，变废为宝，还可以为生产绿色蔬菜、水果等提供无公害农药。

植物萜类化合物（E）-4,8-二甲基-1,3,7-壬三烯（DMNT）通过抑制黏液素（Mucin）基因的表达，破坏小菜蛾幼虫肠道，从而引起细菌攻击肠壁细胞。对小菜蛾幼虫具有直接驱避和毒杀作用，显著影响鳞翅目害虫小菜蛾的生长和繁殖，为后续植物抗虫研究提供理论基础，对农业生产应用具有重要意义。

葡萄柚、欧薄荷、杜松、柠檬草、尤加利等28种植物精油，对昆虫有驱避性及毒杀性，葡萄柚精油、欧薄荷精油、杜松精油、柠檬草精油、尤加利精油和没药精油等6种植物精油对蓝莓雌果蝇有明显驱避效果，除柠檬草精油外均表现出对果蝇成虫的高毒性，除没药精油外，不同浓度的精油对果蝇成虫毒性随精油浓度升高而升高。研究还发现，雌果蝇较雄果蝇对精油更敏感。

苍耳七、狭叶青海大戟、北芸香、竹灵消、蓼子朴、草地风毛菊、蒲儿根等143种植物的丙酮提取物（浓度为1克干样/毫升）对3龄黏虫的拒食及毒杀活性，结果表明，143种植物丙酮提取物中，73种植物对黏虫有较好的毒杀和拒食活性（72小时死亡率或48小时拒食率>50%）。其中，八角枫、美国黑胡桃和芫花丙酮粗提物在0.1克干样/毫升的剂量下，对3龄黏虫仍表现出较好的拒食和胃毒活性，它们在48小时的拒食中浓度分别为33.180克干样/毫升、75.132克干样/毫升和72.893克干样/毫升，72小时的致死中浓度分别为84.300克干样/毫升、89.059克干样/毫升和199.872克干样/毫升。采用饲料混药法，测定了143种植物丙酮提取物（剂量为0.013克干样/克小麦）对玉米象的种群抑制活性，结果表明，53种植物提取物表现出一定的种群抑制作用，其中，八角枫、木香薷、猪毛蒿、木姜子和陕西卫矛种群抑制率均高达100%。采用生长速率法测定了143种植物丙酮提取物对番茄灰霉病菌、小麦赤霉病菌、水稻纹枯病菌和辣椒疫霉病菌，菌丝生长的抑制活性。结果表明，在0.1克干样/毫升的浓度下，有25种植物对4种病原菌中至少一种的抑制率超过80%。占供试样品总数的17.6%，其中金丝桃和八角枫对这4种病菌都有很好的抑制作用，金丝桃对4种病原菌的抑制率达到95%以上；八角枫对4种病原菌的抑制率达到90%以上，它们的抑制中浓度分别在0.3~2.7毫克干样/毫升和1.9~6.1毫克干样/毫升。采用种子萌发法测定了143种植物对小麦、黄瓜和生菜幼根和幼芽生长的抑制活性，结果表明，在

1 克样品中加入 10 毫升蒸馏水浸泡的浓度下，70%以上的植物样品对供试种子有很好的异株克生作用（3 天后对种子幼根或幼芽的抑制率>70%）；无患子、红雪果、华西枫杨、八角枫和黄瑞木，在 15 天后，对 3 种植物的幼根及幼芽仍有明显的抑制作用（抑制率在 90%以上），无患子对 3 种植物的幼根及幼芽抑制活性均为 100%，黄瑞木对 3 种植物的幼芽抑制活性为 100%，对幼根的抑制活性在 95%以上。综上可知，八角枫、美国黑胡桃、芫花、金丝桃、无患子、红雪果、华西枫杨和黄瑞木这 8 种植物具有进一步研究的价值。

喷施以茶籽饼粕、雷公藤、百部、苍耳子为原料提取的植物源杀虫剂与氮、磷、钾养分混配叶面肥对小白菜小菜蛾虫口减退率、产量、维生素 C 以及硝酸盐含量的影响进行了研究。结果表明，该药肥能使小白菜田间 3 龄初小菜蛾 3 天虫口校正减退率达到 91. 0%以上；与普通叶面肥相比，小白菜虽产量相差不大，但维生素 C 含量极显著增加，硝酸盐含量有所降低，品质明显改善。

通过 5 种有机溶剂萃取辣寥醇提物，发现乙醚萃取物的活性最强，其主要化学成分为酚类物质。丁香酚对茶尺蠖的乙酰胆碱酯酶和谷胱甘肽-S-转移酶活性的影响，能显著抑制茶尺蠖的乙酰胆碱酯酶活性，对茶尺蠖的谷胱甘肽-S-转移酶活性也具有一定程度的抑制作用。

**（二）微生物源杀虫剂**

微生物杀虫剂是利用微生物活体制成的杀虫剂，包括真菌、细菌和病毒三大类杀虫剂，苏云金杆菌（Bt）就属于微生物杀虫剂。苏云金杆菌杀虫剂是一种微生物低毒杀虫剂，属于细菌杀虫剂，其中含有苏云金杆菌产生的微生物毒素，该毒素可进行杀虫，该毒素可使部分蔬菜害虫停止进食，最后因饥饿和中毒死亡。苏云金杆菌杀虫剂对鳞翅目害虫，如菜青虫、小菜蛾、甜菜夜蛾、斜纹夜蛾及蔬菜根结线虫、蚊幼虫孑孓、韭蛆等有较明显的防治效果。北海市农业科学研究所采用苏云金杆菌杀虫剂对莲雾暴发的松毛虫、甘薯暴发的甘薯麦蛾、十字花科蔬菜暴发的菜青虫等进行防治，用1 000倍液对虫体喷雾，翌日害虫就身子变软、变黑，从植株上掉落并死亡，灭杀效果显著。

真菌杀虫剂用于农林业害虫的生物防治已在世界范围内得到广泛应用与发展。已记载的杀虫真菌种类约有 100 个属 800 多种。其中半知菌亚门中有近半的杀虫真菌，常见的有白僵菌属、绿僵菌属、被毛孢属、蟌霉属、拟青霉属等。其中，白僵菌的研究和应用最为广泛，常用于防治玉米螟、松毛虫、茶小象鼻虫、蛴螬、桃蛀果蛾、叶蝉等。淡紫拟青霉每亩用量500克，定植后缓苗时随水冲施。上茬发病重的，可在定植时一亩地用500克兑水蘸根，待浇缓苗水时再用500克随水冲施，可以防治茄子、姜、黄瓜、西瓜、大豆、番茄、烟草等作物上面的根结线虫、胞囊线虫。绿僵菌的应用也很多，其对苹果食心虫、天牛、蚊幼虫、金龟子类等具有较好的防治效果。每亩可以用200克绿僵菌高孢粉，兑水50千克进行喷雾（稀释200倍），拌匀后喷施在蔬菜叶面和土壤上，尽量做到全田喷洒。亦可撒施，我们可以在土壤湿润时拌细土或者有机肥，均匀撒在田间。即每亩用200克绿僵菌高孢粉，然后和15千克细沙土混匀，均匀地撒在田间。土壤过于干燥会影响杀灭效果，土壤如果过于干燥，撒施后可以喷水。

## 三、免疫诱抗剂

农业防治病虫害的策略是“预防为主，综合防治”，因此提高作物的免疫力，通过“未病先防”，让植物更强壮、更健康是抵御病虫害的重要手段。植物免疫诱抗剂即植物疫苗作为新型生物农药，以植物为目标，通过调节植物本身的免疫、代谢系统来增强植物对病原菌的抗性，提高植物抗逆性，促进植物生长。腐殖酸、海藻提取物、蛋白水解物与氨基酸、几丁质、壳聚糖及其衍生物和微生物菌剂等物质不仅可以增强植物的营养、水分运输，促进根系生长，影响多种代谢途径，提高对病害、干旱、高温、冷害等多种胁迫的抗性，而且能改善土壤理化性质，影响土壤微生物群落结构，比植物生长调节剂功能更多样。

北京中保绿农科技集团有限公司生产的阿泰灵，属于新型病毒病生物农药，是世界上首个抗病毒蛋白质农药，通过高效蛋白生产加工工艺，并添加增效因子氨基寡糖素，配制成6%寡糖链蛋白而成。阿泰灵可以激发植物抗病基因表达，抑制病毒基因复制，改善作物品质。烟台水禾土生物科技有限公司研发了一系列植物免疫产品，如二代超敏蛋白（harpin）耐高温，喷施于叶面后可以通过启动水杨酸途径增强抗病力，提高植物的光合作用，延长作物生长期，促进根系发育；分离于海洋放线菌的D19制剂，能增加植物保护蛋白表达量，抑制病毒在植物细胞内繁殖，改变植物内源激素含量，提高作物品质。

智能聪（ZNC）是一种提取自内生真菌的新型植物免疫诱抗剂，它不仅可以促进根系生长，提高作物对氮磷的吸收利用效率，影响植物内源激素的合成，还能通过上调活性氧（ROS）暴发，诱导抗病基因表达，提高植物防御病原菌的能力，抵抗病毒侵染。沃宝生物同样是一款源自微生物的植物免疫增产诱抗剂，使植物生长旺盛，提高叶绿素含量，通过诱导植物体内生长系统和抗病基因的表达，并产生对外界不利环境和病毒病害的抵抗能力，能够快速抵抗和预防细菌、真菌、病毒引起的多种病害，增加抗病率高达 60%～80%，与酸性农药混用，可减少化学农药使用量 20%～30%。

二氢卟吩铁是我国拥有自主知识产权的一种新型植物免疫诱抗剂，该物质从蚕沙中提取，已经在水稻、小麦、油菜、葡萄、大豆等多种作物上施用后具有明显的抗逆、增产、提质等作用。二氢卟吩铁通过抑制叶绿素降解，提高叶绿素含量，从而提高植物光合作用速率，同时它还能调控多种激素信号途径，降低水稻纹枯病、稻瘟病等病害发生率。

## 第四节　除草

生物源除草剂包括植物源和微生物源两类。植物源除草活性物质包括松科、桃金娘科、芸香科、唇形科和菊科等植物的提取物、分泌物和化学改性衍生物；微生物源除草活性物质包括真菌、细菌、放线菌、病毒和它们的次生代谢产物。生物源除草剂的天然除草活性化合物具有易生物降解、毒性低、开发费用少、作用方式独特、靶标选择性高等化学合成除草剂无法比拟的优势，其研究日益受到人们的重视。目前已知的具有除草活性的化感物质的植物有 2 000 种以上，但近 5 年来在研发的 76 种新农药中仅有 4 种植物源农药，且均属于杀虫剂和杀菌剂。植物分泌物和植物腐解化感作用的研究主要集中在作物或绿肥。因此，除草活性化合物作用机制的研究及作物、绿肥以外的其他植物的分泌物和腐解产物方面的扩展研究是未来植物源除草剂研究的方向。

臭椿酮是分布于苦木科臭椿属植物臭椿中的一种苦木苦味素类化合物，其对植物种子萌发有抑制影响。臭椿酮对油菜、稗草、苘麻、狗尾草和马唐的种子萌发具有较强的抑制作用，对植物细胞有丝分裂有强烈抑制作用，是一种天然微管组装抑制剂。棘茎楤木茎皮的甲醇提取物具有除草活性。采用液液萃取法对提取物进行初步分离，将其分离为石油醚层、乙酸乙酯层和水层，并对各萃取相进行了活性追踪。棘茎楤木茎皮提取物1 000微克/毫升处理7天后，对稗草、胜红蓟、薇甘菊和三叶鬼针草等幼苗的生长具有显著的抑制作用，分别用石油醚和乙酸乙酯对提取物进行萃取，得到3个不同极性的部位。对其活性追踪，结果表明，在同样是1 000微克/毫升的3个萃取相处理7天后，水层浓缩物对陆生杂草抑制作用显著。

桉树、枸杞、杜英、青蒿、桂树、荞麦、空心莲子草7种植物的乙醇提取物对小白菜和稗草的生长表现出较强的抑制作用。进一步以玉米、生菜、油麦菜为靶标进行研究，结果表明，这7种植物对玉米、生菜、油麦菜3种植物的株高和根长的抑制作用均大于70%，有开发为植物源除草剂的潜力。

蒜、雪松、枫树、曼陀罗、南艾蒿、桧柏、苦楝、蒲公英、樟树、白花夹竹桃、空心莲子草对青萍生物活性有显著抑制作用，其 $LC_{50}$ 范围在0. 008 6~0. 078 0克/毫升。菊苣根粗提物对稗草和反枝苋早期生长均有很强的抑制作用，表明菊苣根有开发为植物源除草剂的潜力。大麻不同部位（全株、根、茎、叶和种子）的甲醇提取物对野燕麦种子的萌发呈“低促高抑”趋势，大麻根、茎、叶的粗提物为0. 313~1. 250毫克/毫升时，对野燕麦种子芽长生长表现出促进作用，在高质量浓度2. 5~10. 0毫克/毫升时，呈抑制作用；大麻全株、根、茎、叶、种子的粗提物在0. 313毫克/毫升时，对野燕麦种子根长生长呈促进作用，在10. 0毫克/毫升时均表现为显著抑制作用。大麻不同部位甲醇提取物在不同浓度下对野燕麦幼苗根长、芽长抑制作用强弱不同，由强到弱依次为种子浸提液、全株浸提液、茎浸提液、根浸提液和叶浸提液，其中大麻种子提取物在质量浓度为0. 313~2. 500毫克/毫升时，对野燕麦种子萌发和幼苗生长表现抑制作用，且对小麦种子生长无影响。大麻不同部位提取物均含除草的活性物质，大麻种子可能是抑草活性物质产生的主要场所，为大麻在植物源除草剂中的开发利用提供科学依据，其释放的活性物质的具体成分及其相关机制尚待进一步研究。

中药材黄花蒿叶醇提物对反枝苋、苘麻、狗尾草、稗4种杂草具有抑制的作用。5. 0毫克/毫升的黄花蒿叶醇提物对供试杂草发芽率、发芽势和发芽指数均有一定的抑制作用，抑制作用从大到小的顺序为反枝苋、苘麻、狗尾草、稗，其中对反枝苋、苘麻和狗尾草发芽率的抑制作用较强，均达到85%以上。叶醇提物对杂草发芽势的抑制作用也很强，均达到73%以上。黄花蒿叶醇提物中共鉴定出17种化合物，主要包括青蒿酸、亚油酸和邻苯二甲酸二乙酯等。由此可见，黄花蒿叶醇提物含有大量的除草活性物质，可显著延缓杂草的发芽时间和减少杂草的发芽率。质量浓度为10克/升的荆条花乙醇提取物对反枝苋、黄瓜、生菜和稗草幼苗幼根的抑制率分别为94.76%、34.56%、84.17%和94.50%。对幼茎的抑制率分别为85.21%、6.44%、80.70%和46.60%。荆条花石油醚和乙酸乙酯萃取物在质量浓度为10克/升时，对反枝苋、生菜和稗草幼苗幼根生长的抑制率均大于70%；对反枝苋幼苗幼茎生长的抑制率都为100%。可见，荆条花乙醇提取物具有除草活性。

中药材马先蒿的95%乙醇、甲醇、乙酸乙酯、氯仿、石油醚5种极性不同的有机溶剂对小麦和萝卜幼苗的根、茎生长具有显著的抑制作用。其中，以马先蒿95%乙醇提取物的除草活性最强，其对小麦和萝卜幼苗的根、茎生长均有很强的抑制作用。综合考虑，选用95%乙醇作为最优提取溶剂。马先蒿95%乙醇提取物依次经石油醚、乙酸乙酯、水饱和的正丁醇萃取，得到了4个萃取相，并对小麦和萝卜幼苗生长的影响进行了测定。结果表明，乙酸乙酯相和水饱和的正丁醇相萃取物的除草活性较强。其中乙酸乙酯相萃取物对小麦幼苗根和茎的生长抑制率分别为（80.24±2.75）%和（71.21±2.56）%，对萝卜幼苗根和茎的生长抑制率分别为（69.70±3.50）%和（62.00±2.06）%；水饱和的正丁醇相萃取物对小麦幼苗根和茎生长抑制率分别为（60.48±3.75）%和（68.50±2.60）%，对萝卜幼苗根和茎的生长抑制率分别为（51.52±3.59）%和（54.21±2.29）%。将乙酸乙酯、水饱和的正丁醇萃取相合并，进行中压柱层析，梯度洗脱，共收集得到20个馏分，其中馏分7~10除草活性最强。利用高速逆流色谱技术对树脂柱层析75%乙醇的洗脱组分和中压柱层析的洗脱馏分7~10进行进一步分离。结果表明，组分1和组分4除草活性最强。利用高效液相色谱（HPLC）对组分1和组分4进行分析，其中组分1中保留时间为2.420分钟、3.315分钟和5.677分钟的组分和组分4中保留时间为5.926分钟的组分对4种杂草种子均表现出了明显的抑制作用，除草活性最强。

泥胡菜和葎草的乙酸乙酯提取物对高粱、黄瓜、小麦和油菜等作物幼苗根和茎的抑制作用最强，抑制率随提取物浓度的提高逐渐增高且对作物幼苗根生长的抑制强度高于茎。在低浓度（12.5 克/升）条件下泥胡菜乙酸乙酯提取物对小麦幼苗根和茎生长的抑制作用最强；葎草乙酸乙酯提取物对高粱幼苗根的生长及油菜幼苗根和茎的生长抑制作用最强。研究结果显示泥胡菜及葎草的乙酸乙酯提取物具有潜在的除草活性。

用 75%乙醇为提取溶剂，料液比为 1∶6，在 80℃下搅拌提取 6 小时，室温浸渍至 24 小时，重复提取三次，在 0.4 克/升的浓度下，竹叶提取物对结球生菜根的抑制率为 67.83%，对匍匐翦股颖根的抑制率为 36.82%。以铺地竹提取物为主要成分，通过溶剂和乳化剂等助剂筛选，得到铺地竹提取物水乳制剂的配方：铺地竹提取物 10%，乳化剂 13%，乙醇 16%，乙二醇 5%，消泡剂 0.2%，加水补足至 100%。该制剂稀释 200 倍，对结球生菜根的抑制率为 78.93%。制剂小样经热贮、冷贮、冻熔及稀释稳定性试验，结果表明，样品未出现分层、沉淀、析油、析水等现象，符合水乳剂质量标准。热贮、冷贮及冻熔后制剂对结球生菜根的抑制效果稍有下降，稀释 200 倍时，对结球生菜根的抑制率分别为 77.57%、78.6%、78.52%，方差分析显示与贮前在 5%水平差异不显著。以狗牙根草、醴肠、稗草、狗尾草为供试杂草，考查铺地竹提取物水乳剂在盆栽条件下对杂草的防除效果。通过试验发现，制剂在 1∶12.5、1∶25、1∶100 三个浓度下对四种杂草均表现出一定的抑制作用，且在同一浓度下对狗牙根草和狗尾草的抑制作用强于对醴肠和稗草的抑制作用；在不同浓度下对同一杂草的株高抑制在 5%水平差异显著；随着制剂浓度的增大对杂草的防除效果明显增强。

冬凌草、款冬花、翼首草和木通制成的组方对山楂果园中杂草有较为理想的抑制表现。黄连提取液对浮萍叶状体分蘖的抑制作用最佳，培养期间浮萍叶状体数几乎未增加；地锦草提取液对浮萍生物量增长的抑制能力最佳，培养 96 小时后浮萍生物量下降至对照组的 69%；泽泻提取液对浮萍色素水平的影响最大，培养 96 小时后试验组叶绿素含量下降 55%以上，杀青效果明显。因此，冬凌草、款冬花、翼首草和木通考虑发展为套种优先植物，达到抑制杂草繁荣目的。

植物源除草剂 Pure 以1 125、150 千克/公顷株防效最好，施药后 3~28 天的株防效为 79.26%~94.25%；植物源除草剂 Pure 以 150 千克/公顷对鲜质量防效最好，施药后 3~28 天的鲜质量防效为 88.15%~93.47%，均与对照药剂 20%百草枯水剂用量 3 千克/公顷的鲜质量防效无显著性差异。因此，植物源除草剂 Pure 防除非耕地杂草的适宜用量为 150 千克/公顷。

九里香、银胶菊、黄蝉、肿柄菊种植物具有较强的化感活性，对水田稗种子萌发抑制率较高，而对水稻种子萌发抑制相对较小。肿柄菊可以通过化感作用来抑制其他植物的生长，其抑制活性强弱表现为：水田稗>萝卜>黄瓜>白菜。无患子外种皮的乙酸乙酯提取物的大孔树脂柱层析分离所得乙醇流分抑制活性较强，对结球生菜和匍匐剪股颖的根的生长均具有较高的抑制生长活性。

小蓬草精油对青菜、白菜、小麦、高粱、稗草和鹅观草种子除草活性的生物测定以及对洋葱根尖细胞有丝分裂的影响。研究结果显示，蒸汽蒸馏法（SD）比纯水蒸馏法（HD）提取的小蓬草精油对供试植物青菜、白菜、小麦和高粱种子萌发的抑制作用更明显。相对而言 SD 是小蓬草精油除草活性研究的最佳提取方法。7 月小蓬草鲜花和地上部分鲜样精油对供试植物青菜、白菜、小麦和高粱种子萌发的抑制效果相比，鲜花精油较好，考虑到原料的采集，小蓬草地上部分鲜样要比鲜花易于采集，在开发利用时直接利用地上部分比较便利。

## 第五节　农产品抗菌保鲜

果蔬保鲜领域的常用技术包括低温、紫外线或辐射、高压静电场、气调等物理保鲜技术，以及植物生长调节剂、熏蒸型防腐剂等化学保鲜技术，近年来将植物源杀菌剂和现代果蔬保鲜技术结合，推动了天然防腐保鲜剂的应用和发展。与其他生物保鲜剂相比，植物源保鲜剂来源广、成本低、效率高，具有很好的应用前景及应用空间。从人们食用的中药和香辛料中提取天然防腐保鲜剂，是食品添加剂研究领域最有前景的发展方向。对复合植物提取物对致病菌抑制的增效作用研究，发现壳聚糖和具有抑菌活性的百里香酚复合物对病原细菌具有增效协同作用。植物提取物与涂膜剂复配抑菌保鲜是果蔬常用的保鲜方法。生产中应用最多的是水果的抗菌保鲜剂。

丁香和鱼腥草水提液对柑橘青霉菌有较好抑制作用，抑菌率分别为 73.45%和 49.85%，对柑橘青霉菌的最小杀菌浓度（MIC）分别为 0.60 毫克/毫升和 1.20 毫克/毫升，抑制毒力较单一水提液的高，$EC_{50}$ 为 0.36

毫克/毫升。复配保鲜剂可有效抑制柑橘的发病率，在柑橘贮藏第 9 天，比对照组 CK 发病率降低 16.67%，但对失重率抑制效果不显著。鱼腥草丁香普鲁兰多糖复配保鲜剂有效延缓了果实可溶性固形物含量和可滴定酸度含量的增加，维持了较稳定的抗坏血酸含量，抑制了柑橘的呼吸强度。

丁香叶油、丁蕾油、桂叶油和肉桂油对采后番茄、油桃、枇杷和杏具有良好防腐保鲜效果。在最低抑菌浓度下，丁香叶油、肉桂油、丁香酚和肉桂醛等均能显著抑制供试真菌孢子的萌发，但不能完全抑制致病菌在苹果和枇杷上的生长，两种精油复配作为一种安全的植物源提取物，丁香精油和肉桂精油有望开发为新型的植物精油类保鲜剂。

川芎、五加皮、独活等 6 种中草药作为原料连续回流提取抑菌液对不同柑橘病原菌（白霉、柑橘褐腐疫霉、指状青霉）的抑菌效果均不同。其中，川芎的抑菌作用最为明显，当其浓度低至 $1.0\times10^{-3}$ 克/毫升时，对 3 种病原菌仍有较好的抑制效果。这是因为川芎根茎中含有挥发性油类物质，其中主成分为藁本内酯占 58%、3-丁酞内酯占 5.29%和香桧烯占 6.08%，值得进一步研究开发。川芎提取液在柑橘保鲜应用中，其保鲜效果相当明显，在壳聚糖填充剂中添加 0.10%的川芎提取液能达到最好的保鲜效果。

丁香、荜茇、高良姜、黄芩、岗松和韭菜等对杧果具有较好的抑菌保鲜作用。中草药提取物对杧果抑菌保鲜的作用机制有 3 点：破坏杧果果实致病菌的细胞结构；干扰致病菌的代谢过程；抑制杧果果实的呼吸强度和诱导果实的抗病能力。

荷叶乙醇提取物和柠檬油对枸杞鲜果具有较好的保鲜活性，其次为肉桂油、丁香叶油、香紫苏油、卡楠加油、丹参提取物和知母提取物，好果率均在 50%以上；最佳使用剂量筛选表明，荷叶乙醇提取物和柠檬油二者分别在 2 克/升和 400 微升/升时对枸杞鲜果的保鲜效果最好，处理 5 天后枸杞鲜果好果率均在 80%以上，有望开发荷叶提取物和柠檬油为新型植物枸杞保鲜剂。

在番茄室温贮藏过程中，中药提取物采用喷雾法，室温贮藏第 28 天后测定中药提取物对采后番茄果实的保鲜活性以及适宜使用浓度，山苍子、柚皮、荷叶乙醇提取物具有较高的保鲜活性，其浓度分别为 3.0 毫克/毫升、2.0 毫克/毫升、1.0 毫克/毫升干重时能够显著降低番茄的坏果率、失重率，并能有效延缓其硬度、口感、风味、维生素 C 的变化，提高番茄超氧化物歧化酶、过氧化氢酶及过氧化物酶活性，抑制相对电导率的上升，保鲜效果明显，而且保鲜效果均与1-甲基环丙烯保鲜剂无显著差异。研究发现，荷叶、柚皮、山苍子提取物对室温贮藏番茄具有较好的保鲜活性，具备开发果蔬保鲜剂的潜力。

丁香叶油对桃果实具有很好的腐蚀保鲜效果，可以有效减缓桃果实的腐烂和褐变程度，保持桃果实较好的风味和品质，抑制桃果实的呼吸强度和乙烯释放量，延缓桃果实成熟与衰老的进程，且结合间歇升温处理保鲜效果更佳。因此，丁香叶油作为一种安全的天然植物源提取物，有望开发为新型的植物精油类保鲜剂。

酚类、多糖类、精油类等多种天然植物源保鲜剂具有协同抗氧化和抑菌作用，复合制备的保鲜剂与单一保鲜剂比较，具有更强的保鲜效果。为了进一步提高天然植物保鲜剂成分的活性作用、提高效价和生物利用率，通过微胶囊技术、微纳米技术、生物工程技术改良植物活性成分制备抑菌、抗氧化活性更强的配合物，将是今后天然保鲜剂开发的方向，具有广阔的市场前景。研究表明，15%柠檬油微乳剂对圣女果浸泡处理后常温贮藏下有较好保鲜效果。效果评价结果显示，柠檬油微乳剂对圣女果有明显的保鲜作用，有进一步开发为商品果蔬保鲜剂的潜力。八角精油处理可以降低贮藏樱桃番茄失重率增加的速率，延缓硬度、可滴定酸含量、可溶性固形物含量、维生素C含量的降低速率，保持较高的过氧化氢酶（CAT）、超氧化物歧化酶（SOD）活性和较低的丙二醛（MDA）含量，表现出明显的保鲜效果，可以作为一种植物源果蔬保鲜剂应用于贮藏番茄。

## 第六节　增产提质

植物益生菌（乳酸菌）在水稻上的益生作用，主要表现为促生、抗病及生物修复等。相关研究表明，植物源乳酸菌对水稻种子种植过程中种子处理和叶面喷施的植入具有显著提高水稻产量的效果，同时，通过对水稻叶面喷施植物源乳酸菌水溶液可以更好地解决水稻退化低产的问题，并且还能够提升水稻的品质。试验还发现，喷施植物源乳酸菌水溶液的浓度越高，水稻产量越高。对水稻种子赋予的植物源乳酸菌绝对值越高，则水稻的产量也越高，水稻的出米率也越高。试验说明植物源乳酸菌性质具有强壮水稻秸秆的优异效果，由此产生水稻增产、提质等明显的效果。通过实施包括赋予水稻种子植物源乳酸菌和在水稻生长过程中的叶面喷施植物源乳酸菌技术，能够消除水稻退化对于水稻产量的影响，实现水稻高产。植物源乳酸菌技术能够显著减少大米垩白，提高水稻出米率，提升大米品质，同时能够消除水稻的一些农药残留，提升水稻的质量。

目前国内出现了不少中药复方产品。采用纯天然中药为原料，经萃取、炒制等纯物理方法进行加工，全程不添加任何化学原料，纯中药制剂，兼具抑菌驱虫抗病毒功能，能够满足有机农业生产。"辰奇素"就是复方纯中药制剂，是由中医药专家郑真武 38 年潜心研发的成果，集合了约 50 种植物的提取物和多种微量元素，是获得国家批准的微量元素水溶肥。核心是将农作物作为一个鲜活的生命体，将中药对人体的辨证治疗、双向调节、阴阳平衡理念运用到农作物中进行系统研究，复方配伍成具有抗菌、抗病毒、促生长、防病虫、增产量、提品质、增锌硒等综合性和广谱性的制剂。"辰奇素"最好土施，作用到植物根部，能扶正固本，此即中医的根本，也是中医农业的根本。

贵州中医药大学王若焱博士及其研发团队将中医原理和方法应用于农业领域，根据《本草纲目》《黄帝内经》，采用青蒿等药材分别形成具有自主知识产权的"喜香侬"土壤改良和病虫害防治制剂，实现化肥减施、农药替代，以中医养生的方法实现对农田病虫害系统性发生问题的标本兼治，初步形成了高安全性、高产优质、高市场竞争力的"中医（药）农业"新模式。"喜香侬"中药复方综合整体技术性价比较高，可实现有机及多倍增产增效。经过十余年发展，在三七、太子参、半夏、白及、水稻等 14 种中药材及作物上均获得稳定成效：最高增产 1 倍，投入产出比最高为 1∶8（连作土壤上高值经济作物），作物品质显著提高，未出现对人体有害物质，新增养生物质营养价值高，安全性符合欧盟标准（投入品及农产品）。这几年分别运用在贵州茶园、水稻、中药材、草莓、辣椒等种植上，2019—2020 年应江西省上饶市婺源县政府邀请，在当地进行为期两年全县示范，效果均显著。

# 第八章　中医农业在养殖业中的研究与实践

在畜禽养殖中，中医药技术的应用具有悠久的历史，也是传统养殖业的常用技术。现如今，畜禽养殖要求严格控制抗生素使用，即“无抗”饲养，所以植物源的中草药迎来了机遇，因其天然、无污染等优点，被广泛应用在畜禽养殖业的方方面面，特别是在应用中药复方配伍进行畜禽疾病预防诊治、饲料生产和饲喂管理等方面，积累了丰富的经验。

## 第一节　增强免疫

### 一、中药复方免疫增强剂

中草药免疫增强剂作为疫苗佐剂，能显著提高疫苗效价和保护力。《黄帝内经·素问·四气调神大论》曰：“圣人不治已病治未病，不治已乱治未乱，此之谓也。夫病已成而后药之，乱已成而后治之，譬犹渴而穿井，斗而铸锥，不亦晚乎。”我国中医学自古提倡“治未病”，被证实具有免疫增强作用的中药资源多达200余种。中药免疫增强剂具有无抗药性、功能多样、无毒副作用、无残留等特点，在促进家禽生长发育、防治疾病等方面发挥了巨大作用。

近年来，对中药复方作为免疫增强剂的研究主要分为两种：一种是依据中医经典方剂开展的，另一种是依据现已明确研究的中药成分进行配伍而成的。将芍药甘草汤给系统性红斑狼疮转基因动物模型MRL/Lpr小鼠给药后，发现芍药甘草汤能提高自然调节体细胞（CD4+CD25+Foxp3）比例，提高小鼠的细胞免疫力。用归参汤处理免疫抑制小鼠后发现，其对小鼠有一定促生长作用，能在一定程度上拮抗环磷酰胺对小鼠体重的抑制作用，显著提高小鼠血清免疫球蛋白（Igg）、免疫球蛋白（IgM）的水平，以及细胞因子白细胞介素（IL-2）和肿瘤坏死因子（TNF-α）的含量。中药玉屏风散（黄芪600克、白术400克、防风200克，即质量比是3：2：1，加水7 200毫升，按每克生药加水6毫升，冷水浸泡30分钟煮沸后文火慢煎40分钟，趁热过滤滤液，自然滴尽，二煎加水4 800毫升，煮沸后文火慢煎40分钟。混合2次过滤液于95℃水浴浓缩至250毫升，对应生药浓度为4.8克/毫升）能提高单纯疱疹病毒性角膜炎小鼠模型体内T辅助/诱导细胞亚群（CD3+、CD4+、CD8+）淋巴细胞表达水平，同时调节外周血Th1、Th2辅助T细胞型细胞因子的平衡，增强机体细胞免疫功能，抑制潜伏病毒的活化和复制。

另外，对于非经典中药方剂来说，也取得了很大的成果。比如，复方中药制剂健脾益气汤，取黄芪20克、党参20克、炒白术10克、黄连10克、黄柏10克、金银花10克、茯苓10克、地丁10克，用自来水800毫升浸泡2小时，煮沸1小时，取药液；将药渣加自来水400毫升煮沸30分钟，取药液。合并2次药液，纱布过滤，水浴蒸发至100毫升得健脾益气汤水煎剂（约含生药1克/毫升），能显著提高免疫抑制小鼠体内的Igg、血清中IL-2和TNF-α质量浓度及CD4+/CD8+，从而发挥体液免疫功能。

用“扶正止泻散”“芪术扶正汤”等中药复方饲喂1日龄雏鸡，能提高雏鸡的细胞免疫和体液免疫指标，具有延缓胸腺、脾脏和法氏囊退化的功效。将中药“增免散”（黄芪、何首乌、羊红膻、贯众、常山、青蒿、神曲按一定比例组成，粉碎60目过筛，混匀备用）按饲料量1%和1.5%添加能提高肉鸡胸腺、法氏囊和脾脏绝对质量及其器官指数，使抗体水平能够迅速提高，能显著提高鸡新城疫苗（LaSota）活苗接种雏鸡的特异性血凝抑制（HI）抗体水平，延长其持续时间，并对雏鸡红细胞免疫黏附功能具有显著促进作用。

救鸡宝是在中兽医卫气营血辨证理论方法指导下，由板蓝根、大青叶、黄连、茵陈、连翘、诃子、黄芩、大黄、秦皮、白头翁按一定比例组方而成，经提取、精制、浓缩等工艺制成浸膏加入糖粉、糊精等赋形剂制成颗粒，经干燥、整粒制成的颗粒剂，救鸡宝可以明显抑制大肠杆菌、沙门氏菌、巴氏杆菌，对大肠杆菌病、鸡白痢、禽霍有良好的疗效，其治愈率、有效率、死亡率与兽医临床上常用的环丙沙星功效相当。

黄芪补气益气，能增强机体免疫力，可以组成黄芪组方饲喂家禽，方1:由单味药黄芪组成，具有补气壮阳作用。蜜炙100克每次加水500毫升，连煎2次，每次得煎汁300毫升，过滤去渣，合并煎液，饮水内服。方2：由黄芪60克、白术30克、防风10克组成，具有补气固表、健脾渗湿之功效。每次加水500毫升，每次得煎汁300毫升，连煎2次，合并煎液，饮水内服。方3：由黄芪25克、白术6克、茯苓10克、当归5克、熟地15克、党参15克、白芍8克、麦冬5克、枸杞5克、甘草5克组成，具有气血双补壮阳之功效。每次加水500毫升，每次得煎液300毫升，连煎2次过滤去渣，合并煎液，饮内服。在雏鸡5日龄时，方1~3煎汁，按0.5克/天·只生药拌料投服，连服6天。结果表明，方3具有补气固表助阳、滋阴补肾、健脾渗湿的作用，具有明显的调节作用，可以促进淋巴器官的生长发育，提高非特异性免疫和特异性免疫能力。

基于“母源疗法”和“子病治母”理论，用博落回、泽泻、泡桐花、马齿苋、葛根、黄芪等按照一定比例混合后粉碎，然后于温箱中烘干后分装，密封、避光保存备用。在日粮中添加0.3克/千克、0.6克/千克和0.9克/千克的复方中药，可有效降低腹泻率和腹泻指数，且中剂量复方中药组效果更明显，可以达到“未病先防”功效。

由甘草、连翘、金银花、牛至、黄芪、银杏叶提取物、山楂、干姜等可以组成复方中草药制剂，在日粮中添加100克/吨，可以提高肉仔鸡总抗氧化能力、超氧化物歧化酶和谷胱甘肽过氧化物酶活性，显著降低血清丙二醛含量，可以改善肉鸡的生产性能。按照“君臣佐使”的组方原则，依据“七情和合”的理论基础，将党参、黄芪、板蓝根、淫羊藿和炙甘草等5味药按照3：2：2：2：1的比例进行组合形成复方中药合剂。复方中药免疫增强剂能显著提高鸡脾脏指数和法氏囊指数，可显著提高机体非特异免疫机能，进一步提高机体抵抗力。

将人参、黄芪、党参等名贵中草药制成中药免疫增强剂，于饲料中添加0.5%的中药免疫增强剂后，饲喂1日龄爱拔益加（AA）健康肉仔鸡，显著增加了雏鸡胸腺、法氏囊和脾脏等免疫器官的重量和指数，提高机体细胞免疫和体液免疫的机能。

由黄芪、白花蛇舌草、党参、茯苓、猪苓、甘草组成中药免疫增强剂，水煎制成每毫升含原生药1克备用。对21日龄海兰褐公鸡每天按浓度1%和0.5%加入“疫佳灵”，结果表明，1%浓度的“疫佳灵”增强了体液免疫能力，提高了吞噬细胞的吞噬能力。在鸡的饮水中分别按终浓度

1%和0.5%加入“疫佳灵”，饲喂1日龄健康的海兰褐母雏，终浓度1%的“疫佳灵”促进了鸡胸腺、法氏囊和脾脏的重量和指数，提高了鸡机体内T-淋巴细胞的数量。

将党参、黄芪、丹参、当归、川芎、何首乌等6味中药粉碎，过40目筛，按1:1:1:1:1:1比例混合拌匀、装袋备用。在肉鸡日粮中添加不同浓度（1%、0.5%、0.25%）的中药免疫增强剂均可显著提高铁脚麻肉鸡生长性能和各免疫器官的脏器指数，提高饲料利用率，促进免疫器官的发育成熟。

以四君子汤加减变化而成中药“连板芪”合剂（由连翘、板蓝根、黄芪、甘草、茯苓、白术、枳实、山楂8味中药组成）。具体制备方法为：采用醇提法提取连翘提取物；白术、枳实采用蒸馏法提取挥发油，滤液与黄芪、茯苓、甘草、山楂、板蓝根混合水煎2次，合并上述滤液浓缩至比重1:10（温度60℃）、加入乙醇使其沉淀，过滤；滤液与连翘提取物混合，加入白术、枳实挥发油及吐温-80，加入30%蔗糖，调节药物浓度至1:1，并调节pH值，灭菌备用。在雄性肉仔鸡饮水中分别添加0.5%~1.0%的中药“连板芪”合剂，可以改善肉仔鸡的采食量，提高日增重和饲料转化率，促进免疫器官的发育和淋巴细胞的增殖，增强机体的免疫力。

按扶正固本、益气补血、滋阴壮阳的原则，取黄芪150克、党参105克、白术93克、何首乌90克、女贞子65克、麦冬85克、天冬70克、枸杞85克、桑椹70克、甘草70克组方而成“中药免疫增益汤”。临用时，按配方分别称取中药，加自来水（以浸没药物为度）浸泡30分钟，煎煮30分钟，过滤，再煎两次，合并3次滤液，浓缩至100毫升药液，灭菌备用。饲喂时在饮水中添加免疫增益汤煎液，使饮水药液浓度为1%（100毫升水中含生药1克），让鸡自由饮水。本组方可以明显促进法氏囊的发育及B细胞的免疫功能，增强特异性免疫能力。

将甘草、连翘、金银花、牛至、黄芪、银杏叶提取物、山楂、干姜等制成中草药制剂，基础日粮中添加100克/吨的复方中草药制剂，提高了肉仔鸡血清的总抗氧化能力，显著降低了肌肉中丙二醛的含量，改善肉仔鸡生产性能。适宜剂量的黑沙蒿水提物能够提高断奶仔猪血清中抗氧化酶活性和总抗氧化能力（T-AOC），降低脂质过氧化水平，并对提高机体的抗氧化防御系统有利。在日粮中添加黄花蒿叶粉和提取物均能够显著提高肉鸡细胞和体液免疫功能及胸腺和法氏囊重量，改善抗氧化能力。金荞麦含有多酚类（黄酮类)、萜类、有机酸等多种成分，具有清热解毒，排脓祛瘀的功效。在日粮中添加1%金荞麦块根粉进行饲喂，能促进肉仔鸡血清抗氧化酶的分泌，提高和增强仔鸡抗氧化能力。菟丝子具有补益肝肾、益精壮阳、明目、止泻之功效，将菟丝子用酒浸72小时，将酒炙的和未酒炙的菟丝子分别炒干，粉碎过40目筛备用，在肉鸡饲料中添加菟丝子饲喂肉鸡，结果表明，酒炙菟丝子提高了肉仔鸡的胸腺指数和脾脏指数，说明酒炙菟丝子促进了胸腺和脾脏的发育，能提高机体的细胞免疫机能。

## 二、单一免疫增强剂

甘草多糖、人参多糖、黄芪多糖、刺五加多糖、牛膝多糖、香菇多糖、灵芝多糖、猪苓多糖、云芝多糖、当归多糖、人参皂苷、黄芪苷、白芍总苷、淫羊藿苷、雷公藤苷、大豆皂苷等都有免疫增强作用。黄芪、紫锥菊、当归、枸杞、金银花、熟地和甘草都是我国传统的中药，广泛应用于中医学和兽医临床。在番鸭的饲料中添加甘草渣可以提高免疫器官的性能。将甘草水提物加入虾饵料中，亦可以提高虾的免疫力，使其增重。黄芪能使抗体形成细胞数和溶血素显著提高，促进机体抗体的生成。银杏叶提取物可以显著提高肉鸡血清球蛋白和免疫球蛋白含量，对肉鸡的生长性能、免疫功能均有影响，日粮中添加一定水平的银杏叶提取物对肉鸡产肉性能和免疫性能有一定的促进作用。

蒿属植物富含多酚类、黄酮类和多糖类等生物活性成分，在体内外均具有较强的抗氧化能力。艾蒿具有散寒止痛、温经止血、通经活络等功效，在基础日粮或饮水中添加艾蒿粉、艾蒿水提物、艾蒿醇提物等均可改善血清抗氧化指标，激活免疫系统。用黄芪、党参、茯苓、麦冬等组成的中药复方提取多糖，将不同浓度中药复方多糖添加到基础日粮饲喂雏鸡后发现，均能提高平均日增重，促进雏鸡生产，提高新城疫（ND）抗体效价、免疫球蛋白含量，提高疫苗的保护率，延长免疫期。降低平均采食量、料重比。黄芪、党参、山楂、丹参、白术、茯苓、淫羊藿、补骨脂、生地、熟地、马齿苋、甘草等12味具有补气生津、活血化瘀、健脾和胃、温肾壮阳的中药，将其提取为中药复方多糖，在肉雏鸡基础日粮中添加中药复方多糖，能显著提高肉鸡的日均采食量和平均日增重，提高免疫器官指数和血清免疫球蛋白含量，从而提高肉鸡的生长性能和免疫功能，在日粮中添加以400毫克/千克中药复方多糖为最佳。

蟾酥免疫增强剂具有较好的免疫增强效果，对于1日龄AA健康雏鸡分别于第1周（1~7日龄）和第3周（15~21日龄）于饲料中添加0.5%的中药蟾酥免疫增强剂，发现添加中药蟾酥免疫增强剂可以提高雏鸡胸腺、法氏囊和脾脏等免疫器官的重量和指数，加快肉仔鸡免疫器官的生产发育和成熟速度，加强肉仔鸡整体免疫机能，从而提高抵抗各种病原微生物感染和抗各种应激的能力。

## 第二节　激素样作用

外源激素对机体是有害的，故在饲料中禁止使用。中药以其天然性、毒副作用小、不易产生抗药性以及多功能性等特点，被广泛地作为促生长饲料添加剂。现代医学研究发现，中药促生长的机制是通过对与甲状腺激素、生长素相关的腺体或激素的分泌和释放调节来实现的。

### 一、中药的生殖激素样作用

兽医临床中常用淫羊藿、仙茅、阳起石、啤酒花等进行催情排卵，提高繁殖率的作用。淫羊藿提取物具有性激素样作用，能使雌性小鼠子宫增重，促进子宫内膜增厚和卵巢激素的分泌。淫羊藿、羊红膻、阳起石、益母草、黄芪、党参、当归、熟地、巴戟天、肉苁蓉、山药、甘草等可以配成“催情散”，促进性激素分泌，补肾壮阳，促进母畜发情，治疗母畜不孕症。

利用王不留行、麦芽等进行催乳，利用巴戟天、杜仲、菟丝子等中草药补肾益精的作用，配制“瓜蒌牛蒡汤、生化汤”等中草药方剂治疗乳房炎、子宫内膜炎、卵巢机能衰退等疾病。由熟地、淫羊藿、菟丝子、川断、玄参等组成的中草药添加剂，每天给公猪饲喂12克，能有效提高公猪精液品质。将四物汤（熟地黄、白芍药、当归、川芎）加味，水煎去渣或共为末，开水冲，候温灌服。根据不同症型加味选用下列中草药：党参、黄芪、白术、艾叶、续断、苍术、陈皮、杜仲炭、茯苓、枳壳、滑石、菟丝子、香附、益母草。若肾阳虚者加淫羊藿、复盆子、枸杞子、阳起石等；若有带下者加知母、金银花、连翘、黄柏等。此四物汤具有养血和血、补肾壮阳的功能，对肾阳虚、气滞血瘀等型病例均有效。四物汤加味用药应随症加味，用药应在下次发情输精前的3~6天，过早易致发情周期紊乱，过迟达不到促发情、排卵、受胎的目的。

根据中药复方君臣佐使、辨证论治组方原则，组合淫羊藿、补骨脂、益母草、阳起石、菟丝子、枸杞子、当归、熟地、赤芍 9 味中药研制成奶牛中药复方“促孕散”，主要用于治疗母畜卵巢静止和持久黄体的奶牛。给患卵巢静止和持久黄体的奶牛，每日喂一次，连用 3 天，重症加倍，用药一到两个疗程，即可见效，治愈率达 80%。此外，促孕散也能提高母羊发情同期化和提高母羊发情率及双羔率，可以使母羊配种时间和产羔时间集中，便于管理，更有利于发挥人工授精的优点。

## 二、中药的肾上腺皮质激素样作用

黄芪有类肾上腺皮质激素样作用和促进淋巴细胞转化及增强巨噬细胞的吞噬功能。巴戟天水提取物可使糖皮质激素标记酶 ATP 活性显著升高，具有增加血中皮质酮含量的作用，其活性可能是由于下垂体-肾上腺皮质系统受到刺激作用所致。生地黄有糖皮质激素样作用。盾叶薯蓣为多年生草本植物，其根茎含薯蓣皂苷元或薯蓣皂素，薯蓣皂素是合成甾体激素药物的基础原料和起始中间体，可以合成生产肾上腺皮质激素。何首乌有肾上腺皮质激素作用，能降血脂、降血糖、强心，能抑制结核杆菌、福氏痢疾杆菌及流行性感冒病毒，生品则能促进肠管蠕动而具泻下作用。附子具有肾上腺皮质激素样作用，能兴奋迷走神经，还具有强心、消炎、镇痛等作用。甘草中的甘草次酸及其衍化物有明显的抗炎及抗变态反应等糖皮质激素样作用，甘草甜素能增强糖皮质激素的抗变态反应作用及应激反应的抑制作用。研究发现，具有补肾健脾作用的龟芪散（黄芪、人参、白术、甘草、龟板、鹿角片等）、补肾定喘汤（熟地、巴戟天、肉苁蓉等）、加味六君子汤等可显著上调糖皮质激素受体的结合位点，并使血浆皮质酮水平明显升高，提高内源性皮质激素水平。

# 第三节　抗应激及催乳

应激反应是指动物机体对激原的非特异防御应答的生理反应。应激条件可诱导热应激蛋白表达的增加，一些抗应激中药可通过提高热应激蛋白的表达量而改善机体抗应激的能力。许多补益类药物、抗氧化药物均具有抗应激作用，石膏、黄芩、酸枣仁、党参、刺五加、远志、黄芪、鸭跖草、地龙、延胡索、人参、水牛角和合欢皮都具有抗应激的功能，可以提高机体防御抵抗力，使紊乱的机能恢复正常。

## 一、抗应激剂

将酸枣仁、刺五加、远志和合欢皮等植物源提取物和活性因子按一定比例配伍而成植物源抗应激剂，能明显改善生长肥育猪生长性能。向奶牛日粮中添加由石膏、芦根、夏枯草和甘草组成的中草药，可有效防止奶牛中暑现象发生，缓解奶牛热应激。刘凤华研究发现，含有薄荷、藿香等的中草药添加剂对预防热应激作用明显，并且热应激时间越长、应激强度越大，效果越好。以清热解暑、凉血解毒、益气养阴、补脾保肝、调和营卫、补肾阳兼滋肾阴、扶正祛邪、攻补并用为治则，将石膏、板蓝根、黄芩、苍术、白芍、黄芪、党参、淡竹叶、甘草等中草药，按一定比例配制成抗热应激中草药饲料添加剂，能改善热应激症状，提高奶牛的产奶量。

在奶牛日粮中适当添加一定剂量的复合中草药制剂，可以增强奶牛机体对环境的适应能力和调节能力，提高抗热应激能力，并能提高奶牛的抗病性，减少乳房炎发病率，提高产奶量。按照药方 1：由石膏、藿香、苍术、黄柏按质量等比例组成；药方 2：由石膏、藿香、苍术、黄柏按质量比 0.5∶1∶1∶1 比例组成自制冲剂。上述中药抗应激冲剂可增加肝脏热应激蛋白（hsp70）蛋白含量水平，提高机体细胞热耐受和抗应激能力，起到保护作用，且方 2 组效果优于方 1 组。

## 二、催乳剂

促进乳腺发育和乳汁生成、分泌，增加产奶量的作用。促进乳腺发育和乳汁分泌的中药有：黄芪、四叶参、紫河车、王不留行、穿山甲、通草、马鞭草、蛇床子、续断、生南瓜子、胡芦巴、蒲公英、甘草等。“催乳散”由黄芪 50 克，党参、白术各 30 克，当归、王不留行、通草各 20 克，皂刺 10 克，粉碎制成，按 2.5% 比例添加在日粮中喂服，具有理气血、通乳络的功效。

# 第四节　抑菌、抗病毒及驱虫

## 一、中药抑菌剂

植物源抑菌剂大致可以分为多酚、多糖、黄酮、挥发油、生物碱、萜类化合物等，其化学结构常包含酚、醚、萜和酮等基团。金银花、连翘、大青叶、蒲公英有广谱抗菌的作用。苦参、土槿皮、白鲜皮有抗真菌的作用。近年来，植物提取物抵抗外源性致病菌的研究已成为学者们研究的热点，植物源抑菌剂具有环保、无污染、无残留的特点，同时具有较低的毒副作用，因此，大量的植物提取物被开发并应用于天然防腐剂、饲料等领域。研究表明，马齿苋中的黄酮类能够破坏细菌的细胞膜，通过影响菌体细胞膜通透性而发挥其抑菌作用。植物精油可以抑制大多数致病微生物的生长繁殖，丁香精油对铜绿假单胞菌、金黄色葡萄球菌、大肠杆菌等都有抑制作用。艾蒿精油对革兰氏阳性菌的抑制作用比对革兰氏阴性菌强。炒王不留行总三萜提取物具有较强的广谱抑菌活性，对大肠杆菌、金黄色葡萄球菌抑制作用尤为突出。蒲公英全草、根能有效地抑制两种菌，对黄色金葡萄菌作用较明显，蒲公英根的水提75%醇沉物抑菌效果最佳。中药复方颗粒“救鸡宝”可以抑制大肠杆菌，对鸡白痢、禽霍乱有良好的疗效，其治愈率、有效率、死亡率与兽医临床上常用的环丙沙星相当，对兽医临床上家禽常发性、多发性、细菌性疾病疗效切实可靠。

将大青叶、穿心莲、陈皮、山楂、常山、大蒜等6味中药，粉碎（60目细粉）拌匀，制成“禽益散”备用。按500克/吨在肉仔鸡饲料中添加“禽益散”，不仅能增加肉鸡的饲料采食量，消食化滞，提高饲料利用率，而且大青叶、穿心莲具有清热解毒、广谱抗菌的作用，可以进一步增强抵抗力，达到提高抗病力，促进生长，提高经济效益的作用。

乳房炎是众多母畜较为常见的一种疾病类型，奶牛乳房炎多是由非特定病原微生物导致的，如细菌、真菌、病毒等。通过中药的合理应用同样能够达到治疗或缓解的效果，蒲公英、当归、金银花、大青叶均是乳房炎类疾病中较为常用的药物，能有效消除牲畜乳房炎部位炎症，对哺乳期动物急慢性乳房炎有很好的改善效果，缓解乳房肿胀，且有助于乳腺通畅。莲参注射液（哈尔滨摩天农科兽药有限公司，国药准字Z33020021）对临床型奶牛乳房炎治疗，治愈率为94.3%，中药通过整体治疗，能够有效修复机体损伤，增强机体免疫力，充分发挥抗菌消炎的作用，相较于治疗前，奶牛产奶量明显提升。

将红花、淫羊藿、益母草、连翘、栀子、黄芩、当归、苦参、紫草、蛇床子、硼砂等单味中药各50克，分别用水煎，浓缩至1克生药/毫升，备用。复方中药1：由红花、淫羊藿、黄芩、连翘等组成，水煎，浓缩至

1 克生药/毫升，备用。复方中药 2：由红花、益母草、当归、苦参等组成，水煎，浓缩至 1 克生药/毫升，备用。结果表明，黄芩、连翘、蛇床子和硼砂效果最好。复方的抑菌效果优于大部分单味药，这可能与单味药在复方制剂中表现出的协同作用有关，复方 1 的效果明显。

## 二、中药抗病毒剂

用板蓝根、大青叶、肉桂、桂枝、月见草、紫苏、连翘等中药配方防治鱼类病毒性疾病有独特的疗效。用枸杞子、菟丝子等多味中药制成有效复方浓缩喷雾干燥散剂，能够提高鸡只抵抗传染性法氏囊病毒的能力，显著降低强毒攻毒后鸡只的发病率和死亡率。

将银翘散、麻杏石甘汤、二陈汤加减，由板蓝根、金银花、鱼腥草、甘草等 9 种中药组成中兽药复方，用传统水提法将中药复方熬制成 1 毫升含 200 毫克生药的药液（即 200 毫克/毫升），用 0.22 微米滤膜过滤除菌，以此为待测药物初始浓度。结果表明，该中药复方具有很好的安全性，对鸡胚基本没有毒性，能对 H9N2 亚型禽流感病毒感染的鸡胚提供 100%的保护，具有良好的预防和治疗效果。将黄芩、黄连、板蓝根、大青叶等 10 味中药组方，加水至没过药 2~3 厘米，煎煮前浸泡 30 分钟，高火煮沸后小火再煎煮 20 分钟，共煎煮 2 次。混合 2 次药汁置于烧杯中，浓缩至生药量为 200 毫克/毫升作为储备液，0.22 微米滤膜过滤除菌后 4℃保存，制成中药复方芩根提取液，其在对抗 H9N2 亚型禽流感病毒的神经氨酸酶活性、抑制 H9N2 亚型禽流感病毒吸附靶细胞和在细胞内复制有一定的作用。

用中药复方提取液诺维康（由金银花、玄参、黄芩、生地黄等纯中药提取物组成）对 H9N2 亚型禽流感病毒、大肠杆菌、金黄色葡萄球菌、沙门氏菌 4 种病原体进行体外杀灭试验，并进行肉鸡饲养试验，结果显示，该中药提取液按 1：640 稀释后对病毒的杀灭率仍然达到 99%，提取液对大肠杆菌、金黄色葡萄球菌、沙门氏菌 3 种病原菌有良好的灭杀效果，动物饲养试验亦表明，诺维康在提高成活率、出栏重和饲料报酬等方面均具有促进作用。

将党参、黄芪、金银花、板蓝根、大青叶各 30 克，蒲公英 40 克，甘草（去皮）10 克，取蟾蜍 1 只（100 克）以上。先将蟾蜍置沙罐中，加水 1.50 克，数次煎沸后，入其他 7 味中药，文火继煎数沸，放冷取汁，制成“攻毒汤”。每天3次饲喂雏鸡，药液可饮用或拌料，若制成粉末拌料，用量可减至1/3~1/2，用于鸡传染性法氏囊病。柴胡、荆芥、半夏、茯苓、甘草、贝母、桔梗、杏仁、玄参、赤芍、厚朴、陈皮各30克，细辛6克，制粗粉，过筛混匀制成“百咳宁”。药粉加沸水焖半小时，取上清液加水适量使用，也可直接拌料，用于鸡呼吸道传染病，包括慢性呼吸道疾病治疗。

## 三、中药驱虫剂

1. 家畜类驱虫剂

畜禽体内寄生虫种类繁多，是影响畜禽健康生长的重要因素之一。中草药驱虫剂主要是起到抗寄生虫和驱除体内寄生虫的作用。印楝素、苦皮藤素、雷公藤素、胡椒素、尼西那素、番荔枝素、万寿菊素、海藻素等具有杀虫特性。使君子、川楝子、南瓜子、吴茱萸、石榴皮、薏苡根、槟榔、贯众、百部、硫磺、苦参、蛇床子、白头翁、鸦胆子对绦虫、蛔虫、姜片虫、丝虫、原虫有驱除作用。

球虫病是分布范围很广的一种原虫病。将“球虫九味散”添加于饲料中防治兔球虫病，连用5天后，粪检虫卵减少91.6%。10千克桉树叶熬汁兑水可以治疗车轮虫病。贯众叶、土荆芥、苏梗、苦楝叶按6∶5∶3∶5配制可以治疗毛细线虫病。根据驱虫消积、补气健胃的原则，由白头翁、苦参、百部、贯众、苦楝皮、党参、麦芽、神曲等药物组成“健兔灵”中药方剂，将以上中药粉碎，细度为60目，装于塑料袋内备用。“健兔灵”不仅能抗球虫，而且在改善兔的消化吸收机能、增强体质和抗病能力方面作用持久，且能减少兔的死亡率。

常山、白头翁、乌梅、黄芪、丹参、甘草等组合而成的混合饲料添加剂“兔健宝”，抗球虫效果优于盐霉素，能明显降低家兔因球虫感染所造成的死亡，并兼有促进生长的作用。绵羊石硫合剂对绵羊药浴可防治体外寄生虫和疥癣病传播感染。生石灰7.5千克、硫黄粉12.5千克，拌成糊状，加水150千克，用铁锅边煮边搅拌到沸腾（其间注意补足蒸发掉的水分）至溶液呈深褐色时，倒入桶中澄清，取上清液兑温水500千克，搅匀待用即可。

钩吻为马钱科胡蔓藤属钩吻的根及全草，有大毒，具有杀虫、健胃、拔毒生肌和止喘的功用。牛用量为50~100克，猪25~50克。注意猪、牛内服量不宜过大，其他家畜（马、犬、兔等）禁止内服。硫酸铜纯品外观为蓝色或淡蓝色硫酸盐结晶，能破坏虫体内的氧化还原酶系统的活性，阻碍虫体的代谢或使虫体的蛋白质结合成蛋白盐，它能杀死羊体内的多种肠胃线虫，驱虫时用 1：100 硫酸铜溶液。硫酸铜溶液一定要现配现用，一般成年绵羊 80~100 毫升，成年山羊不超过 60 毫升。鹤草根芽含有鹤草酚，具有一定缓泻作用，利于虫体排出，可驱除禽绦虫。用干品时，每次成禽用 2~4 克，内服；用浸膏时，每千克体重禽用 150 毫克，内服。

雷丸所含溶蛋白酶、雷丸素是驱除禽绦虫的有效成分，但遇热易被破坏，所以必须生用。用量为成禽 2~4 克，研成细末，用冷开水调服。百部对虱子和蛲虫有较好的杀灭作用。因其有效杀虫成分易溶于酒精，故灭虱子时，可用 20%的酒精浸液局部涂刷或喷雾。

榧子对驱除家畜体内的蛲虫有良好效果。可用 50%的榧子水煎液 200 毫升灌肠，能驱除马、骡、驴等家畜体内的蛲虫。鹤虱为菊科植物天名精的果实，鹤虱苦辛，苦降辛行，能除逆气。虫得辛则伏，得苦则下，故有杀虫消积之功，可用于多种肠道寄生虫，对蛔虫、蛲虫、钩虫及绦虫等引发的虫积腹痛均有效，具有杀虫消积等功效。

2. 鱼类驱虫剂

南瓜子为葫芦科植物南瓜的种子，可驱除畜禽的绦虫、绿虫、蛔虫、血吸虫、钩虫等。将新鲜南瓜子碾成粉末，在早上没喂食前先行喂服。15~25 千克的小猪或犬 1 次喂 100~300 克，成年羊喂 400~500 克。苦楝树的皮和果实为鱼类常用驱虫药。楝树皮含有毒性的苦楝碱、中性树脂、鞣质。苦楝碱和鞣质可使寄生虫体麻，强烈持久收缩而死亡。苦楝果中含驱虫有效成分为川楝素和挥发性脂肪，可使虫体神经中毒。苦楝皮籽可用于防治寄生虫性鳃病、锚头鳋、中华鳋、毛细线虫、车轮虫、隐鞭虫病等。使用方法：每亩水深 1 米，用苦楝树皮或果（叶）、马尾松各 10~12.5 千克，切碎加水煎汁成 12~25 千克，取汁勾兑适量水全池泼洒，1 次/天，连用 2~3 次。马尾松中含有多种松碱和植物杀菌素，能使虫体肌肉异常持久收缩至死，可防治鱼锚头鳋病、鱼鳋病，用法：每亩水面用 20 千克马尾松枝，扎成多束放在水池中，可以防治锚头鳋病；每亩水面用 20 千克马尾松枝，扎成多束散放在水池中，7 天后取出轮换，可防治鱼鳋病。

鹤虱驱虫的有效成分为生物碱和鞣酸，可使肠胃中寄生虫体内蛋白质凝固，虫体强烈收缩而死亡。用法为按每千克鱼饲料添加鹤虱 8~10 克投喂，可防治鱼的毛细线虫病、隐鞭虫病、九江头槽绦虫病、三代虫病等体内寄生虫病。

## 第五节　增食欲、促生长和催肥

有些植物具有理气、消食、益脾、健胃的作用，可改善饲料适口性，增进畜禽食欲，促进和加速动物增重和育肥的作用，提高饲料转化率，改善动物产品质量，如山药、鸡冠花、松针粉、酸枣仁、麦芽、山楂、陈皮、青皮、苍术。

早在《淮南子》中就有应用“麻盐肥豚法”的记载。很多中草药具有芳香气味能够促进畜禽采食，降低饲料成本，尤其在品质较差的饲料中加入调味剂，可以掩盖饲料中难闻、畜禽不喜欢的气味。如在肉鸡饲料中加入大蒜不仅可以促进鸡的食欲，还可以杀死鸡肠内病菌，减少疾病的发生。

用山药、黄柏、苍术、白术、红辣椒、大蒜素 6 种中药材制成复方中草药添加剂可提高肉鸡生长速度和饲料利用率。将黄柏、板蓝根、大蒜等 10 味中草药和中草药发酵制剂，按一定比例配制的添加剂添加在肉用仔鸡日粮中，结果表明，中草药添加剂组鸡的增重、成活率均高于对照组。用麦芽、何首乌、大蒜、陈皮等混匀后按照 0.5%的比例加入到猪料中，猪的每千克增重成本降低 2.00%~14.00%。

将黄芪、远志、陈皮、山药、甘草 5 味中药组成“五味增重散”。将上述干燥药物粉碎，以 3：1：2：2：1 的比例混合均匀，过 60 目筛，置于通风干燥处保存备用。“五味增重散”味甘气香，具有补气固本、安神、健脾胃、助运化、增强免疫功效。日粮中添加 1%、2%的“五味增重散”均能不同程度地促进肉鸡生长，提高饲料报酬，降低饲养成本，提高经济效益。取甘草、淫羊藿、银杏外种皮、党参和黄芪，按照 10：10：20：20：40 的比例，用 10 倍质量的水浸泡 24 小时。药液两次煎制。第一次是武火煮沸，文火煎煮 2 小时，收集药液；第二次是滤渣加 5 倍质量的水，武火煮沸，文火煎煮 2 小时，收集药液。两次煎制的药液混合在一起，再文火煎煮浓缩到 1 克/毫升。观察了中药组方对鸡脾淋巴细胞免疫功能、肉鸡生长性能、屠宰性能和肉品质的影响，结果表明，该中药组方能够促进鸡脾淋巴细胞增殖、细胞因子分泌和 mRNA 表达，提高肉鸡的末重和平均日重，降低料重比，提高鸡的免疫功能，增强抗病能力。

将乌梅、麦芽、山楂、神曲配制成“乌梅三仙散”，乌梅饮，乌梅水溶性提取物蒸馏水稀释，浓缩成每毫升含药物 1 克的药液。按中药质量（克）10 倍体积（毫升）的蒸馏水浸泡 30 分钟，武火煮沸后文火保持沸腾 30 分钟，稍冷却后用 8 层纱布过滤；滤渣，再加入原药量 8 倍体积的蒸馏水，再按上述方法煎煮一次，合并两次煎剂浓缩成 1 毫升药液含有 1 克生药的浓度。三仙散，麦芽、山楂、神曲除去杂质后粉碎，按比例混合均匀制成散剂，过 20 目筛。装袋密封于阴冷干燥处贮藏备用。分别在饮水和日粮中添加不同比例的乌梅饮和三仙散，“乌梅三仙散”可以提高肉仔鸡的日增重，降低料重比，改善肉质，提高机体免疫力，显著提高肉仔鸡成活率，最佳配伍比例是（乌梅 0.75%+三仙散 1%）。

根据中兽医学脾主运化，胃主受纳，脾胃相表里，具有腐熟、运化水谷精微的理论，选用麦芽、山药、胡麻子等中草药组成肉鸡饲料添加剂“促长散”，纯中草药方“促长散”添加剂的方 1 为麦芽、山药；方 2 为女贞子、胡麻子；方 3 为麦芽、女贞子、胡麻子。各味中草药共为细末，过 30 目筛，用塑料袋密封避光保存。上述中草药添加剂各组方皆可不同程度地提高肉鸡生长速度，降低料重比。

按照比例将桂皮 40%、小茴香 30%、沙羌 10%、陈皮 10%、胡椒 5%、甘草 5%，粉碎混匀制成“味香肥鸡散”。每只鸡饲喂 1 克，拌料，可提高肉鸡增重，并改善鸡肉风味。刺五加 150 克，麦芽、炒山楂、贯众各 60 克，炒黄豆 500 克，苍术、五味子各 100 克制成“育肥散”，粉碎混匀，按 1 克/千克体重的剂量添加到饲料中，连喂 1.5~2.0 个月，可开胃消食、强身健体，用于猪的快速育肥。小苏打、苍术各 50 克，干姜 10 克，龙胆草、陈皮各 30 克制成“健胃散”，研为细末，饲料中添加 0.4%，经常喂服，具有健胃消食作用，用于食欲不振、消化不良。苍术、制首乌各 50 克，白芍、焦神曲、焦山楂各 30 克，陈皮、大黄、青蒿各 20 克，研为细末制备“猪长精”，按 0.3%比例加入饲料中长期饲喂，可健脾开胃、促长强身。“肥猪散”由苍术、制首乌、黄精各 50 克，陈皮 30 克，焦神曲、焦麦芽、焦山楂各 25 克，大黄 20 克组成，研磨为细末，每天仔猪喂 5~10 克/只，成年猪喂 15~20 克/只，或按 1%比例加入饲料中长期饲喂，可健脾开胃、养血生精。“催肥散”由苍术、陈皮、焦山楂、炒槟榔各 30 克，焦麦芽 60 克，木通 24 克，甘草 18 克制成，粉碎，按 1% 比例加入饲料中饲喂，每周 1 次，连喂 4 个月，具有开胃进食、强化消化、促生长育肥的功能。

## 第六节　饲料保藏和畜产品品质增进

有的中草药能防止饲料变质、腐败，延长贮存时间。例如，土槿皮、射干、黄柏、白鲜皮、花椒能防腐；红辣椒、荞麦秆、儿茶、棕榈抗氧化。茴香、花椒等具有挥发性气味，放入饲料原料中可以防止原料生虫；栎树皮、桉叶、棕榈、甘草、柠檬等还具有抗氧化作用，可以作为抗氧化剂防止饲料中的营养成分氧化分解。乌梅、山楂、苹果皮等含有柠檬酸、苹果酸等成分，可以封锁金属离子，使其失去氧化作用，从而达到长期保存的目的。饲料储存类中草药在动物养殖中的应用，主要是直接将中草药混入饲草中，加强对饲草的合理管理，降低各类饲料保存过程中出现腐败或变质等情况，有效提升饲料使用时间及质量，如花椒、白藓皮、土槿皮等草药在饲料贮存中的添加，能够有效降低饲料腐烂情况的发生，红辣椒的应用能提升草药的抗氧化效果。

在蛋鸡日粮中添加 0.2% 由黄芪、当归、元参、地丁、甘草等 40 味中草药组成的添加剂可提高产蛋率 5.9%，饲料利用率 7.6%。由黄芪、酸枣仁、远志组成的添加剂，以 1.5% 比例添加，肉鸡增重 5.7%，饲料报酬提高 5.6%。将黄柏、板蓝根、大蒜等 10 味中草药和中草药发酵制剂，按一定比例添加在肉用仔鸡日粮中，结果表明，中草药添加剂组鸡的增重、成活率高于对照组。在肉鸡饲料中加 3% 的桑叶粉，与不加桑叶的肉鸡比，肉质更嫩、香味更浓、口感特别好；以炒小茴香和茯苓为主的中草药组成肉鸡风味型中草药饲料添加剂“香苓粉”，明显改善了白羽鸡的风味特征，经气相色谱和色质联用法定性定量分析证实，鸡肉中 26 种风味成分含量增多。

黄芪、白术、肉桂在提高肌肉饱和脂肪酸，贯众、苍术、槟榔在改善猪肉品质等方面都有较好的结果。如黄连、甘草、红花、橘皮等中草药中含有丰富的胡萝卜素和叶黄色，紫苏、紫草等含有丰富的紫色素，黄连、姜黄、大黄等含有丰富的黄色素，这类中草药可以应用到畜禽养殖中，改善畜产品品质，提高养殖场经济效益。由黄芪、苦参、黄芪、黄连、金银花、鱼腥草、板蓝根等20余味中药材与中微量元素复方，能够直接提供植物生长所需营养物质，具有提高作物叶绿素含量以及促进作物生根的作用，以让作物生长健壮，从而影响最终农产品的产量和品质。有些中草药可以改善畜禽羽毛、皮肤、蛋黄、蛋壳等颜色，提高畜产品的品质。在商品蛋鸡日粮中添加海藻粉，蛋黄颜色显著改善，同时蛋黄中蛋白质、脂肪、磷脂和碘的含量均有不同程度的提高，且胆固醇蓄积量有所降低。在鲤鱼饲料中加入2%、4%、6%的杜仲叶粉可以提高鲤鱼肌肉的营养价值，使肌纤维变细、改善肌肉品质，并可加快鲤鱼的生长。以炒小茴香和茯苓为主的中草药组成肉鸡风味型中草药饲料添加剂“香苓粉”，明显改善了白羽鸡的风味特征。经气相色谱和色质联用法定性定量分析证实，鸡肉中26种风味成分含量增多。在日粮中添加5%~10%新鲜的小茴香籽粉或者提取过挥发油的小茴香渣，可以改善饲料的适口性，促进食欲，增加采食量，提高蛋形指数和加深蛋黄色泽，从而达到提高产蛋性能及改善鸡蛋品质的目的。青蒿中含有多种化学成分，在蛋鸡低蛋白质饲料中添加0.5%的青蒿粉，可以缓解高温对蛋鸡生产性能的负面影响，增加蛋黄颜色，提高生产性能，显著降低蛋鸡血清丙二醛含量、提高谷胱氨肽S转移酶活性。在出栏前28天的肉鸡在饲料中加3%的桑叶粉与不加桑叶的肉鸡比，肉质更嫩、香味更浓、口感更好。

中草药饲料添加剂“速肥绿药”由鱼腥草、丁香、黄芪、麦芽、槟榔、远志等12味中草药组成。饲喂高剂量“速肥绿药”能提高肉牛生产性能，即增重快，屠宰率高，产肉性能良好，用该中草药饲料添加剂对肉牛育肥效果显著，可产生显著的养殖效益。

## 第七节　肉类抗菌保鲜

茶多酚、丁香、黄连、桂皮等可作为植物源保鲜剂，溶菌酶、鱼精蛋白等可作为动物源保鲜剂，乳酸链球菌素、那他霉素对大肠杆菌、金黄色葡萄球菌、白假丝酵母、总状毛霉等可作为微生物源保鲜剂，都具有良好的抑制效果。植物、动物、微生物源所复配的保鲜剂其最优配方组成为茶多酚3克/升，丁香75克/升，黄连75克/升，桂皮150克/升，溶菌酶0.15克/升，鱼精蛋白0.15克/升，乳酸链球菌素0.7克/升，那他霉素0.7克/升进行保鲜处理，结合$CO_2$、$N_2$、$O_2$在气体比例组成上以75%

$CO_2$、15% $N_2$、10% $O_2$组合，抑菌效果最好。

通过响应面法优化银杏叶提取液、竹醋液和茶多酚溶液三种植物源保鲜剂对大黄鱼保鲜效果的最佳配比，以挥发性盐基氮（TVB-N）值为指标，确定三种植物源保鲜剂的最佳配比为银杏叶提取液 1.38%、竹醋液 0.92%、茶多酚 0.85%，银杏叶提取液对腐败希瓦氏菌和腐生葡萄球菌的最小抑菌浓度均为 100 毫克/毫升。指标测定和扫描电镜结果表明，银杏叶提取液可抑制菌体细胞分裂繁殖，延缓其进入对数生长期，降低细胞膜流动性使细胞膜通透性增大，破坏细胞壁及细胞膜完整性，使细胞内容物外泄，抑制菌体正常生长代谢，造成菌体死亡。

# 第九章　中医农业发展策略及产业链构建

中医农业是一个古老又崭新的领域，当前需要我们在传承传统科学精髓的基础上，融入现代高新科技，进行传统技术与现代科技的集成创新。因中医农业概念提出的时间短，人们的关注度有限，加之人才缺乏，许多问题有待创新，譬如：中医农业的机理、技术体系需要明晰，应用产品需要开发和丰富等。从整体推动中医农业产业发展来看，首先应该有规划、有政策；其次要加大机理研究、开发应用产品，另外还应做好示范，用实际效果带动发展。中医农业不单纯是动植物的种养技术，而是涉及原料、生产、深加工、营销等一、二、三产业的方方面面。只有逐步形成健康的产业链，中医农业才能真正全面带动农业产业与经济的发展。

## 第一节　中医农业的发展策略

### 一、中医农业发展存在的问题

虽然中医理论在我国传统农业中广泛应用，有悠久的历史，但将中医与农业融合，提出中医农业概念的时间不长，其发展中存在很多问题。

1. 对中医农业尚未形成广泛共识

中医农业是一个新概念，其理论和技术正处于创新发展阶段，因而目前相当一部分人对中医农业具体干什么和怎么干以及中医农业与生态农业和绿色发展之间的关系尚不十分清楚。何况目前多数从事农业的人对中医的核心思想、理论、方法不熟悉，而从事中医的人对农业情况也不熟悉，所以把中医和农业有机结合形成合力，用于农业生产还有不小难度。另外，基层生产者从投入产出、生产效益等方面考量，对中医农业也心存疑虑。这些都影响了中医农业的全面深入推进。

2. 中医农业很多理论问题还有待解决

中医为人治病，历史悠久，体系比较健全，但中医为植物“治病”，还有很多问题尚需探究，比如：中药及复方对植物病虫害的作用机理、对环境影响的评价、有效成分的定量控制、相关标准的建立等，这些问题使中医农业的进一步发展受到一定制约。

3. 成熟的系统实用性技术成果还比较少

虽然最近几年，中医农业在全国各地兴起，开展试验研究及推广工作如雨后春笋，也形成了很多研究成果和实践经验，但多为零散的，成熟系统实用性成果带来产业大范围提升的案例还不多，还有待梳理、总结。加之地区的差异性，所以在推广应用中会遇到很多操作性的具体问题。

4. 中医农业生产应用产品还比较少

相对化学品，目前可供选用的中医农业“两药两料”产品还比较少。突出表现在产品比较单调，生产规模小，专业化水平低。而且中药复方药肥见效慢等缺点，容易被大多数一线生产者放大。何况，针对性和专一性强的中医农业应用产品更少，这就让中医农业应用品替代化肥、化学农药的进程举步维艰。

5. 中医农业科技创新没有形成合力

中医和农业属于不同的产业门类，在中医农业尚属于探索阶段，国家的各级科技创新资源尚未有针对性地对其聚集发力。中医农业目前更多是一种企业和民间行为，或少数认识其作用的部门、人员的默许或助力，还未形成政府层面清晰的政策支持与聚力。中医与农业长期分类在不同领域，没有贯通中医与农业的人才培养体系，相关方面的人才奇缺。

6. 对中医农业的宣传引导不够

基于中医农业刚起步不久，人们的认识也需要一个过程，还未形成整个社会的共识，因此社会舆论的关注度不高，认知度有限，宣传报道的自然就少。

## 二、中医农业的发展策略

对于中医农业未来发展，农业科研工作者、农资企业、农业种养殖生产经营者等，都有建设性的思路、意见和建议。全国人大代表、安徽省农业科学院副院长赵皖平等提出的建议，很有代表性。

### （一）政府主导，统一认识，高度重视

政府在推动中医农业的发展中具有引领作用，将中医农业作为绿色发展的重要组成部分开展普及教育和宣传，并成立专门的办公室，进行顶层设计，确定目标，制定国家层面的中医农业发展规划，引领和推动中医农业健康有序的发展，是十分重要和必要的。

随着经济发展，国力增强，居民生活水平不断提高，但环境和健康问题也相伴而生，食品安全问题日益成为近年来社会的焦点。中医农业产品作为安全系数最高的食品，符合《国民营养计划（2017—2030）》提出的要以人民健康为中心，以普及营养健康知识、建设营养健康环境、发展营养健康产业为重点的理念与宗旨，并具有广大的市场需求。中医农业生产过程强调人与自然的和谐相处，倡导环境保护和生态平衡，强调可持续发展，是习总书记提出的绿色发展理念的良好实践，应得到政府和民众的广泛认同、支持和推动。

### （二）制定中医农业行业标准，构建统一认证监管平台

目前中医农业缺乏行业准入和执行标准，产品没有相应的认证机构。受体制机制影响，认证平台和监管机构不能针对中医农业的投入品实行科学的认证和监管，相关的以中草药为原料的农业投入品很难在市场中流通。同时，由于产品标准尚未制定，只能以农业投入品的形式发挥作用，影响了自身品牌的发展。此外，市场上销售的农产品也鱼龙混杂、良莠不齐，致使农业生产者和农产品消费者对中医农业认识不够，心存疑虑，缺乏应有的信赖。随着中医农业技术在全国的不断推广，需要建立相应的中医农业行业标准，作为衡量产品达标与否的准绳，明确专门机构对中医农业的生产、物流、加工、销售和检测进行监管，严格产品认证标准和规程，构建统一的产品认证平台和溯源体系，实现产品可追溯，规范处罚和退出机制，推进中医农业药食同源领域的稳步运行。

目前，国际中医农业联盟联合中关村中兽医药产业技术创新战略联盟利用自身专家资源优势，共同起草中医农业药食同源领域技术标准，标准体系包括："食品安全、土壤安全、种植安全、饲料安全、养殖安全"五大标准体系，有待于进一步完善和确定。

### （三）科技部门和农业部门协调管理，多学科协同攻关

由于缺乏配套的中医农业发展扶持政策，科研和生产的积极性受到限

制。主要体现在：一是缺乏科技项目扶持，相应的学科建设滞后。二是没有解决生产资金问题，相应的专享优惠政策也没有制定出来。迄今为止，尽管中医农业已有大量的实践和成效，但国家及各地方政府的农业投入项目中，与中医农业紧密相关的专项尚未出台，加深关键领域和作用机理研究，鼓励学科联合攻关，推动中医农业科研工作的创新发展，科技部门和农业部门的协调一致，促进多学科联合协同攻关，推进高校及相关科研院所中医农业的学科体系建设，加深中医农业关键领域和作用机理研究，培养后备人才，加强产品研发，对接中医农业全产业链和市场需求，开发出一系列实际效果显著的中医农业肥药产品，并逐步提升为国内外知名品牌，显得十分重要和必要。

**（四）结合农业农村部化学肥药“双减”措施，在全国开展中医农业肥药替减化学肥药行动**

积极推广应用中医农业肥药，突出区域重点，聚焦优势产区，以县为单元，建设一批中医农业绿色生产的大县及生产基地。大力发展林下种植中草药，在不占用耕地的情况下大幅度增加中草药供给量，按照特定配方制作中医农业肥药，以设施蔬菜、水果为主大面积推广应用；突出区域重点，聚焦优势产区，抓好一批蔬菜水果生产大县以及生产基地，试点先行，梯次推进；突出机制创新，以园区基地为依托，以新型农业经营主体为核心，推动中医农业肥药替减化学肥药行动向社会化、产业化方向发展。

**（五）制定中医农业发展的支持政策**

加大对中医农业发展的资金支持力度，国家和地方充分发挥农业专项资金的作用，对中医农业项目予以重点扶持，设立中医农业肥药购买补贴政策，对从事中医农业生产的农户和企业给予补贴，并鼓励和扶持中医农业肥药研发机构和生产企业；培育中医农业产业链，并在关键领域促进形成产业集群；注重科普、科教与科研进程的协调，形成一体化协同发展，提高中医农业的社会认知，营造中医农业的良好发展氛围。

**（六）建立中医农业试验区，突出典型示范和引领带动作用**

中医农业技术供给与市场推广相对薄弱，社会认知度不高。由于中医农业投入品生产和销售规模普遍较小，在技术层面上，生产者往往各自为政，缺乏一个系统的生产技术体系；在市场推广上，许多生产者只把中医农业作为常规农业的升级项目来开发，忽视了推广等环节；在产供销业务链层面上，缺少整合与创新；从社会的角度来看，缺乏一个对中医农业的行业定位和系统性归纳研究，从而也导致了目前社会对中医农业技术体系的认知度不高。

以“强、优、精、特”为标准，以体现中医农业建设的核心内容为重点，以能够引领中医农业的发展为方向，建立中医农业国家及地方各级试验区，形成各类可复制、可推广的典型。目前，分布在全国的中医农业试验基地，利用中草药肥药、有机粪肥、有益微生物菌肥、海洋生物肥、矿物质中微量元素替代化学肥药，形成了能解决有机农业不能高产的高效生态模式，已在全国范围内辐射带动了一批农业企业，可上升为国家试验区，以充分发挥其在高效生态农业方面的引领作用。并积极对接养生保健的社会需求，拉长中医农业产业链，并在普遍关注的关键领域形成产业集群。

**（七）加强对中医农业相关组织的重视和支持**

世界中医药学会联合会中医与农业产业分会及各地不同形式的中医农业专家工作站、中医农业研究院等，作为学术组织，对于推动中医农业更好、更稳、更快发展，扩大国内外专家和相关企业在该领域的合作与交流，促进中医农业理论与技术不断创新，探索一条新时代中国特色的生态农业发展新途径，对弘扬中国传统文化和建设健康中国具有重要意义，应该得到应有的重视和支持。

## 第二节　以中医农业打造高效生态农业产业链

中医农业是具有中国特色的生态农业，是现代农业与传统中医药的跨界融合、集成创新的产物，是用中医整体、系统、辨证观理念建立的综合体系，其产业链应该包含四大体系和五大应用。四大体系包括产业技术体系、推广应用体系、综合服务体系、宣教培训体系；五大应用是通过中医农业方式和方法应用，最终解决现代社会面临的五大问题：农业环境与生态保育问题，生态食材生产模式和供应链问题，中医药和耕育田园为人类康养文旅服务问题，青少年儿童的生态教育、体验、科普问题，耕育文化传承创新问题等。为进一步促进中医农业发展，必须按照生态兴农、质量兴农、品牌强农的要求，从扎实推进改善农业生态环境入手，创新思路、创新技术、创新产品，以产业链部署创新链，以创新链带动产业链，结合实际建立乡村产业振兴模式，带动相关产业发展，实现一、二、三产业融合发展，助力乡村振兴。

## 一、中医农业产业模式探索

近几年，我国山东、安徽、贵州、江西、河南、陕西等地先后开展了中医农业试验研究及示范推广工作。基于中医农业的现状与存在的问题，虽然举步维艰，但因中医农业适应了生态农业发展的需要，适应了弘扬民族文化的需要，适应了农业绿色发展的需要，有利于人类大健康理念的实现，正在逐渐引起更多人的关注与响应。中医农业作为一种具有中国特色生态农业的产业形态，正在将思想、技术、产品等结合各地特色融合发展、创新发展。目前，一些地方从实践中形成了一些经验或模式，也仅仅是探索的开始，有待进一步提升、完善。

### （一）山东临沂技术创新、品牌升级双驱动模式

1. 中医农业核心技术平台构建

（1）世界中医学会联合会（简称世界中联）中医与农业产业分会执行机构锄禾网公司落地临沂，报备国际中医农业院士工作站落户在临沂科创城，世界中联中医与农业产业分会专家委员会核心专家为院士工作站的专家团队成员，结合当地农业产业升级的需求与《产自临沂》品牌打造，转化中医农业技术成果，探索制定中医农业产业标准，创建国际中医农业技术研发科技集成高地。

（2）世界中联中医与农业产业分会执行机构与临沂市农业科学院开展战略合作，以双方现有科技成果为基础，组建科技成果转化与推广团队，开展中医农业的新品种推广、新技术应用等工作，组建中医农业科技创新平台，培养一支临沂市乡村振兴科技人才队伍，培育一批临沂市具有自主知识产权和市场竞争力的农业新产品、新技术。双方以共同服务临沂乡村振兴“三步走”战略，对接长三角、粤港澳地区，为打造乡村振兴齐鲁样板，贡献中医农业方案、中医农业智慧、中医农业力量。整合临沂市特色优势资源，融合中医农业技术方案，努力打造一批高新技术支撑、现代服务业引领、一二三产业融合、城乡一体化发展的示范样板。

2. 临沂茶山公社乡村振兴农村农业现代化数字化智慧乡村国家级样板打造

通过中医农业技术应用及高科技现代化建设，以锄禾网为平台与长三角商超共建订单化农业工厂的改革，率先让山东临沂艾崮村的农业一产加入长三角战略进程红利，加快农村农业现代化数字化智慧乡村体系改革，以中医农业核心技术的研发与应用，不断推进有机生态化农业进程，保证粮食安全，建立一整套全方位农业深加工一、二、三产业融合产业模式及可借鉴的国家级农村农业数字化智慧乡村新集体经济人民公社体系学习样板。

3. 绿色发展，生态优先，叫响《产自临沂》品牌

立足临沂市资源禀赋、农业特色和优势，突出优质、安全、绿色导向，全面对接长三角农产品市场，兰山区农业局率先在全区推行中医农业技术应用和产业示范，以打造方城中医农业核心示范基地样板工程为引导，带动全区各乡镇进行中医农业技术应用的普及教育及示范，结合创建长三角标准化示范基地，推进绿色生态种植技术，达到减肥增效，降低农残，提高农产品品质之效果；以中医农业产业示范效应，带动生产标准化、基地规模化、营销品牌化，建立完善生产、加工、运输、销售于一体的产销标准规范体系，全力打造长三角“菜篮子”“果篮子”“肉篮子”“米袋子”等直供基地，走好对接长三角地区“三步走”的关键“第一步”，探索走出一条沂蒙乡村产业振兴新路径，为打造乡村振兴齐鲁样板走在前列提供有力支撑。

中共临沂市委王安德书记已就中医农业技术开发及示范应用作了重要批示，要求作为双增双减的重要技术示范推广；中医农业产业发展，在临沂落地优势鲜明，平邑县栽培金银花种植基地，面积突破65万亩，流通量占全国的80%以上。同时，由锄禾网平台牵头院士团队与当地玫瑰产业种植基地成立了中医农业院士工作站申报中医农业技术研发等重点项目落地临沂。沂南县全域推广中医农业技术示范种植，优化农产品种植环境，提高区域公共品牌“沂南黄瓜”“茶坡芹菜”的品牌价值，为种植户创造更好的收益。临沂市从事中医农业技术的推广团队在蒙阴蜜桃、兰山果蔬、沂南黄瓜、莒南草莓、胡阳番茄等作物上取得了较好的示范成果，以《产自临沂》为区域品牌的优质农产品融进长三角地区城市，并在上海成功举办了推介会，取得了较好的成果。

### （二）安徽利辛生态种养循环产业链平台构建模式

安徽利辛县坚持绿色化、生态化方向，大力推广绿色低碳循环、种养产出高效的生态农业产业化发展模式，以畜禽粪污资源化利用为重点，以标准化示范场创建为载体，全域大力推进种养结合生态循环农业，着力打造长三角等经济发达地区绿色优质安全农畜产品生产加工供应基地。全县每年引导农民自用简易堆肥约 100 万吨，第三方畜禽粪污集中处理中心可生产有机肥约 30 万吨，实现畜禽粪便资源化肥料利用效率 90%以上。通过种养结合项目将每年推广使用约 130 万吨堆肥和有机肥，有机肥替代化肥养分 30%以上且逐年持续增长，显著提高农产品品质，逐步减少化肥使用量。产品、企业和产业生态圈三位一体的生态农业产业化发展模式初步形成，"企业小循环、园区中循环、县域大循环"的发展格局初步建立，有机肥生产和应用能力大幅提升，初步实现了植物生产、动物转化、微生物还原现代高效生态农业发展目标，近年来利辛县一批种养业龙头企业和园区大力示范应用推广中医农业技术，取得了明显成效，为整县推进中医（生态有机）农业产业夯实了基础。目前，全县已有 700 余个畜禽规模养殖场（大户）通过流转土地或与种植大户联合实施种养结合循环生产模式，2020 年全县完成蔬菜种植面积 34. 54 万亩、瓜果种植面积 4 万亩、中药材种植面积 10. 7 万亩。50 余家骨干企业通过种养结合循环模式带动了现代农业产业园区蓬勃发展，园区内养殖业、经济作物种植、加工销售、观光采摘等年产值已达 10 亿元以上，带动园区内农民年人均增收 3 000 余元，就地转移农村劳动力 1. 1 万人，注册各类品牌 136 个，经济、社会及生态效益显著。

### （三）贵州中医农业食养+中医康养引领发展模式

2021 年，贵州喜香依中药复方技术团队创新资本融资模式，通过资源整合，将房地产商闲置商铺、中药复方创新技术、银行资本三者进行有机组合置换，解决了中医农业乃至小微企业融资难的问题。有望形成以中医农业中药复方技术为核心的企业集团。

基于中医理论打造"天人合一"农业生态环境和食养农产品，培育"中医农业食养+中医康养""农业华为"科技型产业发展集团。在促使企业生产盈利、带动农村种植基地巩固扶贫成果奔小康的同时，依靠技术、市场需求和政府引导的三重作用，将可恢复、提升和保育耕地质量，保障耕地安全。遵循中医食养“治未病”理念，将为国民提供高营养价值食养产品，帮助提升国民健康水平，降低癌症、三高等发病率，帮助中医康养实现“药架生尘”的目标。

农业生物科技板块主要从事中医农业投入品技术研发，研究土壤和农产品质量提升技术；为种植基地提供中药复方技术、销售渠道（整合物流集团）、融资渠道（闲散房产商铺），以互利互惠自愿的原则组建企业化中药复方种植基地联盟，完成中药复方投入品原料种植任务，并以订单为导向，生产满足市场需求的特级精品中药复方农副产品。在贵州形成以总部为核心点，以地区性分厂为网络，涵盖中药材、水稻、精品水果、精品蔬菜为主打产业的中医农业产业带，为下游大健康产业提供物质支持。

基于中医理论的贵州中医食养+医养双养模式，是沉淀深厚的中医理论与技术方法解构重组农业运用，与中医医养的深度融合，将催生出全国首个双养模式示范区；贵州中药复方技术为国家科学技术部化肥农药双减重点研发项目成果，实现了高校联合，博士团队集群创新。在资本和地方政府支持下，利于打造出具有高新技术特征的“农业华为”产业集团，对于切实提振贵州扶贫成果，培育贵州特色乡村振兴产业模式具有重大意义。

### （四）江西婺源徽派文化农旅中医有机农业全产业链模式

江西省上饶市婺源县位于安徽与江西交界处，具有全国闻名的徽派文化沉淀和油菜花旅游优势。2019—2020 年，县政府引进贵州中药复方团队技术，依托中国科学院贵州省天然产物化学重点实验室和贵州中医药大学技术力量，以农业项目形式在全县皇菊、水稻、茶叶、葡萄及草莓等多种作物上进行了为期两年的大面积试验示范，取得了良好成效。2021 年，县政府提出以发展旅游的思路发展农业，打造全县域有机中医农业，最终全面改良县域耕地，安全防治病虫害。涵盖面积 45 万亩，总投资 2 亿元。

目前江西省上饶市婺源县通过县政府和人大报告，拟建设中药复方投入品江西分厂，将以本技术为抓手全县域推进有机生态农业建设，打造中医食养精品旅游县，婺源有望培育我国首个全县域一、二、三产业融合，以中医农业为核心的徽派食养文旅乡村。

### （五）河南焦作创建中医农业集成技术平台模式

以促进焦作建设全面体现新发展理念示范市为指引，立足焦作优势特色农业，致力于解决农产品质量安全和农业面源污染问题，河南省焦作市农林科学院积极开展国内、国际合作，打造绿色农业产业新高地。成立了首家官办中医农业研究所，提出了涵盖土壤修复、土壤处理、土壤提质、健壮生长、物理防治、绿色收储、标志管理、智慧农业的中医农业的整体思路和技术路线。在焦作市建立“四大怀药”、水稻、花生、蔬菜、水果高标准试验示范基地，并依托农业流动大学、农业科技服务工作站提升建设了120个技术示范点，推广中医农业集成技术，应用中药菌肥、菌剂、纳米硒肥等，降低农药和重金属残留，提升了农产品品质和产量，打造中医农业焦作特色品牌模式，为农业提质增效高质量发展开拓新路径，为乡村振兴提供新动能。

**（六）陕西咸阳“八位一体”推动模式**

陕西省咸阳市按照现代农业生态绿色发展的要求，依托当地中医药产业发展规模大、农业及中医药人才聚集度高等优势，将中医原理和方法应用于农业领域，从改善农业污染，减少化学肥料、化学农药及抗生素使用入手，大力推广中医农业技术，发展中医农业产业，助力农业产业特色发展与提质增效。一是政府引导。将人大代表议案“在咸阳适时推动中医农业发展”列入市政府调研试点项目；将中医农业列入咸阳“十四五”科技发展规划。二是科技助力。在咸阳科技计划中，将中医农业相关内容单列，设立中医农业重大专项，支持开展中医农业应用基础研究、中医农业药肥投入品研发、中医农业新模式创建；建设中医农业科技成果转化基地、中医农业科技示范村镇，支持开展中医农业科技成果转化、示范。三是企业带动。成立陕西中农厚朴农业科技有限公司，主要从事中医农业应用产品开发，中医农业技术示范及中医农业农产品销售，在全市设立试验示范点30多个，在江苏省苏州、泰州、上海徐汇、广东深圳等地设立中医农业农产品销售网点。四是平台聚集。成立了咸阳秦原中医农业研究院，聘请了近20人组成专家团队，50人组成专兼职研究员队伍；组建了咸阳中医农业创新联合体，有13家高校、科研院所和农业企业参加。五是示范引领。基于中医农业成果转化的需要，在全市建立了农作物和果蔬栽培及畜禽养殖试验示范点80多处，认定中医农业科技成果转化基地50多个。六是人才保障。组建了咸阳中医农业特色产业科技服务团和100多人的中医农业科技特派员队伍，与服务企业、管理部门及所在单位签订三方科技服务协议，在示范点和成果转化基地进行技术指导。七是药肥优选。基于中医农业投入品少、良莠不齐的现状，筛选了“金香侬”“禾奇正”“中农森克斯”“圆盾”等产品的各种剂型，在各基地开展试验示范，优选出生产应用效果比较好的药肥投入品，以利扩大示范与应用。八是宣传推进。实施咸阳中医农业科技普惠计划，在咸阳中医农业实践经验和研究成果的基础上，通过电视及线下和线上讲座、现场考察、报刊宣传、编印资料、新闻报道、基地开放、交流论坛等形式开展中医农业科技普惠活动，普及中医农业知识，营造中医农业发展生态，助力咸阳特色生态农业发展，服务农业产业转型升级、提质增效。

## 二、其他中医农业推动农业产业发展的典型案例

目前，青岛市及所辖平度市在中国农业科学院原副院长章力建研究员、全国生态农业园区团体标准专家孙建教授的指导下，利用中医农业技术建立了几十家生态食材生产基地，按照国家绿色餐饮政策，对口为当地几十家生态餐馆供应食材。实现了产供销一体化、本地化、生态化的供应链体系。其中，“花渡绿基”中医农业生猪饲养基地，将中医原理技术方法农业应用（中医农业）植入当地优良猪品种的生产程序中，并研制以菊花等为主要成分的中药材配方来培育优质高效猪肉产品，价格高于市场数倍，且供不应求。同时，该基地应用中医农业中自然界生物相生相克原理，利用各种饲料作物及中药材的生物特（药）性，采用轮作、间作、套种和混作等农艺措施防虫、防病，生产高效优质饲料及中药材，取得显著效果，为中医农业种植、养殖相结合探索一条新路。另外，当地农业养殖企业用菊花等为主的中药材配方用于饲养蛋鸡，延长了产蛋期、蛋质量好，鸡抗病力增加等。据悉，当地农业工作者多年来，在中医原理技术方法农业应用（中医农业）领域做了大量的生产实践，取得了丰富的实际经验，并拉长中医农业产业链，形成产业集群，利用中医农业和生态食材产品，打通了生态餐饮、中国美食地标从农田到餐桌供应链，为国民健康产业服务，使消费者能够乐享美食。

除此之外，章力建研究员正在与地方合作，筹建“中医农业综合示范基地”。以目前正在构建的“中医农业种养立体化（生产）实验示范基地”为框架，即空中有蜜蜂+地上有果园+林下有草禽+地下有蚯蚓模式，按中医原理技术方法农业应用（中医农业）思维设计项目方案，助力推动项目区打造“中医农业+文旅康养”产业，助力乡村振兴示范基地。建

成集产品体验、特色农舍为主打的中医农业特色康养区；用中草药为主原料的农药、兽药、饲料、肥料及生长调节剂并运用生物界（包括中草药等）的相生相克原理指导立体种养示范基地建设；拓宽中医农业产业链，形成产业集群、线上线下销售，实现中医农业一、二、三产业融合发展；逐步建立以中医农业为主的院士专家工作站、研学基地，以中医农业的高质量发展助力乡村振兴。

云南省玉溪市通海县里山乡里山村大胆引进和尝试替代化肥农药的中医农业种植方式，引导农民放弃化学药肥，调整农业种养结构，转变农业生产方式，发展生态有机农业，树立低碳、环保、绿色发展理念。优质的地理条件使通海县成为云南省最大的蔬菜生产基地，产品远销香港、东南亚市场。在严控面源污染上做文章。省农业农村厅还提供专项资金，支持当地开展绿色种植示范，在中国农业科学院专家和高效生态中医农业专业技术团队的大力支持下，先后在通海县里山乡、秀山街道近500亩蔬菜、水果上进行土壤改良和替代化肥农药示范种植，在番茄、芹菜、花菜、大白菜、豌豆尖等多种植物种植中一举成功，经权威农产品检测机构检测，全面实现零农残，均达到有机农产品标准；采用中医农业技术种植的番茄比采用化肥农药种植的番茄增产30%。

中农豪峰（江苏）生态农业发展有限公司尊重自然，关爱生命，顺应现代农业发展需求，遵循自然生物“相生相克，和谐共生”的生态循环规律，在不改变生产方式，不增加生产成本和农民负担的前提下，继承弘扬国粹中医思想文化和方法原理，创新应用中医药技术和中（草）药农用产品（植保产品、动保产品、生物肥料、生物饲料、生物保鲜），取代或控制化学农药和化肥的使用，使植物体（动物、人体）“正本归原”和恢复原生态健康生长，真正生产出“优质、生态、健康、营养”的安全农产品，实现了现代农业“优质、高产、高效”发展的目标。

针对市场上农产品以次充好、无法溯源等弊端，中农豪峰生态农业发展有限公司注册成立了“农科健”品牌，根据生物健康生长的生态环境、均衡营养和生物能量等需求，遵循“以防为主，防治结合，标本兼治，全程保健”的原则，为农作物健康生长营造适宜的生态环境，保障生物健康生长均衡营养供给，以中医“相生相克，和谐共生”的理念解决生物健康生长过程出现的病虫害，保障生物健康生长和自然生态循环平衡。建立起一套可追踪、可溯源，健康有保证，客户看得见的“药食同源”

农产品生产体系，以生态有机、中医农业为主体，集特色农业产品种养、农业技术服务、生态农旅观光、直营店、农产品深加工、电子商务为一体，通过“互联网+金融+实体”的经营模式与农户建立稳定可靠的合作制，进行农产品的深加工，增加其产品附加值，延长产品贮存时间；在互联网上拓展销售路径，进行膳食营养搭配推荐，解决销路问题，为客户提供更多的消费选择；带动周边种植、养殖农户，实现农产品的高质高产。

在山东省泰安市和湖南省长沙市将分别筹建“中医农业+文旅康养”产业融合助力农业生产中实现“碳中和”示范区，该示范区利用“ECFRS 技术”通过锅炉正常运行时把烟气中的二氧化碳进行回收、浓缩、加压、存储技术，创造性地实现锅炉烟气二氧化碳全回收、氮氧化物零排放、二氧化碳以 70%浓度 0.8 兆帕压力存储，二氧化碳回收成本 0.36 度电/千克。未来投入到在山东兰陵基地 16 万平方米智能玻璃温室大棚黄瓜、番茄生产中，一年节约天然气消耗 30 万立方米，平均增产 20%。该项目将为建立健全绿色低碳循环发展的经济体系，对接全国三千万亩温室设施农业，为确保实现碳达峰、碳中和目标，推动我国绿色发展迈上新台阶作出贡献。

天津市蓟州区绿普生蔬菜种植有限公司拥有一个占地 210 亩，54 栋温室大棚的北方草帽农场，位于天津市蓟州区东施古镇咀吧庄仓桑路南侧，创建于 2008 年并注册成立了东安蔬菜种植专业合作社。农场致力于生产、销售无化肥、无化学农药、无激素的真正放心的果蔬农产品，是集农业生产技术研发、农产品生产销售配送、农业休闲观光为一体的现代化农场。农场主要生产经营以牛奶草莓、牛奶甜瓜、韭菜、番茄、蓟州秋黄瓜、红薯、娃娃菜、散养鸡蛋为主的放心果蔬、杂粮、禽蛋等 70 余种产品，销往京津冀地区。农场主要经营服务项目为放心果蔬生产销售、采摘、亲子活动游（开心小菜地、蔬菜认知小长廊）等。农场针对植物病虫害、土壤施肥等种养技术难题，自主研发了百余项新技术，其中 50 余项已取得国家专利证书。农场自主研发的“纯植物型植物保护剂”产品系列，可用于“三防三治”。防灰霉、白粉、霜霉，治蚜虫、粉虱、红蜘蛛，防治杀伤效果在 80%以上，农作物可以正常生长，达到中等以上产量。此产品研发近 9 年，连续在 70 多个果蔬产品上使用。现已开发出烟剂、水剂、粉剂三大系列 12 种产品，并已申请注册“一口大锅”商标。

# 参考文献


白虹编著，2019. 二十四节气知识［M］. 天津：百花文艺出版社.

白华，杜加法，朱小玲，等，2009. 中药对病原体杀灭及对肉鸡生产性能影响研究［J］. 中兽医医药杂志，28（6）：3.

包照日格图，吴敦序，陈淑俊，等，2000. 补肾健脾中药对哮喘模型大鼠肺组织 β-肾上腺素能受体的影响［J］. 中药新药与临床药理，11（2）：98-99.

毕军，夏光利，朱国梁，等，2008. 植物源药肥对花生生长、害虫防效及土壤微生物活性的影响［J］. 土壤通报，39（5）：1097-1101.

蔡红，2013. 中药复方“秦白杜”颗粒剂的研制［D］. 雅安：四川农业大学.

曹国文，张邑凡，陈春林，等，2008. “复方女贞子散”对繁殖母猪生产性能与哺乳仔猪生长性能的影响［J］. 饲料工业，29（10）：4-5.

曹挥，胡春艳，2023. 中医农业技术体系［J］. 山西农业大学学报（自然科学版），43（1）：46-54.

曹振兴，史彬林，张鹏飞，等，2015. 艾蒿粉对肉仔鸡免疫及抗氧化功能的影响［J］. 粮食与饲料工业（11）：70-73.

柴守宏，2017. 中药材添加剂对獭兔增重效果的研究［J］. 中兽医学杂志（2）：84.

陈晨，2021. 植物挥发性化合物 DMNT 毒杀小菜蛾的机制解析［D］. 合肥：安徽农业大学.

陈韩英，刘丽梅，陈琳，等，2007. 中药复方对猪热应激时脾脏中 IFN-γIL-4 水平的影响［J］. 中国兽医杂志，43（9）：12-14.

陈金涛，2022. 河南省滑县三种主要间套作模式经济效益分析［D］. 新乡：河南科技学院.

陈莉萍，2016. 驱虫中草药在水产养殖中的应用［J］. 农村新技术（1）：32-34.

陈琦，沈素芳，刘佩红，等，2007. 中草药对热应激奶牛生产性能和血液指标的影响［J］. 中国奶牛（11）：10-13.

陈启建，2007. 金鸡菊（*Coreopsis drummondii*）和小白菊（*Parthenium hysterophorus*）抗烟草花叶病毒活性研究［D］. 福州：福建农林大学 .

陈青，梁晓，刘迎，等，2022. 甜玉米与木薯间套作对二斑叶螨的生态调控效果［J］. 植物保护学报，49（5）：1536-1544.

陈涛，2010. 铺地竹提取物除草制剂研究［D］. 合肥：安徽农业大学.

陈显峰，丁丽娜，2020. 植物源乳酸菌种植水稻增产增质研究［J］. 粮食科技与经济（2）：107-109.

陈新华，2006. 扛板归对柑橘红蜘蛛的生物活性研究［D］. 南宁：广西师范大学.

陈新林，桑海旭，刘兴，等，2008. 植物源农药在水稻上的应用现状与展望［J］. 北方水稻（4）：6-9+1.

陈雅寒，汝冰璐，翟颖妍，等，2018. 抑制烟草花叶病毒（TMV）植物提取物的筛选［J］. 植物保护学报，45（3）：7.

陈以意，徐国忠，张克春，2010. 中草药添加剂对热应激奶牛生产性能及生理指标的影响［J］. 乳业科学与技术（1）：39-41.

陈哲，2017. 植物精油对蓝莓果蝇的驱避及毒杀效果研究［D］. 贵阳：贵州大学.

谌馥佳，燕照玲，李恩中，2016. 现代果蔬保鲜技术及植物源果蔬保鲜剂研究进展［J］. 河南农业科学，45（12）：7-12+44.

程邓芳，梅晨，刘娟，等，2021. 中药复方对 H9N2 亚型禽流感病毒在 MDCK 细胞增殖的作用［J］. 中国畜牧兽医，48（2）：650-657.

程相朝，张春杰，李银聚，等，2002. 中药免疫增强剂对肉仔鸡免疫器官生长发育及免疫活性细胞影响的研究［J］. 中兽医学杂志（3）：3.

东彦新，李景峰，郭闯，等，2014. 中药复方“促长散”对肉鸡生长及血清激素的影响［J］. 中兽医医药杂志，23（3）：8-11.

杜运长，杜人杰，曲跃军，2016. 一种植物源组方对山楂果园杂草的除草活性研究［J］. 园艺与种苗（5）：23-24.

段培姿，2021. 种养结合生态循环农业模式探究——以河北省阜城县张家桥村为例［J］. 科技风（29）：3.

段燕青，2014. 三种植物对 PAHs、Cu、Cd 污染土壤修复潜力的研究［D］. 太原：太原理工大学.

樊利妍，2022. 簸箕柳对重金属镉的积累特征及其机制初探［D］. 扬州：扬州大学.

范斌，2019. 棘茎楤木的除草活性及其有效成分研究［D］. 广州：华南农业大学.

范小静，闫合，李昂，等，2018. 柠檬油微乳剂研制及对圣女果的采后保鲜效果研究［J］. 河北农业大学学报，41（4）：56-61.

范月蕾，赵晓勤，陈大明，等，2016. 微生物杀虫剂研发现状和产业化发展态势［J］. 生物产业技术（1）：5.

方刚强，2015. 何首乌的临床运用［J］. 世界最新医学信息文摘，15（35）：120-120.

方磊涵，王振，王留，等，2018. 中药复方多糖对肉仔鸡生长性能和免疫功能的影响［J］. 中国兽医杂志，54（9）：4.

费希望，2020. 新型植物源生物有机肥在水稻上的减肥效果初探［J］. 上海农业科技（2）：81-82+127.

冯岗，2008. 小果博落回杀虫杀菌作用研究［D］. 杨凌：西北农林科技大学.

冯涛，王丽丽，胡起红，2020. 复方中药免疫增强剂组方及应用研究［J］. 当代畜禽养殖业（11）：2.

付云超，史兴山，王迪，2014. 莲参注射液对临床型奶牛乳房炎的治疗效果观察［J］. 今日畜牧兽医：奶牛（7）：3.

傅帅，轩振，李鸿博，等，2016. 复方中草药制剂对肉仔鸡生产性能和抗氧化功能影响的研究［J］. 粮食与饲料工业（2）：65-70.

高桂生，李春玲，史秋梅，等，2005. 中药“疫佳灵”对雏鸡免疫器官及血液中 T 淋巴细胞数量的影响［J］. 东北农业大学学报，36（6）：756-761.

高凯丽，胡文忠，刘程惠，等，2017. 天然保鲜剂在采后浆果保鲜中应用的研究进展［J］. 食品工业科技，38（24）：320-324.
高兴祥，李美，高宗军，等，2008. 泥胡菜等 8 种草本植物提取物除草活性的生物测定［J］. 植物资源与环境学报，17（4）：31-36.
耿健，崔楠楠，张杰，等，2011. 喷施芳香植物源营养液对梨树生长、果实品质及病害的影响［J］. 生态学报（5）：1285-1294.
龚占虎，李永国，张金林，2014. 马先蒿中除草活性物质的初步研究［J］. 河北农业大学学报（2）：93-98.
谷新利，剡根强，刘宏海，等，1998. 中药“催情促孕散”对绵羊同期发情作用的研究［J］. 草食家畜（2）：21-23.
顾兴国，刘某承，闵庆文，1998. 太湖南岸桑基鱼塘的起源与演变［J］. 丝绸，2018，55（7）：97-104.
郭海松，2019. 青田稻-鱼共生模式优化—水稻栽培密度对稻、鱼和土壤肥力的影响［D］. 上海：上海海洋大学.
郭江山，2022. 污泥高温处理渣与植物联合修复电子废弃物拆解地重金属污染土壤研究［D］. 上海：上海第二工业大学.
郭世宁，佟恒敏，刘远飞，2001. 11 种中药及其复方制剂对奶牛子宫内膜炎致病菌的体外抑菌实验观察［J］. 中国兽医杂志（9）：29-30.
郭世伟，邢媛媛，王俊丽，等，2019. 黄花蒿水提物对肉仔鸡免疫器官指数和脾脏免疫指标及相关基因表达的影响［J］. 饲料研究，42（7）：38-42.
郭顺卿，2004. 淫羊藿汤鲜韭菜汁治疗母牛不孕症 47 例［J］. 中兽医学杂志（3）：12.
郭文柱，2007. 中药制剂“清宫液 2 号”质量控制及稳定性研究［D］. 北京：中国农业科学院.
郭小清，唐莉苹，候国帅，等，2004. “救鸡宝”在禽病防治中的应用［J］. 中国牧业通讯 . 养殖场顾问（2）：35.
哈力旦 · 木克衣提，2016. 温室辣椒间套种高效栽培模式［J］. 上海蔬菜（2）：39-40.
韩博远，2022. 基于植物-微生物联合作用机制的 PAHs 污染土壤修复剂的研究［D］. 济南：齐鲁工业大学.
韩小燕，2009. 胡葱对番茄幼苗化感作用的研究［D］. 重庆：西南大学.
韩兴龙，2021. 寿县大麦种养结合绿色生态循环模式示范推广实践［J］. 安徽农学通报，27（16）：46-47.
杭悦宇，李梅，2008. 植物养生妙招［M］. 南京：江苏科学技术出版社.
郝国昌，2011. 浅谈对良种繁育的基本思路［J］. 河南农业（10）59.
何德肆，胡述光，袁慧，2005. 添加不同抗热应激剂对热应激奶牛体内微量元素影响的研究［J］. 家畜生态学报（6）：22-26.
何亚男，2017. 间套作苜蓿对冬小麦土壤养分、水分和土地经济效益的影响［D］. 临汾：山西师范大学.
胡安龙，2012. 14 种植物乙醇提取物除草活性研究［J］. 现代农业科技（16）：119-120.
胡亮亮，唐建军，张剑，等，2015. 稻-鱼系统的发展与未来思考［J］. 中国生态农业学报，23（3）：268-275.
胡亮亮，赵璐峰，唐建军，等，2019. 稻鱼共生系统的推广潜力分析——以中国南方 10 省为例［J］. 中国生态农业学报（中英文），27（7）：981-993.
黄国棣，2022. 植物和钝化剂配合修复垃圾填埋场土壤重金属污染［D］. 武汉：华中农业大学.
黄贺儒，2002. 中草药添加剂在蛋鸡上的应用效果［J］. 兽药与饲料添加剂（5）：2-3.
黄娇丽，刘嘉欣，易有金，等，2021. 鱼腥草丁香普鲁兰多糖复配保鲜剂对柑橘青霉病及贮藏品质的影响［J］. 现代食品科技，37（12）：120-126+135.
黄庆华，谢浩东，孙世平，等，2021. 中兽药复方对 H9N2 亚型禽流感病毒的抑制作用研究［J］. 家禽科学，2021（9）：5-11.
惠向娟，高慧，李玮，2021. 40%三甲苯草酮 WDG 防除春小麦田野燕麦效果及安全性试验［J］. 青海农林科技（2）：13-15+29.
贾正燕，2022. 中药与沼液对两株三七根腐病原菌的抑制效果研究［D］. 昆明：云南师范大学.
姜国均，周帮会，李清艳，等，2006. 中药“增免散”对鸡免疫功能及 ND 疫苗免疫应答的影响 [J]. 河北农业大学学报 (2): 100-103.
蒋培红, 2007. 黄芪组方对肉鸡免疫功能影响的研究 [J]. 中国畜牧兽医 (4): 87-90.
蒋兆春, 周开国, 王道福, 等, 1986. 中草药治疗奶牛不孕症 150 例 [J]. 中国兽医科技 (2): 53-54+57.
康明, 1998. "健兔灵"对兔球虫病治疗效果的研究——中药方剂及剂量的选择实验 [J]. 中兽医医药杂志 (6): 8-9.
柯尊壮, 2022. 光驱动赤铁矿-微生物协同强化有机污染土壤修复过程研究 [D]. 兰州: 兰州大学.
雷海英, 王玺, 王玉庆, 等, 2017. 苦参复合种植类型比较分析 [J]. 山西农业科学, 45 (11): 1782-1785.
雷丽, 郭巧生, 王长林, 等, 2018. 复合种植对丹参生长及药材品质的影响 [J]. 中国中药杂志, 43 (9): 1818-1824.
李彩虹, 吴伯志, 2005. 玉米间套作种植方式研究综述 [J]. 玉米科学 (2): 85-89.
李昌铭, 2005. 归芪益母汤治疗母牛不孕症 [J]. 中兽医学杂志 (4): 13-14.
李发康, 李培, 李兴昱, 等, 2020. 5 种中草药提取液对裸仁美洲南瓜白粉病的防治效果 [J]. 中国蔬菜 (3): 5.
李国志, 2004. 试论我国现阶段农业产业结构战略性调整应遵循的主要原则 [J]. 江西农业大学学报, 3 (1): 52-54.
李海燕, 张显龙, 关丽杰, 等, 2009. 苹果褐腐病菌中草药抑菌剂的筛选及提取条件研究 [J]. 安徽农业科学, 37 (10): 4538-4540.
李花, 张明生, 彭斯文, 等, 2009. 半夏不同种植模式的经济效益分析 [J]. 世界科学技术 (中医药现代化), 11 (4): 566-569.
李慧峰, 单明辉, 程淑琴, 2013. 健脾益气汤对免疫抑制型小鼠免疫功能的影响 [J]. 西北农林科技大学学报 (自然科学版), 41 (8): 19-23.
李慧峰, 李子平, 单明辉, 等, 2013. 归参汤对免疫抑制小鼠的免疫增强作用试验 [J]. 黑龙江畜牧兽医 (4): 109-110.
李金凤, 宋依, 于洋, 等, 2020. 甘草、淫羊藿、银杏、党参和黄芪组方对鸡脾淋巴细胞免疫功能的影响［J］. 饲料研究，43（10）：29-32.

李金凤，王思凝，李敬双，2021. 甘草、淫羊藿、银杏、党参和黄芪中药组方对肉鸡生长性能、屠宰性能和肉品质的影响［J］. 饲料研究，44（16）：34-37.

李敬双，于洋，唐雨顺，等，2010. 中药蟾酥免疫增强剂对肉仔鸡免疫器官生长发育及免疫活性细胞的影响［J］. 中国兽医杂志，46（12）：62-64.

李隆，2016. 间套作强化农田生态系统服务功能的研究进展与应用展望［J］. 中国生态农业学报，24（4）：403-415.

李佩国，李蕴玉，王洪发，等，1997. 新型抗兔球虫病药物添加剂效果的研究Ⅰ. 兔健宝对兔球虫病的防治效果［J］. 河北农业技术师范学院学报（4）：6-9.

李鹏霞，2006. 两种植物精油对采后水果的保鲜作用研究［D］. 杨凌：西北农林科技大学.

李巧玲，肖忠，安杰，等，2021. 不同间作模式对田间杂草防控及栀子产量的影响［J］. 西南师范大学学报（自然科学版），46（3）：172-178.

李晴晴，2021. 氮素营养与芳香精油对三七生长及根腐病发生的防控研究［D］. 昆明：云南中医药大学.

李庆凯，2020. 玉米//花生缓解花生连作障碍机理研究［D］. 长沙：湖南农业大学.

李睿，钟正泽，王海燕，2019. 植物源生物保鲜剂在动物食品应用中的研究进展［J］. 农产品加工（9）：66-67+70.

李姗姗，钟献坤，杨黎，等，2020. 三种植物精油对樱桃番茄保鲜效果的影响［J］. 北方园艺（23）：108-114.

李世宏，严作廷，谢家声，等，2009. “清宫液 2 号”治疗奶牛子宫内膜炎试验研究［J］. 中兽医医药杂志，28（6）：32-33.

李蜀眉，张志娟，高娃，等，1994. 鸡饲料中添加小茴香对鸡蛋品质的影响［J］. 内蒙古农牧学院学报（2）：43-46.

李素珍，杨丽，陈美莉，2015. 生态农业生产技术［M］. 北京：中国农业科学技术出版社.

李卫红，邢加慧，2009. 浅议制附子的染色加工 [J]. 实用中医药杂志，25（11）：775.
李卫军，2010. 温室辣椒-甘蓝-豇豆-生菜-油麦菜五熟间套模式 [J]. 西北园艺（蔬菜）（3）：16-18.
李鑫，王剑，李亚兵，等，2022. 不同间套作模式对棉花产量和生物量累积、分配的影响 [J]. 作物学报，48（8）：2041-2052.
李易秦，2020. 清宫液对牛子宫内膜炎治疗效果观察 [J]. 兽医导刊（15）：106.118.
李奕仁，沈兴家，2021. 桑基鱼塘的兴起与式微——从“处处倚蚕箔，家家下鱼筌”说起 [J]. 中国蚕业，42（4）：60-64.
李振，2007. 中草药抗热应激剂对高温环境奶牛生产性能的影响 [J]. 粮食与饲料工业（4）：35-36.
李中新，2008. 银杏、火炬树活性成分及其抗螨性研究 [D]. 泰安：山东农业大学.
梁荣，郭抗抗，伊岚，等，1998. 中药免疫增强剂提高鸡免疫功能的研究 [J]. 中国兽医科技（9）：11-13.
梁忠民，2021. 中草药抗疫健脾添加剂对断奶仔猪生长性能和免疫功能的影响 [J]. 中兽医学杂志（2）：12-14.
廖珏，何军，王永宏，等，2013. 不同中药提取物对番茄果实采后保鲜活性及适宜浓度筛选 [J]. 西北植物学报，33（8）：1682-1690.
廖世鹏，吴万友，罗润友，1992. 驱球散防治鸡球虫病的效果观察 [J]. 中国兽医杂志（3）：42-43.
林东祥，1999. 畜禽驱虫常用中草药 [J]. 福建农业（9）：20.
林挺锐，孙郑，卢日辉，等，2021. 新型植物源有机药肥对水稻的肥效及防虫效果 [J]. 华南农业大学学报，42（2）：58-64.
林永熙，罗雅利，胡利锋，2019. 14 种植物的除草活性初步研究 [J]. 湖南农业科学（11）：72-74.
刘策，王稳，乔欣，等，2018. 6 种阿魏酸酰胺类衍生物的合成及除草活性的测定 [J]. 河北农业大学学报，41（4）：50-55+72.
刘长征，周良云，廖沛然，等，2020. 何首乌-穿心莲间作对何首乌根际土壤放线菌群落结构和多样性的影响 [J]. 中国中药杂志，45（22）：5452-5458.

刘凤华，谢仲权，孙朝龙，等，1998. 中草药添加剂抗蛋鸡热应激效果的研究［J］. 中国畜牧杂志（1）：28-30.
刘海，沈志君，李正强，等，2013. 白芍间作花生可行性试验［J］. 湖北农业科学，52（10）：2361-2363.
刘海林，贺建华，肖兵南，等，2011. 复方中草药添加剂对热应激下奶牛生产性能、生理和生化指标的影响研究［J］. 家畜生态学报，32（6）：82-87.
刘靖，1993. “五味增重散”饲喂肉鸡的试验研究［J］. 中兽医医药杂志（4）：12-14.
刘明云，宋元瑞，宋芸主编，2020. 现代农业绿色生产实用技术［M］. 北京：中国农业科学技术出版社.
刘强，黄应祥，王聪，2004. 中草药添加剂对奶牛抗热应激作用的研究［J］. 饲料博览（9）：37-39.
刘瑞生，2011. 中草药防治奶牛热应激研究进展［J］. 中国奶牛（13）：38-42.
刘姗姗，2011. 小蓬草（Conyza canadensis）精油的除草活性组分研究［D］. 哈尔滨：东北林业大学.
刘树阳，2011. 鸡、猪用复方中草药饲料添加剂配方举例［J］. 养殖技术顾问（1）：171.
刘艳，高遐虹，姚允聪，2008. 不同植物源有机肥对沙质土壤黄金梨幼树营养效应的研究［J］. 中国农业科学（8）：2546-2553.
刘艳，郭华春，张雅琼，等，2013. 魔芋与玉米间作群体中魔芋植株生长及葡苷聚糖含量变化的研究［J］. 西南农业学报，26（3）：1120-1125.
刘燕刚，韩莉，韩锦峰，2022. 植物源中草药防治农业病虫害的研究进展［J］. 安徽农业科学，50（20）：18-20+28.
刘影，2019. 复合天然植物抑菌剂对凤凰水蜜桃高温下保鲜与贮藏效果研究［D］. 南京：南京大学.
刘玉婷，陈泮江，宋淑玲，等，2020. 生态循环农业技术模式探究——以山东省淄博市为例［J］. 农业与技术，40（17）：96-101.
刘玉燕，杜金鸿，陈果，等，2011. 菊苣根乙醇提取工艺优化及除草活性测定［J］. 草业科学，28（05）：848-854.

罗安智，齐长明，枉云峰，2004. “免疫增益汤”对高母源抗体雏鸡接种ND疫苗的影响及机理研究［J］. 中兽医医药杂志（2）：3-5.
罗倩茜，王若焱，陈永安，等，2015. 植物源药剂及化学药剂联合施用单一防治烤烟青枯病的效果及对烟叶产值的影响［J］. 农学学报，5（03）：36-41.
罗庆华，卢向阳，李文芳，2002. 杜仲叶粉对鲤鱼肌肉品质的影响［J］. 湖南农业大学学报（自然科学版）（3）：224-226.
毛帅，董虹，许剑琴，等，2008. 抗应激中药冲剂对猪肝脏热应激蛋白70表达的影响［J］. 北京农学院学报（1）：50-53.
莫爱丽，唐惠娟，刘俊，等，2023. 生物炭-植物修复重金属污染土壤的研究进展［J］. 湖南生态科学学报，10（1）：9.
穆元相，穆正箭，章洁琼，等，2022. 不同间套作物对酒用高粱农艺性状及种植效益的影响［J］. 耕作与栽培，42（04）：71-73+76.
聂爱芹，席兴华，程芳，等，2013. 玉屏风散对单纯疱疹病毒性角膜炎模型小鼠细胞免疫功能的影响［J］. 眼科新进展，33（04）：319-323.
欧阳秋飞，杨建波，杨翠凤，等，2019. 中草药提取物在杧果抑菌保鲜中的应用研究进展［J］. 中国南方果树，48（2）：171-176.
潘宗瑾，刘兴华，张大勇，等，2020. 立体种植模式下甜高粱间套大豆的光合性能与产量［J］. 大麦与谷类科学，37（6）：31-34.
裴诺，施文正，汪之和，2022. 壳聚糖与生物保鲜剂复合使用在水产品保鲜中的研究进展［J］. 食品工业科技，43（5）：448-454.
裴先文，贾瑞成，秦勇，2006. 日光温室辣椒—四季豆（苦瓜）—芹菜间套高效栽培［J］. 西北园艺（蔬菜）（6）：7-8.
彭方丽，周棱波，汪灿，等，2020. 高粱间套作栽培模式研究进展［J］. 贵州农业科学，48（10）：20-23.
彭世奖，1992. 我国传统农业中对生物间相生相克因素的利用［J］. 农业考古（1）：139-146.
彭晓青，刘凤华，颜培实，2011. 中草药复合制剂对热应激条件下猪生产性能和血液生化指标的影响［J］. 畜牧与兽医，43（6）：22-27.
秦华，卢华伟，梅文华，2007. 不同中药制剂对鸡白痢沙门氏菌的抑菌效果［J］. 养禽与禽病防治（11）：6-7.
邱美珍，周桑扬，张星，等，2022. 湖南艾香鑫荣养殖场种养结合实践思考［J］. 湖南畜牧兽医（5）：4-6.
曲运琴，姚勇，任东植，等，2012. 晋南半夏与小麦玉米间套作模式研究［J］. 山西农业科学，40（4）：357-360+374.
任建行，王云，2018. 植物源土壤调理剂对玉米产量及其生长发育的影响［J］. 吉林农业（24）：49-51.
任琼丽，2020. 二十五种中草药对烟草普通花叶病毒病的防治效果［J］. 南方农业，14（1）：21-25.
任艳芳，刘畅，何俊瑜，等，2012. 药用植物提取物在果蔬防腐保鲜上的应用［J］. 食品研究与开发，33（1）：182-185.
尚涛，2007. 瑞香狼毒杀虫复配剂的研究［D］. 成都：四川大学.
邵光永，郑伟年，吴良欢，2006. 植物源杀虫剂与氮磷钾混配叶面肥对小白菜施用效果研究［J］. 农业环境科学学报（1）：59-62.
邵会娟，李炳奇，唐利容，等，2010. 中药复方“促孕散”中生物碱的提取方法及其促孕活性研究［J］. 石河子大学学报（自然科学版），28（2）：184-188.
沈建国，2005. 两种药用植物对植物病毒及三种介体昆虫的生物活性［D］. 福州：福建农林大学.
盛蒂，2022. 玉米芯生物炭对土壤-水稻系统中铅和镉迁移转化影响及作用机制［D］. 合肥：安徽农业大学.
石念进，王希春，吴金节，等，2013. 中药复方多糖对雏鸡生长性能及免疫功能的影响［J］. 中国家禽，35（01）：20-24.
石启田，2004. 银杏酚酸类物质防治农业害虫的研究［J］. 林产化学与工业（2）：84-87.
石声汉校注，2014. 农桑辑要校注［M］. 北京：中华书局.
石声汉译注. 石定枎，谭光万补注，2015. 齐民要术［M］. 北京：中华书局.
史桂芳，毕军，夏光利，等，2010. 植物源药肥对马铃薯及土壤理化性质的影响［J］. 中国农学通报，26（01）：115-120.
史秋梅，任晓慧，褚秀玲，等，2004. “疫佳灵”对鸡免疫功能及血液生化指标的影响［J］. 吉林畜牧兽医（12）：8-10.

宋福生，任艳艳，杨竹琴，2022. 延川县“果-沼-畜”生态循环农业模式应用现状和发展策略［J］. 特种经济动植物，25（07）：157-160.

宋雨新，孙业红，姚灿灿，等，2022. 农业文化遗产地旅游承载力研究——以浙江青田稻鱼共生系统为例［J］. 农业资源与环境学报，39（5）：894-902.

苏海兰，郑梅霞，陈宏，等，2020. 七叶一枝花林下仿生态栽培关键技术［J］. 福建农业科技（4）：67-70.

苏子寒，高兆银，胡美姣，等，2019. 16种植物源活性成分对2种芒果采后病害的防治［J］. 热带生物学报，10（1）：28-33.

孙波，肖海鹰，邹明春，等，2015. 日粮中添加黄芪多糖对肉鸡屠宰性能及肌肉品质的影响［J］. 家畜生态学报，36（6）：26-29.

孙芬变，2013. 万寿菊杀菌素Ⅱ水乳剂对西瓜枯萎病防治机理的研究［D］. 太原：山西农业大学.

孙甲川，宋世斌，敬淑燕，等，2021. “粮-中药-蚯蚓-肉羊”种养结合模式的研究与实践［J］. 当代畜禽养殖业（1）：21-22.

孙齐英，2003. 奶牛不同抗热应激添加剂对奶牛生产性能的影响［J］. 饲料工业（10）：21-23.

孙齐英，2008. 奶牛抗热应激中草药添加剂对小鼠热耐力的影响［J］. 畜禽业（10）：8-9.

孙琪，1958. 中药“球虫九味散”对兔球虫病治疗效果［J］. 中国兽医学杂志（11）：431-433.

孙思邈. 焦振廉等校注，2011. 备急千金要方［M］. 北京：中国医药科技出版社.

孙思邈. 李景荣校释，2014. 千金翼方校释［M］. 北京：人民卫生出版社.

孙伟，蒋红云，张燕宁，等，2011. 55种中草药提取物对2种植物病原菌的生物活性［J］. 植物保护，37（3）：124-127+130.

孙喜平，崔龙范，缪淑菊，2000. 辣椒间套作玉米防除日烧病试验［J］. 北方园艺（3）：2.

孙艳敏，韩锦峰，陈小丽，等，2021. 减施化学农药防治植物病害措施的研究进展［J］. 贵州农业科学，49（5）：9.

孙永泰，2016. 四物汤加味对母牛不孕症的治疗［J］. 兽医导刊（21）：46.
孙玉龙，2003. 中草药添加剂“禽益散”对肉鸡饲养的效果研究［J］. 畜禽业（5）：25.
孙远，张董敏，贺登科，2022. 种养结合生态循环农业模式分析——以荆州合作社为例［J］. 农业展望，18（6）：74-78.
唐成林，2018. 半夏化感物质及其在三种间作模式下的研究［D］. 贵阳：贵州大学.
唐建军，李巍，吕修涛，等，2020. 中国稻渔综合种养产业的发展现状与若干思考［J］. 中国稻米，26（5）：1-10.
唐明明，董楠，包兴国，等，2015. 西北地区不同间套作模式养分吸收利用及其对产量优势的影响［J］. 中国农业大学学报，20（5）：48-56.
唐世凯，刘丽芳，李永梅，等，2005. 烤烟间套草木樨、甘薯对烟叶产量和品质的影响［J］. 云南农业大学学报（4）：518-521+533.
唐斯嘎，韩乌兰图雅，娜仁花，等，2019. 中草药“催情散”及其在治疗母畜乏情症中的应用研究进展［J］. 畜牧与饲料科学，40（3）：92-94+98.
滕春红，冯曦茹，徐永清，等，2021. 黄花蒿叶醇提取物除草活性物质的分离及结构鉴定［J］. 中国生物防治学报，37（2）：244-250.
田岐震，2021. 臭椿酮除草作用机制初步研究［D］. 杨凌：西北农林科技大学.
田永强，2007. 治疗奶牛子宫内膜炎中药方剂—宫得健的试验研究［D］. 扬州：扬州大学.
童建松，2007. 畜禽驱虫常用中草药［J］. 农家科技（4）：25.
王安可，毕毓芳，温星，等，2020. 4 种芳香植物精油对竹林病原真菌的抗菌性［J］. 林业科学，56（6）：59-67.
王春丽，李增嘉，2005. 小麦花生玉米不同间套作模式产量品质效益比较［J］. 耕作与栽培（5）：11-12+18.
王道龙，刘若帆，2021. “中医农业”技术成果与应用. 第一辑［M］. 北京：中国农业科学技术出版社.
王芳，刘大伟，2019. 土壤改良剂在植物寄生线虫防治中的应用［J］. 北方园艺（7）：154-160.
王海建，钟策宏，蒋春先，等，2013. 巴豆提取物对小菜蛾生物活性研究［J］. 西南农业学报，26（3）：1009-1013.
王红艳，2007. 丁香叶油对桃果实保鲜作用研究［D］. 杨凌：西北农林科技大学.
王华，何银生，廖朝林，等，2011. 湖北恩施紫油厚朴高效立体复合种植模式研究（Ⅰ）［J］. 湖北农业科学，50（13）：2680-2682+2688.
王华明，1997. 百虫治百病［M］. 上海：中医药大学出版社.
王俊杰，刘丽萍，郭鹏飞，2014. 他感作用及其林学意义与思考［J］. 甘肃林业科技，39（3）：11-17.
王丽，2012. 肿柄菊除草活性物质的生物测定及分离鉴定［D］. 海口：海南大学.
王璞，张雯，周红娟，等，2009. 芍药甘草汤对 MRL/Lpr 小鼠 CD4+CD25+Foxp3+调节性 T 细胞的影响［J］. 浙江中医杂志，44（10）：723-726.
王琪，王红兰，孙辉，等，2022. 蚕豆间作对羌活次生代谢产物及根际土壤微生物多样性的影响［J］. 中国中药杂志，47（10）：2597-2604.
王倩，2017. 植物源保鲜剂对冰藏大黄鱼流通期间品质变化影响及微生物作用机制研究［D］. 上海：上海海洋大学.
王若焱，华萃，檀龙颜，等，2021. 中药复方抑菌剂对太子参连作地田间病害的防效及产质量影响［J］. 中国农学通报，37（13）：108-114.
王淑芳，王改利，2008. 中药免疫增强剂在肉兔饲料中的应用效果［J］. 中国养兔杂志（5）：4-6.
王田涛，2013. 间套种植对当归连作障碍的修复机理［D］. 兰州：甘肃农业大学.
王欣，沈亚伦，陈思博，等，2023. 16 种植物源萃取物对 2 种植物病原菌的抑菌活性研究［J］. 中国农学通报，39（6）：6.
王旭，万晓莉，杨海明，等，2022. 低蛋白质饲粮中添加青蒿粉对夏季蛋鸡生产性能、蛋品质、血清生化和抗氧化能力的影响［J］. 中国畜牧杂志，58（9）：244-248+254.
王雪佳，2022. 蚯蚓-高羊茅联合修复镉污染土壤研究［D］. 杨凌：西北农林科技大学.
王岩萍，2013. 日光温室辣椒间套种一茬多收高效立体栽培模式［J］. 新疆农业科技（2）：50-51.
王艳红，周涛，郭兰萍，等，2020. 以生态农业指导理论为基础探讨黄柏间套作药用植物种植模式分析［J］. 中国中药杂志，45（9）：2046-2049.
王燕，2009. 牵牛子提取物对果园朱砂叶螨生物活性的研究［D］. 北京：北京农学院.
王永刚，2008. 天然保鲜剂在羊肉保鲜中的应用［D］. 兰州：甘肃农业大学.
王祯，2022. 孙显斌解读，《王祯农书》［M］. 北京：科学出版社.
王正维，和秋兰，吴玺，等，2022. 植物种植对土壤修复的影响研究进展［J］. 北方园艺（12）：130-137.
王志刚，龚永平，夏寒玉，等，2016. 中药消精散对鸡促生长的应用效果观察［J］. 中国兽医杂志，52（7）：58-61.
魏瑞平，张军锋，杨月侠，2007. 天然中草药作为饲料添加剂的特点和分类［J］. 畜牧兽医杂志（4）：40+42.
魏尊，谷子林，赵超，等，2006. 海藻粉对蛋鸡生产性能及蛋品质的影响［J］. 中国饲料（23）：37-38.
翁素贞，蒋炜，1989. 雷公藤治疗肾小球肾炎护理的体会［J］. 中国实用护理杂志（10）：1-2.
沃土可持续农业发展中心，2016. 农田生态系统的能量流动与物质循环［J］. 可持续农业（2）：4-33.
吴传万，刘凤淮，杜小凤，等，2008. 一种防治线虫和地下害虫之生态药肥的研发［J］. 中国农学通报（6）：358-361.
吴德峰，黄建晖，2002. 抗热应激中草药饲料添加剂对奶牛产奶量的影响［J］. 兽药与饲料添加剂（1）：28-29.
吴礼鹏，2014. 秦岭地区 143 种植物的农药活性筛选［D］. 杨凌：西北农林科技大学.
伍清林，金兰梅，金保方，等，2008. 抗热应激中草药添加剂对奶牛产奶量和血液生化指标的影响［C］. 北京：中国畜牧兽医学会家畜环境卫生学分会：129-136.
武彩红，蒋春茂，李玲，等，2017. 3种中药活性成分对猪圆环病毒2型疫苗免疫效果的影响［J］. 中国预防兽医学报，39（08）：611-615.
谢晶，黄闺，金晨钟，等，2014. 川芎等中草药提取物对柑橘病原菌的抑制作用研究［C］. 北京：中国植物保护学会 . 2014年中国植物保护学会学术年会论文集 . 中国农业科学技术出版社.
谢仲权，1996. 中草药饲料保藏剂［J］. 饲料与畜牧（4）：21-23.
修玉冰，刘崇卿，刘耀辉，等，2023. 溶磷菌肥联合构树修复铜污染土壤效应研究［J］. 江西农业大学学报，45（1）：12.
徐长德，王瑞云，2000. 中草药添加剂对蛋种鸡生产性能的影响［J］. 中国家禽（1）：37.
徐光科，吴海港，陈宏智，2015. 中药组方治疗鸭疫里氏杆菌、大肠杆菌混合感染试验［J］. 中国动物保健，17（6）：63-65.
徐光启 . 石声汉点校，2011. 农政全书［M］. 上海：上海古籍出版社.
徐路明，郝明亮，范鹏，等，2011. 荆条等8种植物提取物除草活性初探［J］. 农药，50（8）：614-616.
徐四新，董雪，毛瑗璇，等，2022. 植物源有机肥对黄桃产量、品质及桃园土壤理化性质的影响［J］. 上海农业科技（2）：94-96+99.
徐永志，徐晶，柴方红，等，2010. 蒲公英不同部位提取物对大肠杆菌和金黄色葡萄球菌抑菌效果的比较［J］. 吉林畜牧兽医，31（10）：10-11+16.
杨浩娜，王立峰，邬腊梅，2022. 植物源除草剂的研发现状［J］. 湖南农业科学（6）：100-104.
杨柳，周昭希，高立杰，等，2018. 中药菟丝子对肉鸭免疫和抗氧化指标的影响［J］. 今日畜牧兽医，34（3）：1-2.
杨美茹，车艳芳，2013. 现代农业生产技术［M］. 石家庄：河北科学技术出版社.
杨润霞，吴润，刘磊，等，2015. 三种中药复方制剂对雏鸡免疫器官发育及免疫功能的影响［J］. 甘肃农业大学学报，50（4）：28-33.
杨小燕，林跃鑫，李焰，2008. 银杏叶提取物对肉鸡生产性能、屠宰性能和免疫指标的影响［J］. 福建农林大学学报（自然科学版）（3）：295-298.
尧国荣，曾作财，朱钱龙，等，2017. 自制中草药饲料添加剂在繁殖母猪生产中的应用效果［J］. 养猪（4）：25-28.
姚克兵，王飞兵，庄义庆，等，2015. 植物源除草剂 Pure 对非耕地杂草的防除效果［J］. 杂草科学，33（03）：49-51.
尹国丽，2019. 紫花苜蓿-小麦/玉米轮作土壤微生态特征与自毒效应消减［D］. 兰州：甘肃农业大学.
雍太文，2009. “麦/玉/豆”套作体系的氮素吸收利用特性及根际微生态效应研究［D］. 雅安：四川农业大学.
于松溪，苏兴智，刘强，2006. 粮、油、瓜、菜一年五种五收高效间套技术［J］. 现代农业科技（8）：129-130.
俞叶飞，郑明芝，包金亮，2021. 林下多花黄精种植的增效探索［J］. 中国林副特产（1）：38-40.
玉苗，2016. 温室辣椒间套种西瓜及豇豆栽培技术［J］. 农村科技，2021（1）：55-57.
韵晓雁，2016. 桑基鱼塘：古代农业生态系统的典范［J］. 农村・农业・农民（A 版）（10）：55-57.
张宝恒，张绍苁，1984. 甘草的肾上腺皮质激素样作用及免疫抑制作用［J］. 生理科学（4）：11-14.
张桂枝，罗永煌，靳双星，等，2012. 中药连板芪合剂对肉仔鸡生产性能及免疫功能的影响［J］. 中国畜牧杂志，48（15）：55-58.
张红梅，2006. 绵羊石硫合剂药浴技术［J］. 农村实用科技信息（10）：33.
张红梅，陈玉湘，徐士超，等，2021. 生物源除草活性物质开发及应用研究进展［J］. 农药学学报，23（06）：1031-1045.
张虎社，郭时雨，王金传，2006. 归芪益母汤加减治疗母牛不孕症［J］. 中兽医医药杂志（1）：49.
张洁，徐忠惠，赵莹莹，等，2018. 饲料中添加金荞麦块根粉对肉仔鸡抗氧化能力、免疫功能和肝功能的影响［J］. 贵州畜牧兽医，42（6）：10-12.
张进强，周涛，肖承鸿，等，2020. 白芨生态种植模式与技术原理分析［J］. 中国中药杂志，45（20）：5042-5047.
张茜，李洋，王磊，等，2018. 生物保鲜剂在果蔬保鲜中的应用研究进展［J］. 食品工业科技，39（6）：308-316.
张先勤，葛长荣，田允波，等，2002. 中草药添加剂对生长育肥猪胴体特性和肉质的影响［J］. 云南农业大学学报（1）：86-90.
张晓第，1995. 相生相克效应的由来、含义及其实用意义［J］. 洛阳大学学报（2）：69-70.
张新强，桑维钧，苏凯，等，2011. 中草药提取物复配对烟草黑胫病菌抑制作用增效组合筛选［J］. 广东农业科学，38（12）：84-86.
张饮江，宋盈颖，赵圆，等，2016. 针对浮萍暴发式生长的植物源除草剂的筛选［J］. 上海海洋大学学报，25（4）：575-581.
张玉凤，董亮，李彦，等，2009. 植物源叶面肥对大葱产量、品质及养分利用的影响［J］. 华北农学报，24（S2）：296-300.
张玉凤，董亮，李彦，等，2010. 植物源叶面肥对西瓜产量、品质及养分吸收的影响［J］. 中国土壤与肥料（4）：57-60+88.
张泽强，梅伟，2011. 中药免疫增强剂对铁脚麻肉鸡生长性能和免疫器官发育的影响［J］. 中国兽医杂志，47（4）：57-58.
张占恒，刘佩英，薛宗丽，等，1995. 中草药饲料添加剂“鸡儿康”饲喂雏鸡效果观察［J］. 河北畜牧兽医（1）：20-21.
章力健，等，2018. 中医农业：理论初探与生产实践［M］. 北京：中国农业科学技术出版社.
赵国忠，周宝珠，2008. 清宫消炎混悬剂治疗母猪子宫内膜炎［J］. 黑龙江畜牧兽医（5）：120.
赵华轩，李尚民，王猛，等，2021. 基于种养结合的种鹅场粪污养分管理模式研究［J］. 江苏农业科学，49（23）：219-225.
赵军，林英庭，孙建凤，等，2011. 饲粮中不同水平浒苔对蛋鸡蛋黄品质、抗氧化能力和血清生化指标的影响［J］. 动物营养学报，23（3）：452-458.
赵明宏，俞春英，江建铭，2022. 药用白芨生态高效种植技术［J］. 浙江农业科学，63（8）：1699-1701+1707.
赵倩彦，姚允聪，闫静，等，2017. 果实发酵液作为肥料的功效研究进展［J］. 生物技术进展，7（2）：4.

赵荣祥，范小静，郝佳，等，2014. 18种植物源物质对枸杞鲜果的保鲜活性［J］. 西北农业学报，23（9）：147-151.

赵政，陈学文，李仕坚，等，2008. 草药饲料添加剂对奶牛抗热应激作用试验［J］. 广西农业科学（3）：377-379.

郑海武，李正英，2016. 植物源抗番茄晚疫病菌的研究进展［J］. 食品工业科技，37（23）：387-390+395.

郑良永，罗文扬，林家丽，等，2006. 我国黄姜生产现状及其可持续发展对策［J］. 广西热带农业（4）：35-36.

郑晓珂，蒋赟，裴素娟，等，2015. 不同产地10种卷柏雌激素样活性筛选的实验研究［J］. 中华中医药杂志，30（1）：238-242.

郑晓微，方孔灿，唐筱春，2008. 西瓜-晚稻-榨菜间套栽培技术［J］. 现代农业科技（7）：57-59.

中国农业博物馆，2016. 二十四节气农谚大全［M］. 北京：中国农业出版社.

钟策宏，2009. 巴豆提取物对小菜蛾的生物活性研究［D］. 雅安：四川农业大学.

周法永，卢布，顾金刚，等，2015. 我国微生物肥料的发展阶段及第三代产品特征探讨［J］. 中国土壤与肥料（1）：12-17.

周娟，2021. 中草药添加剂对獭兔生产性能和免疫功能的影响［J］. 中兽医学杂志（1）：5-7.

周梦娇，万春鹏，陈金印，2014. 柑橘绿霉病中草药高效抑菌剂的筛选及抑菌机理研究［J］. 现代食品科技，30（3）：7.

周学辉，李伟，杨世柱，等，2015. 中草药饲料添加剂对河西肉牛生产性能及食用品质影响的研究［J］. 黑龙江畜牧兽医（7）：98-100.

周岩，胡峥，2004. “强健散”对肉鸡增重和血液生理指标影响的研究［J］. 饲料广角（22）：40-41.

朱贵平，2004. 利用生物多样性发展，草果立体丰产栽培［J］. 农村实用技术（4）：20-21.

朱琪，2010. “乌梅三仙散”对肉仔鸡生产性能和免疫功能的影响［D］. 保定：河北农业大学.

朱文涛，王红兰，连艳，等，2021. 百部杀虫作用研究进展［J］. 中药材，44（8）：2002-2007.
朱鑫维，2022. 改良剂与植物耦合对汞铊矿废弃物的生态修复效应研究［D］. 贵阳：贵州大学.
朱延旭，王占红，张喜臣，等，2012. 促生长型中草药添加剂对肉仔鸡生产性能的影响［J］. 现代畜牧兽医（1）：44-47.
邹询，王艳秋，王佳旭，等，2021. 高粱-花生条带状种植群体光合物质生产效应分析［J］. 辽宁农业科学（3）：29-32.
Boetzl F A，Douhan Sundahl A，Friberg H，et al.，2023. Undersowing oats with clovers supports pollinators and suppresses arable weeds without reducing yields［J］. Journal of Applied Ecology：614-623.
Grassmann C S，Mariano E，Diniz P P，et al.，2022. Functional N-cycle genes in soil and $N_2O$ emissions in tropical grass-maize intercropping systems［J］. Soil Biology and Biochemistry，169：108655.
Li C，Stomph T J，Makowski D，et al.，2023. The productive performance of intercropping［J］. Proceedings of the National Academy of Sciences，120（2）：e2201886120.
Liang J，Shi W，2021. Cotton/halophytes intercropping decreases salt accumulation and improves soil physicochemical properties and crop productivity in saline-alkali soils under mulched drip irrigation：A three-year field experiment［J］. Field Crops Research，262：108027.
Liu T，Wang X，Shen L，et al.，2023. Apricot can improve root system characteristics and yield by intercropping with alfalfa in semi-arid areas［J］. Plant and Soil：1-18.
Surigaoge S，Yang H，Su Y，et al.，2023. Maize/peanut intercropping has greater synergistic effects and home-field advantages than maize/soybean on straw decomposition［J］. Frontiers in Plant Science，14.
Wang Z，Dong B，Stomph T J，et al.，2023. Temporal complementarity drives species combinability in strip intercropping in the Netherlands［J］. Field Crops Research，291：108757.
Xing Y，Yu R P，An R，et al.，2023. Two pathways drive enhanced nitrogen acquisition via a complementarity effect in long-term

intercropping [J]. Field Crops Research, 293: 108854.

Zhang S, Meng L, Hou J, et al., 2022. Maize/soybean intercropping improves stability of soil aggregates driven by arbuscular mycorrhizal fungi in a black soil of northeast China [J]. Plant and Soil, 481: (1-2): 63-82.

Zhao J, Bedoussac L, Sun J, et al., 2023. Competition-recovery and overyielding of maize in intercropping depend on species temporal complementarity and nitrogen supply [J]. Field Crops Research, 292: 108820.

Zheng X, Aborisade M A, Wang H, et al., 2020. Effect of lignin and plant growth-promoting bacteria (*Staphylococcus pasteuri*) on microbe-plant Co-remediation: A PAHs-DDTs Co-contaminated agricultural greenhouse study [J]. Chemosphere, 256: 127079.

# 后　　记

《中医农业理论与技术体系初探》一书终于成稿，将与读者见面了，它就像婴儿一样，十分娇嫩、丑陋。作为主编，我和编委会及编者感到非常欣慰。

“中医农业”是近年提出的新名词。2020年有幸被邀请参加过咸阳的一次“中医农业座谈会”，但当时未引起我的重视。直到2022年初，咸阳市科技局的同志与我交谈了中医农业的有关问题，科技方面计划把中医农业作为推动生态农业发展的一种中国模式，并委托我主持编写一本中医农业的书，这才让我真正重视了这一问题。

应该说，中医本身就博大精深，而大农业涉及农、林、牧、副、渔，学科面广，要将二者跨界融合确非易事。我虽出身农门，高中毕业后在农村参加劳动有三年时间，但后来进入当时的陕西中医学院学医，一直从事中医工作，对农业知识知之甚少。农业和中医都与人的健康关联，可以说是“医农同源”。这些年来，农业出现了前所未有的大发展，但也存在农、林、牧、副、渔不够协调发展，生态环境不良，过度应用化肥农药，造成土壤结构不良、污染严重，引起农产品质量下降等问题。目前，这些问题已经成为危害大众健康，导致不少疾病产生的重要原因。作为中医工作者，我们责无旁贷。医界名言曰：上医医国，中医医人，下医医病。基于此，我毅然决然地接受了咸阳市科技局委托编写中医农业方面书籍这个艰巨的任务，投身到中医农业这一领域的学习和研究中。以自己中医专业的相关理论为基础，学习参考了有关农业方面的书籍和教材，参阅了大量的中医农业先行者的有关资料，追溯了历代古籍的中医农业思想，经过多半年思考，终于悟出一些头绪。在此基础上逐渐构建了书稿的架构，提出了中医农业的四大理念、五大原则和六大技术体系，力图使中医农业理论及技术体系明确化、规范化、系统化。

咸阳市科技局、咸阳秦原中医农业研究院为编写本书成立了编写委员会，在整个书稿编写期间，先后 5 次组织专家研讨修改，为本书的成书做出了决定性的贡献。咸阳市科技局党组书记、局长杨冲锋同志十分重视中医农业，从规划制定到组建科研推广队伍、创办企业、设立中医农业专项等，全面谋划，并多次与我交谈对中医农业发展的一些想法，也正是在他的指导和鼓励下，我才明确了方向，坚定了信心，在此表示深深地敬意和感谢！

本书副主编陕西中医药大学高静副教授、西北农林科技大学刘存寿教授，以及参编的咸阳秦原中医农业研究院阮班录教授、郭俊伟教授、咸阳市土肥站的李撑娟高级农艺师、咸阳中医农业先行者郑真武编写了部分章节，并多次对书稿进行了仔细修改，是大家的共同努力才成此书，对此表示衷心的感谢！

咸阳市科技局四级调研员刘增用、咸阳秦原中医农业研究院法人刘新志，西北农林科技大学黄丽丽教授，陕西中医药大学王昌利教授、胡本祥教授、颜永刚教授，咸阳市园艺站查养良研究员，陕西中农厚朴农业有限公司技术总监况国高以及咸阳市科技局农业科科长王洋等编委，都对本书提出了许多珍贵意见。在此，一并表示感谢！

最后，还要特别感谢中国农业科学院高级研究员、北京中农生态农业科技研究院朱立志院长和我的恩师——全国著名《内经》专家张登本教授为本书精心作序，感谢他们为本书提出了中肯的修改意见，还要感谢中国农业科技出版社领导和编辑的大力支持及指导，使本书得以出版。

书中引用了中医先行者大量的理论观点和实践事例，在此表示由衷的敬意！

由于余学识有限，加之对中医农业认识肤浅、写作时间紧，书中难免漏洞，甚至错误，祈请广大专家和读者批评指正。

高新彦<br>2024 年 2 月 25 日